干部教育
培训丛书

“两山”重要思想
简明教程

Liangshan Zhongyao Sixiang
Jianming Jiaocheng

主　编：李　一
副主编：陈海红　舒川根

中共中央党校出版社

图书在版编目（CIP）数据

“两山”重要思想简明教程 / 李一主编 .-- 北京：中共中央党校出版社，2018. 11

ISBN 978-7-5035-6484-0

Ⅰ. ①两…　Ⅱ. ①李…　Ⅲ. ①生态环境建设 – 安吉县 – 教材　Ⅳ. ① X321.255.4

中国版本图书馆 CIP 数据核字（2018）第 259040 号

“两山”重要思想简明教程

策划统筹　井　琪
责任编辑　李　云　冯　研　王玉兰
版式设计　苏彩红
责任印制　陈梦楠
责任校对　魏学静
出版发行　中共中央党校出版社
地　　址　北京市海淀区长春桥路 6 号
电　　话　（010）68929580（办公室）　（010）68928910（发行部）
（010）68922815（总编室）　（010）68929342（网络销售）
传　　真　（010）68922814
经　　销　全国新华书店
印　　刷　三河市金轩印务有限公司
开　　本　700 毫米 ×1000 毫米　1/16
字　　数　254 千字
印　　张　16.5
版　　次　2018 年 12 月第 1 版　2018 年 12 月第 1 次印刷
定　　价　39.00 元

网　　址：www.dxcbs. net　**邮　　箱：**zydxcbs2018@163.com
微 信 ID：中共中央党校出版社　**新浪微博：**@ 党校出版社

红色学府干部教育培训丛书编委会

目　录

第一章

“两山”重要思想：新时代中国特色社会主义生态文明建设的根本遵循

缘起于浙江、推行于全国的“两山”重要思想是习近平新时代中国特色社会主义生态文明思想的基本内核，是当代中国生态文明理论的重大创新。“两山”重要思想蕴含的以人为本、和谐共生、责任担当等价值理念是新时代中国特色社会主义生态文明建设的重要价值遵循，支撑“两山”重要思想的生态系统动态平衡原则、经济发展与环境保护协调发展原则，以及以人民为中心共建共享原则是新时代中国特色社会主义生态文明建设的方法论原则。“两山”重要思想提供了新时代中国特色社会主义生态文明建设的根本遵循。

第一节　新时代中国特色社会主义生态文明思想的基本内核

生态文明是人类在反思全球性问题的过程中就自己的基本的生存和发展问题作出的理性选择和科学回答，是文明理论研究的新课题和文明实践活动的新方向。人们对于生态文明的认识，主要基于两种视角：一是从地球生态系统的视角来探讨作为自然生态系统一部分的人与自然之间关系问题；“二是从人类社会发展的视角，把地球生态系统看成是社会的自然基础，来探讨人与自然的关系”[①]。就当前的研究成果而言，大多是基于第二种视角进行研究的，更侧重于从人类社会发展的视角来理解生态文明，“它是在对人与自然关系反思的基础上，为解决生态环境问题和实现社会可持续发展，相对于工业文明而提出的一个新概念”[②]。生态文明是继工业文明之后一种超越性、更高形式的文明形式。如果说工业文明的发展使得人与自然形成了一种矛盾对立的关系，那么生态文明却是旨在实现人与自然和谐共生发展的一种文明形式。“两山”重要思想的提出也正是基于改革开放以来人与自然关系矛盾的解决提出的一种旨在实现人与自然和谐共生的科学理念与智慧方案，是新时代中国特色社会主义生态文明思想的基本内核。

---

① 赵成、于萍:《马克思主义与生态文明建设研究》，中国社会科学出版社 2016 年版，第 2 页。
② 赵成、于萍:《马克思主义与生态文明建设研究》，中国社会科学出版社 2016 年版，第 3 页。

一、“两山”重要思想体现了当今世界生态文明的基本特质

生态文明是指人们在社会实践的过程中处理人（社会）和自然之间的关系以及与之相关的人和人、人和社会之间的关系方面所取得的一切积极、进步成果的总和。一般来讲，生态文明是指和谐美好的可持续发展的环境和条件，良性增长的可持续发展的经济和产业，健康有序的可持续运行的机制和制度，科学向上的可持续发展意识和价值，协调创新的可持续的科学和技术，以及由此保障的人的自由、全面、充分与和谐的发展以及社会的全面进步。

生态文明是在全球性生态危机日趋严峻、生态环境问题凸显的背景下产生的，是旨在取代工业文明的人类文明发展的新形式。与工业文明把人与自然对立起来的价值理念不同，生态文明把人与自然的和谐统一作为社会发展的基础与目标归宿，在实现人与自然和谐统一发展的过程中，既要顾及人的发展，又要顾及自然的发展。由于生态问题具有整体性，因此生态文明具有全球意义。人、社会、自然的和谐是当今全球生态文明的主旋律，当今世界生态文明强调人、自然、社会的和谐，重视经济、社会、生态的协调统一。

“两山”重要思想的基本要求是经济发展与环境保护的共生共荣，既“富”又“绿”，体现的是人类的合目的性需要与合规律性需要的统一，其隐含的真实意蕴是人与自然的和谐统一。在此意义上，“两山”重要思想体现了当今世界生态文明的基本特质。“两山”重要思想要求促进人与自然和谐共生，实现经济发展和人口、资源、环境相协调，坚持走生产发展、生活富裕、生态良好的文明发展道路，促进人的可持续发展。“两山”重要思想所蕴含的“人与自然和谐共生”“生态环境与经济发展共赢”理念不仅是中国生态文明建设的重大理论创新，具有显明的中国气派；同时具有世界意义，它所具有的普适性和普惠性，足以推动美丽世界的实现。

正因为“两山”重要思想彰显了当今世界生态文明的基本特质，因而以“两山”重要思想为核心的中国生态文明思想也得到国际社会的广泛认同。2013 年在美国洛杉矶克莱蒙市召开的“第 7 届生态文明国际

论坛”上，世界著名的后现代思想家、美国国家人文科学院院士柯布教授在开幕式上明确提出“世界生态文明建设的希望在中国”，准确地说，这源于中国传统哲学理念，如“天人合一”“人与自然和谐共生”。2016年召开的联合国环境大会上发布了《绿水青山就是金山银山：中国生态文明战略与行动》报告。该报告在国际层面上向世界展示中国生态文明建设的指导原则、基本理念和政策举措，获得了国际社会的高度认可与美誉。至此，“中国生态文明理念走向世界”[①]。

二、“两山”重要思想是新时代中国特色社会主义思想的有机组成部分

习近平新时代中国特色社会主义思想是马克思主义中国化的最新理论成果，是我们党和国家在新时代决胜全国小康社会的指导思想。党的十九大报告最显著的理论价值在于习近平新时代中国特色社会主义思想的确立，核心议题是新时代坚持和发展什么样的中国特色社会主义以及怎样坚持和发展中国特色社会主义，根本目标是实现近代以来中华民族伟大复兴的中国梦。坚持人与自然和谐共生，是习近平新时代中国特色社会主义思想重要的实践要求，也是贯彻落实新思想的实践路径之一。“绿水青山就是金山银山”的“两山”重要思想首次被写入党代会报告，此外，随后进行的宪法修改中，增加了“社会文明、生态文明协调发展”的内容，指出“把我国建设成为富强民主文明和谐美丽的社会主义现代化强国，实现中华民族伟大复兴”。“美丽中国”的实现，离不开生态文明建设，尤其是“两山”重要思想的支持。因此，“两山”重要思想无疑是新时代中国特色社会主义思想的重要组成部分。

“两山”重要思想是新时代中国特色社会主义“五位一体”建设之生态文明建设的重要内容和举措。新时代中国特色社会主义是一个由政治、经济、文化、社会、环境等组成的有机整体，以“两山”重要思想为核心的新时代中国特色社会主义生态文明思想是新时代中国特色社会主义思想的有机组成部分。如果没有生态文明就谈不上全面建成小康社

---

① 蒋安全、李志伟:《联合国环境规划署发布〈绿水青山就是金山银山〉报告——中国生态文明理念走向世界（国际视点）》,《人民日报》2016年5月28日。

会，就不能建成中国特色社会主义。同时，在新时代中国特色社会主义政治、经济、文化、社会、环境“五位一体”的视域下，其中任一个方面的发展都离不开其他四个要素的支持。正像政治、经济、社会、文化建设离不开生态文明建设一样，生态文明建设也离不开社会其他领域的建设一样，“两山”重要思想的践行也离不开与此相关的环保制度、政治法律管理制度、经济科技制度、文化制度、社会生活制度等的支持。因为生态环境问题归根到底是一个社会问题和人类问题，它的解决必然要涉及经济、政治、文化、社会的全面变革，“两山”重要思想作为新时代中国特色社会主义“五位一体”建设之生态文明建设的重要内容和举措，其实践过程不是孤立地起作用的，而是需要社会其他领域相关制度的全力支撑，否则，其变革人们的生产、生活方式的理念和社会功能就难以发挥作用。由于“两山”重要思想在生态文明中的突出作用和核心地位，在此意义上，它也是新时代中国特色社会主义思想的重要组成部分。

三、“两山”重要思想是新时代中国特色社会主义生态文明思想的核心内容

新时代中国特色社会主义生态文明思想是在反思和解决中国现代化进程中日趋严峻的生态环境问题时提出来的，是在面对中国现代化建设难以避免的经济发展与生态环境保护的冲突时提出的解决方案和中国智慧。随着改革开放和市场经济的发展，物质财富空前增长，但由此导致的环境问题也渐趋严重，造成资源能源的危机、生态环境的破坏，由环境问题引起的群体性事件频发，已严重地威胁到人民群众的生存和发展。“两山”重要思想致力于人与自然的和谐共生，把可持续发展提升到绿色发展的高度，强调人与自然和谐发展，是正确妥善处理代际之间、人与自然之间公平与效率问题的重要指导思想，对于解决我国新时代面临的环境问题、推进我国生态文明建设、打造美丽中国、实现“绿水青山就是金山银山”具有重大的现实意义和深远的历史意义，是习近平新时代中国特色社会主义生态文明思想的基本内核。

“两山”重要思想是习近平同志主政浙江期间，深入浙江基层调研，

基于理性思考基础上应对经济发展与生态环境保护两难而提出的一个智慧方案。“两山”重要思想缘于浙江，却践于全国，成为新时代中国特色社会主义生态文明思想的基本内核的一个重要原因在于，该思想根植于中国改革开放的伟大实践，是中国改革开放发展中必然要经历的“成长中的烦恼”。新时代中国特色社会主义思想的逻辑起点是社会主要矛盾的转化，即由改革开放之初的“人民日益增长的物质文化需要同落后的社会生产之间的矛盾”转化为“人民日益增长的美好生活需要与不平衡不充分的发展之间的矛盾”。与改革开放之初相比，新时代人民对美好生活的需要显得尤为重要，美好生活的需要覆盖面极广，涉及生活的方方面面，既包括基本物质需求的满足，又包括较高层次的生态环境、精神需要的满足。然而，改革开放以来，我们的发展路线始终坚持以经济建设为中心，过度强调经济 GDP 而忽视绿色 GDP 必然导致经济发展与生态保护的矛盾。改革开放的快速发展给先发地区带来了较高的经济效益，但由于对环境资源问题的忽视，不可避免地遭遇“成长中的烦恼”：环境资源的有限性与人民需求的日益增长之间的矛盾日益突出，面对这一现实境遇，习近平同志立足于浙江基层的实际，不断更新认识，形成了著名的“认识三阶段：第一阶段：只要金山银山，不要绿水青山；第二阶段，既要金山银山，又要绿水青山；第三阶段，绿水青山就是金山银山”[①]。“两山”重要思想一经提出，便在浙江付诸实践，真正在全国推广并付诸实践是在习近平同志主政中央工作之后，不仅在重要的国际场合向外宣誓我们的生态文明建设理念（2013 年 9 月 7 日，在哈萨克斯坦纳扎尔巴耶夫大学发表《弘扬人民友谊　共创美好未来》的重要演讲），并为此出台了生态文明建设与生态文明体制改革的顶层设计文件（2015 年，《中共中央国务院关于加快推进生态文明建设的意见》《生态文明体制改革总体方案》），而且将该思想写入党的重要文件——十九大报告和新党章。与“两山”重要思想形成阶段的“认识三阶段”相比，“两山”重要思想在全国推广并付诸实践阶段形成了“三个重要论断”：一是“既要金山银山，又要绿水青山”；二是“宁要绿水青山，不要金山

① 沈满洪：《习近平生态文明思想研究——从“两山”重要思想到生态文明思想体系》，《治理研究》2018 年第 2 期。

银山”；三是“绿水青山就是金山银山”。三个论断中，最核心的就是“绿水青山就是金山银山”，这一论断已载入十九大报告及新党章[①]，成为新时代中国特色社会主义生态文明思想的基本内核。

四、“两山”重要思想是当代中国对生态文明理论的重要贡献

“两山”重要思想是解决新时代中国特色社会主义背景下社会主要矛盾、建设美丽中国、实现“五位一体”战略布局的重要举措。生态文明建设对我国发展经济、提升综合国际影响力、实现中华民族伟大复兴的中国梦具有重要意义。“两山”重要思想的提出，是马克思主义理论指导中国生态文明实践的最新理论成果，彰显着马克思主义生态哲学基本的价值理念，具有当今世界生态文明的基本特质，是新时代中国走向社会主义生态文明的理论指南。“两山”重要思想既继承和发展了马克思主义的人与自然和谐的思想，又传承了中华民族传统文化的生态智慧，体现了继承性与创新性的统一、民族性和世界性的统一，是解决新时代中国特色社会主义背景下社会主要矛盾、建设美丽中国、实现“五位一体”战略布局的重要举措，也是当代中国对生态文明理论的重要贡献。

“两山”重要思想是新时代中国共产党人用马克思主义的立场、观点、方法解决中国发展中存在问题提出的智慧方案，是马克思主义生态哲学理念的升华。马克思主义生态哲学的基本理念包括：“人与自然界的对立和统一、自然环境与社会环境的相互作用、人同自然走向和解等。”[②] “两山”重要思想是在应对发展中存在的人与自然矛盾问题提出的，旨在实现人与自然的和谐统一、自然与社会的和谐共生，是马克思主义生态哲学理念在新时代中国特色社会主义实践中得出的最重要的理论成果与实践方案。

“两山”重要思想是中国生态文明建设的重要理念创新，为生态文明时代解决生态环境问题提供了中国方案和中国智慧。党的十九大报

---

① 沈满洪：《习近平生态文明思想研究——从“两山”重要思想到生态文明思想体系》，《治理研究》2018 年第 2 期。

② 李明宇、李丽：《马克思主义生态哲学：理论建构与实践创新》，人民出版社 2015 年版，第 23 页。

告指出:“建设生态文明是中华民族永续发展的千年大计。”生态文明是人类文明发展的必由之路,“两山”重要思想作为中国生态文明建设上的理论创新和切实行动,向世界宣示一种全新的生态文明世界观、人生观和价值观,即除了以往的农业、工业、第三产业外,生态的价值尤为重要,甚至成为制约、引领并推动农业、工业、第三产业发展的关键因素,如生态农业、生态工业、生态信息业和生态服务业。“两山”重要思想的实质是“要求我们既要遵循经济发展规律,又要遵循自然发展规律。而且,经济发展规律与自然发展规律发生冲突的时候,必须以遵循自然发展规律为前提”①。换言之,环境保护的效果如何归根结底取决于经济结构和经济发展方式。因此,经济发展要遵循自然规律,在发展中保护,在保护中发展,真正实现经济发展、社会发展与自然保护的共赢。“两山”重要思想既是对中国传统小农社会生态价值观的超越,同时也是对近代西方工业文明基础上的生态文明观的扬弃,是一种立足于中国实际基础上应对发展问题的智慧方案,体现了新时代中国特色社会主义生态文明建设中的发展观、生态观、价值观和政绩观的转变与提升,不仅将新时代中国特色社会主义事业的发展推向一个新阶段、一个高境界,而且有利于整个人类生态文明的进程,必将推进美丽世界的建设。

第二节 新时代中国特色社会主义生态文明建设的价值遵循

习近平同志于2013年《在海南考察工作结束时的讲话》中指出:“良好生态环境是最公平的公共产品,是最普惠的民生福祉。”这是对民生观念的丰富完善,反映了党和政府为人民服务的民生关切,彰显着生态公平和环境正义的理念。作为新时代中国特色社会主义生态文明思想基本内核的“两山”重要思想,蕴含着丰富的生态伦理价值,本体论意义上的以人为本、目标层面的和谐共生以及主体层面的责任担当,这些价

① “绿水青山就是金山银山”重要思想在浙江的实践研究课题组编著:《“两山”重要思想在浙江的实践研究》,浙江人民出版社2017年版,第24页。

值是新时代中国特色社会主义生态文明建设的重要价值遵循，其基本的目标是在人与自然和谐统一基础上实现人类社会的持续发展。

一、以人为本

在本体论意义上，“两山”重要思想蕴含的首要价值就是以人为本，它揭示了新时代中国特色社会主义生态文明建设的实质在于人的意义，这是人类一切活动的初衷和终极目的。以人为本不仅是科学发展观的核心价值追求，也是新时代中国特色社会主义生态文明建设的首要价值遵循。“两山”重要思想体现了以人为本的思想，承认人的主体地位和价值，更重要的一点，它认可了只有人与自然和谐发展才是真正意义上的以人为本，才是人的意义的实现。

“两山”重要思想的提出是基于经济发展与生态保护的矛盾提出的一个智慧方案，阐明了“富”与“绿”之间关系的和谐即“美”，反映了人民群众对改善生态环境的热切期盼，是对人民美好生活向往的积极回应，以人为本是“两山”重要思想的题中应有之义与核心价值理念。“以人为本要求社会发展必须是不断提高人的生活质量和物质文化水平，美化和优化人的生活和劳动环境，保证人们赖以生存的地球生态系统在良性的循环过程中为人提供更优质的生存环境。”[①] 蕴含以人为本要求的新时代中国特色社会主义生态文明建设要以人民为中心、尊重人民主体地位，出发点和落脚点都在于维护民生安全、实现人民幸福。

作为马克思主义执政党的中国共产党，从建党之初直至领导中国人民进行革命与建设，其出发点和落脚点都只有一个，即共产党人的初心就是为人民服务——一切为了人民、以人民为中心的民本情怀。“两山”重要思想将生态纳入民生范畴，彰显了以习近平同志为核心的党中央心系群众、为民造福的伟大情怀，让人民过上美好生活就是新时代共产党人的初心和使命。

习近平同志早年在温州视察南麂岛海洋生态时就指出：“让人民群众喝上干净的水，呼吸上清洁的空气，吃上放心的食物。”以人为本，很

---

① 王莲芳:《绿色发展理念中的以人为本思想探析》,《太原理工大学学报（社会科学版）》2014 年第 3 期。

重要的一点就是不能以牺牲人自身的生存环境来换“富”，如果发展威胁到人自身的生存环境——“一口水、一口气、一口粮”的安全，那么这种发展既不可持续，又不符合为民服务的宗旨，没有民生安全，何谈人民幸福？“两山”重要思想反映了人民群众对改善生态环境的热切期盼，这种期盼在根本上是由新时代社会主要矛盾决定的。党的十九大报告指出，新时代我国社会主要矛盾转化为“人民日益增长的美好生活需要与不平衡不充分的发展之间的矛盾”，美好生活的需要是多层次多方面的，既包括生存需要，也包括较高层次的安全需要、审美需要、自我实现的需要，好的生态环境越来越成为关系人民美好生活的一项重要指标，它关系民生安全，事关人民幸福，因此，以人为本是新时代中国特色社会主义事业顺利开展的出发点和落脚点，也是新时代中国特色社会主义生态文明建设的首要价值。

二、和谐共生

和谐共生是“两山”重要思想的价值目标与归宿，也是新时代中国特色社会主义生态文明建设的重要价值遵循。和谐共生要求人类要与自然共同进化、协调发展，人类的一切活动都要以实现人、社会与自然生态系统的和谐为前提。“人是自然发展的产物，是自然的重要组成部分，是‘自然的人’。生态文明要求人类像爱护自身一样保护自然生态系统。”[①] 作为地球生态系统一部分的人类，其发展应与自然生物物种之间保持一种合作共生与互惠互利的关系，唯其如此，才能实现整个生态系统的和谐发展。

党的十九大报告首次将“坚持人与自然和谐共生”作为新时代坚持和发展中国特色社会主义的基本方略的重要内容，提出人与自然是生命共同体的重要论断，蕴含着尊重自然、谋求人与自然和谐发展的价值理念。不仅摒弃了长期以来片面重视经济发展忽视生态环境问题的做法，而且旗帜鲜明地强调经济发展与生态环境协调共进的理念。作为“两山”重要思想的题中应有之义的和谐共生价值理念，是对中国传统生态

---

① 李明宇、李丽：《马克思主义生态哲学：理论建构与实践创新》，人民出版社 2015 年版，第 143—144 页。

智慧思想（天人合一、道法自然）的继承与弘扬，开辟了处理人与自然关系的新篇章，是新时代中国特色社会主义生态文明建设的重要价值遵循。

“天人合一”是中华民族一以贯之的传统文化精神，是一种旨在谋求人与自然和谐共生的文明。“天人合一”与“道法自然”是中国传统文化对于人与自然的关系的高度概括与提炼，也是蕴含在“两山”重要思想的重要传统价值理念。《易传》指出，人要把握天道，就必须做到“与天地和其德，与日月和其明，与四时和其序”，顺应自然，道法自然。“‘天人合一’观最可贵之处，在于它在揭示人与自然的关系时，既肯定了人的主体精神，又强调人必须顺应自然。”[①] 中国传统生态观历来重视人与自然关系的和谐，但作为一种建立在小农经济基础上的生态价值观已与高速发展的现代工业经济不相适应。与传统的天人合一、道法自然不同，蕴含着和谐共生理念的“两山”重要思想，既突出人与自然关系和谐发展的重要性，同时，又强调发展经济与保护生态是辩证统一的。“两山”重要思想的提出恰是在总结传统生态价值基础上提出的一种超越传统价值理念的科学生态观，和谐共生的理念即是对传统生态价值的扬弃与完善。在此意义上，“两山”重要思想是对传统生态价值观的一次超越和提升。

三、责任担当

“两山”重要思想的以人为本除关注当代人的发展之外，还关注代际之间的发展，蕴含其中的责任担当理念强调人类平等共享自然资源的同时，必须承担与之相应的自然责任和义务，因此，责任担当也是新时代中国特色社会主义生态文明建设的重要价值遵循。

“两山”重要思想的目标就是以人为本与和谐共生，而目标的实现离不开对主体地位的确认以及主体责任的落实。作为自然一部分的人类，爱护自然就是爱护人类生存的环境，是爱护人类的长远可持续发展。但工业革命以来，人类的主体地位被推到超越自然的高度之上，我

---

① 林建：《生态文明建设的方向指导与方法指导》，《中共福建省委党校学报》2014 年第 11 期。

们一味地强调主体对客体的开发和控制，却忽视了主体对客体的责任和义务，导致了人与自然矛盾的加剧，生态危机的恶化。

“两山”重要思想是立足于中国发展的实际提出的，不仅强调经济发展与生态保护的统一性，更强调生态保护建设的优先性，强调中国共产党人肩负着为实现中国人民幸福、国家富强所肩负的责任担当，既有对自然环境的责任，也有对当代人和后代人的责任。一方面，“两山”重要思想蕴含的责任担当理念，要求党和政府切实做到发展经济与保护环境的统一。“现代经济社会的发展，对生态环境的依赖度越来越高，生态环境越好，对生产要素的吸引力、集聚力就越强。”① 因此，党和政府的责任担当就在于顺应全球低碳经济、绿色经济大潮，因地制宜地创新经济发展模式，在满足人民物质生活需要基础上，实现人民对更高层次的安全、审美需要的满足。唯其如此，共产党人才能真正肩负起为当代人谋求幸福生活的需要，同时也推动自然环境可持续发展和永续利用。另一方面，与可持续发展理论相比，“两山”重要思想蕴含的更多的是党和政府为了人民必须把自然生态放在优先位置的一份沉甸甸的责任担当。习近平同志在多次讲话中强调，“要清醒认识保护生态环境、治理环境污染的紧迫性和艰巨性，清醒认识加强生态文明建设的重要性和必要性，以对人民群众、对子孙后代高度负责的态度和责任，真正下决心把环境污染治理好、把生态环境建设好。生态环境保护是功在当代、利在千秋的事业。我们在生态环境方面欠账太多了，如果不从现在起就把这项工作紧紧抓起来，将来会付出更大的代价。任何再以绿水青山去换取金山银山的做法，都是不被允许的，也是不能原谅的。”②

第三节　新时代中国特色社会主义生态文明建设的方法论原则

就方法论意义上讲，“两山”重要思想的提出是“在分析‘矛盾’

① 夏宝龙:《以“两山”重要思想为指引　更好地谱写走在前列新篇章》,《政策瞭望》2015年第9期。

② 夏宝龙:《以“两山”重要思想为指引　更好地谱写走在前列新篇章》,《政策瞭望》2015年第9期。

中看到‘统一’之法，在解决‘对立’中找到‘转化’之机，在超越‘两难’困境中找到‘双赢’之道”[①]，超越了传统工业社会的“先污染后治理”旧发展模式的窠臼，真正实现了经济发展与环境保护协调推进的现实途径，必将有力指导新时代中国特色社会主义生态文明建设，必将深刻影响中国乃至世界生态文明发展进程。作为新时代中国特色社会主义生态文明思想的基本内核，“两山”重要思想是马克思主义基本原理指导中国特色社会主义生态文明实践的智慧结晶，蕴含着丰富的方法论原则，其中，生态系统动态平衡的原则体现了唯物辩证法整体观的要求；经济发展与环境保护协调发展原则体现了马克思主义的联系发展观的要求；以人民为中心的共建共享原则体现了唯物史观的人民群众观的要求，“两山”重要思想蕴含的这些方法论原则是新时代中国特色社会主义生态文明建设的重要方法论原则。

一、生态系统动态平衡的原则

马克思主义的辩证唯物主义的整体观认为，“地球自然界是一个由各种自然要素所构成的生态系统”[②]，生态系统的各要素之间是相互依存、相互作用的，地球生态系统具有整体性、有序性、开放性和自维持性等四方面特征。整体性特征表明，整个自然生态系统总是保持整体大系统生态平衡和局域小系统平衡的协调统一，其中，任何一方或局部的失衡都会损害整个生态系统进而危及生态系统平衡。人作为整个地球生态系统的一个重要组成部分，既不能超越地球生态系统之上，又不能游离于地球生态系统之外，而是依赖于地球生态系统稳定与完整的一个物种。但“生态平衡不是静止的，而是处于动态之中的，因为物质总是在不断循环，能量总是在不断流动。相对于外部环境，生态系统的平衡需要物质、能量之输入、输出的相对平衡”[③]。生态系统有着天然的抗压能力，能通过自我调节达到生态系统的动态平衡，但一旦人类活动强度超过地

① 夏宝龙：《以“两山”重要思想为指引 更好地谱写走在前列新篇章》，《政策瞭望》2015 年第 9 期。

② 赵成、于萍：《马克思主义与生态文明建设研究》，中国社会科学出版社2016年版，第133页。

③ 卢风等著：《生态文明新论》，中国科学技术出版社 2013 年版，第 69 页。

球生态系统的承载力，生态系统也会出现失衡，严重时可能导致整个生态系统的崩溃。改革开放以来，我们坚持以经济建设为中心的总路线，其优势不言而喻，但不足在于忽视地球生态大循环的整体，准确地说，“忽视环境容量和自然生态的承载力，以至带来了环境恶化和发展的不可持续的困境”①。习近平总书记在十八届三中全会上的讲话中进一步把“两山”重要思想提升到系统论的高度，“山水林田湖是一个生命共同体”的论断充分体现了生态系统与社会系统、经济系统的相互依存、密不可分，“两山”重要思想旨在实现与维护生态系统与社会系统、经济系统的动态平衡。“两山”重要思想的提出就是人类在遵循生态系统动态平衡原则下进行的改造世界的活动，同时这种改造活动的一个根本目标就是实现人类经济社会系统与自然生态系统之间的动态平衡。并且，只有坚持生态系统的动态平衡原则，才能树立起生命伦理意识和生态伦理意识，由此，为人类妥善处理人与自然、人与社会、当代人与后代人的关系，实现人与自然和谐、发展与环境双赢提供方法原则，即“两山”重要思想揭示的生态系统的动态平衡原则是新时代中国特色社会主义生态文明建设的重要方法论原则。因此，新时代中国特色社会主义生态文明坚持要以生态系统的动态平衡原则为方法论指导，坚持马克思主义的系统整体观点为指导，深刻认识到经济系统、社会系统与自然生态系统的密不可分、相互依存和相互制约关系。

二、经济发展与环境保护协调发展原则

一直以来，人们都把经济发展作为人类生活改善的根本途径。但伴随着工业革命的发展而出现的全球性生态危机问题，越来越多的人开始对此产生怀疑。人们逐渐发现，现代工业文明视域下的经济增长几乎无一例外地导致了生态破坏和环境污染的加剧，反过来，这些问题又降低了人们生活的质量。随着人们生活水平的不断提高，人们的需求呈现出多样性多方面多层次的特点，人们已不再满足于简单的物质生活的需要，更多的是一种基于幸福追求基础上的对环境、安全等的需要的满

① 邓坤金、李国兴:《简论马克思主义的生态文明观》,《哲学研究》2010 年第 5 期。

足，在此背景下，我们不得不重新思考经济发展与环境保护之间的关系。马克思通过考察工业社会早期的文明发展和自然生态问题，发现资本主义制度是导致文明与自然生态矛盾加剧的根本原因，资本对剩余价值的无限追求导致了诸如此类的环境恶化、生态危机问题，而恶化的环境又反过来威胁到人类自身的生存与发展。毫无疑问，经济发展与环境保护之间的确存在着矛盾的一面，但同时我们也应该意识到二者不是绝对对立的，还存在着和谐互动的可能性。马克思主义经典作家指出，只有改变生产关系，才能破解经济发展与生态保护之间的矛盾。“两山”重要思想的提出正是基于经济发展与环境保护矛盾的解决提出的，是现有生产力水平基础上提出的一种智慧方案，有助于推动生产力的发展。新时代中国特色社会主义生态文明建设的初衷是保护自然环境、实现文明的可持续发展，但生态文明首先是建立在发达的物质文明基础上的，物质文明是生态文明的基础与前提。生态文明对经济活动的要求是经济活动必须遵循生态规律，在尊重自然基础上实现经济和谐、社会和谐与生态和谐的互动统一，最终实现马克思所谓的人的自由全面发展的目标。在此意义上，经济发展与环境保护和谐共生是新时代中国特色社会主义生态文明建设的重要方法论原则。

三、以人民为中心共建共享原则

“两山”重要思想蕴含的另一方法论原则是以人民为中心共建共享原则，它反映了社会主义的本质要求，即最终实现共同富裕。其中，共建是共享的前提和基础，共享是共建的结果和归宿，二者密不可分，相互依存，共建度越高，共享越多。以人民为中心共建共享原则揭示的不仅仅是要尊重人民的主体地位，发挥人民在构建新时代中国特色社会主义生态文明建设中的主动性与积极性，而且表达了科学发展的成果由人民共享，即在人与自然和谐发展、经济发展与环境保护协调发展基础上实现资源共享，以人民为中心的共建共享原则是新时代中国特色社会主义生态文明建设的又一方法论原则。马克思主义生态文明观的基本立场是，人是社会发展的主体，人类社会发展的终极目标就是实现人的自由解放与全面发展。以人民为中心共建共享原则既是对人类中心主义和极端生态中心主义的超越，又反映了中国共产党人立党为公、执政为民的根本理念。一方面，“极端人类中心主义的根本缺陷就是缺乏人与自然平等的伦理态度，它主张其它生命和自然界都是人的对象，只承认人的价值”，[①]人类可以为了自我生存与发展，无限制地征服自然、掠夺自然，极端中心主义的直接后果就是人与自然关系的紧张，进而威胁到人类赖以生存的物质基础。“极端生态中心主义则强调为了无损于自然生态系统的完整、稳定和美丽，应该对人类的活动加以限制，甚至停止改造自然，这表明了其在自然界面前的屈从和无所作为。”[②]“两山”重要思想是对人类中心主义和极端生态中心主义的超越，它强调以人民为中心的发展应是人民参与其中共同建设并共同享有成果，既不能一味索取，又不能止步不前。另一方面，以人民为中心共建共享原则凸显了我们党的人民情怀、宗旨意识。我们党是新时代中国特色社会主义各项事业的领导力量与核心，新时代各项事业的开展都要以人民为中心，尊重人民的主体地位，发挥人民在经济、政治、社会、文化、生态各领域的主体地位，只有人民共同建设，才能共同享有，尤其是生态文明建设，它更要求在尊重人民主体地位上，共同参与建设和维护，从而人民共享优良生态。以人民为中心的共建共享原则反映了共产党人的立党为公、执政为民的初心和使命，是新时代中国特色社会主义生态文明建设的重要方法论原则之一。

作为新时代中国特色社会主义生态文明建设根本遵循的“两山”重要思想，有其独特的中国印记和开放的世界眼光，有其鲜明的现实土壤和深厚的传统根基，有其明确的实践指向和清晰的发展脉络，也有其多彩的区域实践和灵活的现实举措。

就其发展脉络来看，“两山”重要思想萌芽于习近平总书记在陕西梁家河七年插队以及在正定、福建期间的生活工作实践；形成于习近平总书记在主政浙江时期的社会建设的生动实践；完善于习近平总书记作为党和国家领导人引领中国特色社会主义的治国理政之中。就其实践践行来看，浙江省湖州市安吉县余村是习近平总书记“两山”重要思想

① 邓坤金、李国兴:《简论马克思主义的生态文明观》,《哲学研究》2010 年第 5 期。
② 邓坤金、李国兴:《简论马克思主义的生态文明观》,《哲学研究》2010 年第 5 期。

的诞生地，以“建设生态文明，推动绿色发展”为实践指向的余村、安吉、湖州等等众多的由村到乡、由乡到县、由县到市，以及由市到省的区域发展实践构成了浙江践行、丰富“两山”重要思想的鲜活案例和生动画卷，提供了中国特色社会主义绿色发展、生态文明的先行实践样本，它为浙江提供了继续前行的宝贵经验，也将为中国乃至世界的发展提供重要的借鉴。就其丰富内涵来看，汲取并弘扬了中国传统的生态智慧，参考并借鉴了西方环境治理和生态保护的现代化之路的“两山”重要思想，经过十多年现实的发展践行和理论的丰富完善已经发展成为内涵丰富、科学系统、意义重大的马克思主义理论体系，是习近平新时代中国特色社会主义思想的重要组成部分，是新时代中国生态文明建设的重要指导思想。

实践不会止步，理论永远前行。“两山”重要思想将会在中国特色社会主义实践进程中进一步丰富与提升，中国特色社会主义事业也将在以“两山”重要思想为重要内容的习近平新时代中国特色社会主义思想指引下阔步前进。

第二章

“两山”重要思想的形成背景与发展脉络

任何一种科学理论思想的产生和发展，都有其生长和发育的理论根基和现实土壤，都有其鲜明的时代特性，而不是凭空想象的意识产物。恩格斯指出："每一时代的理论思维，从而我们时代的理论思维，都是一种历史的产物，它在不同的时代具有完全不同的形式，同时具有完全不同的内容。"[①] 在主政浙江期间，习近平同志提出了"绿水青山就是金山银山"重要思想，在其担任党和国家领导人期间又将其作为治国理政的重要理念，并最终成为习近平新时代中国特色社会主义思想的重要组成部分。这一重要思想是在中国特色社会主义建设的特定时期、特定阶段和特定地域中形成的，既受到浙江特殊的地理地貌、浙江经济发展的独特优势、浙江优良的生态文明建设的传统的影响，又遵循科学发展观指导下的国家发展战略，并基于对当代世界现代化的绿色发展战略的深刻把握。同时，这一重要思想也是经历过了萌芽、形成、完善等一系列阶段，有着自身的发展脉络。

第一节 "两山"重要思想的形成背景

"两山"重要思想的形成背景主要包括五个方面，即：浙江拥有天然的生态地理位置与环境优势；浙江经历着"先成长起来的烦恼"问题；对改革开放后浙江的生态文明建设的实践传统的继承与发展；贯彻落实科学发展观的战略要求；深刻把握当代世界现代化绿色发展潮流趋势。

一、浙江拥有天然的生态地理位置与环境优势

浙江省地处中国东南沿海长江三角洲南翼，陆域面积 10.55 万平方公里，为全国的 1.10%，东西和南北的直线距离均为 450 公里左右，是中国面积最小的省份之一。其中，山地和丘陵占 70.4%，平原和盆地占 23.2%，河流和湖泊占 6.4%，耕地面积仅 208.17 万公顷，地形自西南向东北呈阶梯状倾斜，西南以山地为主，中部以丘陵为主，东北部是低平

① 《马克思恩格斯选集》第 4 卷，人民出版社 1995 年版，第 284 页。

的冲积平原，故有“七山一水二分田”之说。

浙江的森林覆盖率、毛竹面积和株数位列中国前茅，其中，林地面积 667.97 万公顷（森林面积 584.42 万公顷），森林覆盖率为 60.5%，活立木总蓄积 1.94 亿立方米；竹林面积占中国的 1/7，竹业产值约占中国的 1/3，在国内，有“世界竹子看中国，中国竹子看浙江”之说。浙江森林的健康状况良好，健康等级达到健康、亚健康的森林面积比例分别为 88.45% 和 8.23%。

浙江境内有西湖、东钱湖等容积在 100 万立方米以上湖泊 30 余个。全省自北向南流动的河流有苕溪、京杭运河（浙江段）、钱塘江、甬江、椒江、瓯江、飞云江和鳌江 8 条，除苕溪、京杭运河外，其余各条河均独自流入东海。钱塘江为浙江第一大河，境内流域面积 48080 平方千米，占全省陆域面积的 47%。浙江是海域大省，海域面积为 26 万平方千米，有 3000 余个面积大于 500 平方米的海岛，是全国岛屿最多的省份；多海岸线（包括海岛）总长 6486. 24 千米，居全国首位，其中大陆海岸线 2200 千米，居全国第 5 位；海岸绵长且水深，可建万吨级以上泊位的深水岸线 290.4 千米，占全国 1/3 以上，10 万吨以上泊位的深水岸线 105.8 千米。

浙江素有“鱼米之乡”“丝茶之府”“文物之邦”“旅游胜地”之称。全省有各类重要景观 1000 多处，其中包括 14 个国家级风景名胜区、1 个国家级旅游度假区、16 个国家级森林公园和 42 个省级风景名胜区，有杭州、宁波、绍兴、衢州、临海 5 座国家级历史文化名城。类型多样的自然生态景观，独一无二的山水旅游资源，使浙江在全国具有无可比拟的天赋优势。浙江是全国非物质文化遗产保护综合试点省，非物质文化遗产保护成果居全国首位，有着发展生态文化旅游业的优质资源。习近平同志指出：“我省‘七山一水两分田’，许多地方‘绿水逶迤去，青山相向开’，拥有良好的生态优势。如果能够把这些生态环境优势转化为生态农业、生态工业、生态旅游等生态经济的优势，那么绿水青山也就变成了金山银山。”[①]

---

① 习近平：《干在实处 走在前列——推进浙江新发展的思考与实践》，中共中央党校出版社 2006 年版，第 197—198 页。

二、浙江经历着“先成长起来的烦恼”问题

在改革开放之初，由于浙江是陆地地域、土地资源、环境容量小省。在资源环境约束下，浙江的经济发展处于全国相对落后的水平。然而，浙江人民发奋图强，以民营经济为突破口，在全国率先进行市场化改革，充分发挥先发优势，经济综合实力迅速上升，实现从经济小省到经济大省的历史性跃升。2001—2005 年，浙江经济年均增长 13.0%，增长速度超过 1978—2000 年；2005 年全省生产总值 13438 亿元，经济总量跃上万亿元台阶；人均生产总值 27703 元，年均增长 11. 7%，地区生产总值和人均生产总值两项指标提前一年超过“十五”计划目标。2001—2005 年，浙江规模以上企业万元工业总值综合能耗年均降低率 8.8%，劳动生产率年均增长 11.7%；八大水系、运河和湖库Ⅲ类水质检测断面达 64.9%，城市空气质量年均值达到二级标准，影响空气质量的主要污染物总悬浮颗粒物浓度出现下降，森林覆盖率提高到 60.5%。

然而，随着经济的快速发展，浙江省资源的先天不足问题开始凸显出来，资源需求的无限性与资源供给的有限性、环境容量需求的递增性与环境容量供给的递减性矛盾十分尖锐。正如习近平同志 2005 年 5 月在听取“十一五”规划重点调研课题汇报会上所言：“我们也要清醒地看到发展中存在的矛盾和问题，主要是两个方面：一是转变增长方式的问题。经济发展从粗放到集约是一个规律，也是一个长期的过程，但经济增长方式转变缓慢，老是粗放型增长，也是个问题。目前我省 GDP 已过万亿，粗略地说，GDP 每增加一个百分点形成的增量，‘十一五’期间平均大约是 150 亿元，大约是‘十五’时期的两倍、‘九五’时期的三倍。如果维持原有的增长方式和经济结构不变，相应的自然资源消耗、污染物排放也将是原来的两倍、三倍，必将导致资源、能源供给的持续紧张，生态环境恶化状况也难以有根本改观。因此，转变经济增长方式，‘十一五’时期必须破题并取得实质性进展。二是高端要素供给不足的问题。当前，制约我省发展的主要是能源、土地、水等物质要素的供给不足。这些问题，通过加快能源建设以及要素配置市场化改革，经过若干年的努力可以得到缓解。但也要看到，仅仅解决这些问题，并不能从根本上转变粗放型的增长方式。转变增长方式，从长远看还是要

促进经济结构由自然资源和投资依赖型向充分发挥人力资源优势的模式转变，特别要注重人力资源开发和科技创新，加强技术、人才这些高端要素供给，这是根本之策。”[①]

从发展模式上看，浙江的发展与一些先发工业化国家的发展模式完全不同，只能在自我承受工业化快速发展带来的环境压力的同时，又要承担发达国家工业化后期转移的“高投入、高消耗、高污染、低效益”产业压力、双重资源环境因素叠加，使得压缩型、粗放型工业化模式带来的资源环境矛盾在全国先行凸显。具体表现为：

一是自然环境容量无法长久承受经济快速增长所需要的资源消耗。粗放型工业化实际所需的能源消耗量很大，污染物排放量很大，而浙江环境容量十分有限。1990—2005 年，浙江工业废气排放量从 2595 亿标立方米增加至 13025 亿标立方米，净增 10430 亿标立方米，年均增长 4.95%；废水排放总量从 142717 万吨增加至 313196 万吨，净增 170479 万吨，年均增长 9.62%。

二是在有限资源消耗过程中，资源利用率低问题无法有效解决。浙江工业物质资源先天不足，大多数自然资源人均水平低于全国。同时，浙江自然资源利用率不高，单位生产总值能耗、水耗和污染物排放量在全国处于中上水平，但均高于世界平均水平，资源利用效率与发达国家相比差距很大。在快速、粗放工业化进程中，浙江水、电、煤、土地等各种自然资源短缺问题不断出现。

三是生态环境改善程度无法达到民众生态理想需求。2003 年，全国各省、市、自治区环境污染与破坏事故次数排名中，广西 406 次，排第一；湖南 314 次，排第二；浙江 229 次，排第三。在沿海几个省份中，广东 47 次，山东 34 次，江苏 30 次，辽宁 17 次，浙江环境污染与破坏事故次数总量偏高。[②]

面对先成长起来的烦恼，加快转变经济方式无疑是有效良方。正如习近平同志指出的：“随着发展阶段、宏观形势、体制条件尤其是资源环

---

① 习近平：《干在实处 走在前列——推进浙江新发展的思考与实践》，中共中央党校出版社 2006 年版，第 40 页。

② 沈满洪等：《绿色经济——生态省建设创新之路》，浙江人民出版社 2006 年版，第 24 页。

境情况的变化，我省再走粗放型的发展路子将难以为继。”[①]“必须按照科学发展观的要求，坚持走新型工业化道路，加快推进经济增长由粗放型向集约型方式转变。”[②]因此，从20世纪90年代开始，浙江省采取了一系列措施积极化解问题，如，1996年的《浙江省国民经济和社会发展“九五”计划和2010年远景目标纲要》、1997年的《浙江省社会主义精神文明建设纲要（1996—2010）》、2000年的《关于制定浙江省国民经济和社会发展第十个五年计划的建议》等等。

2004年7月，习近平同志在省委“牢固树立和认真落实科学发展观，推动浙江经济社会全面协调可持续发展”专题学习会上，对加快转变经济增长方式作了全面系统的论述：

第一，以提高经济国际竞争力为导向。“随着中国加入世界贸易组织和经济全球化进程不断向纵深推进，各种资源在全球范围内加快流动，国家和地区间的市场边界日益模糊，国内市场日趋国际化。在这个背景下，地区之间的竞争，越来越表现为争夺全球资源和全球市场的竞争，表现为国际竞争力的较量。所谓经济国际竞争力，主要是指面向国际国内两个市场、两种资源，在国际范围内进行资源配置和经济扩张，参与国际分工协作和竞争的能力。这种能力，不仅着眼于规模和总量，更强调质量和效率；不仅着眼于已达到的水平，更强调潜力和后劲。世界区域经济发展的经验证明，一个资源优势并不突出的地区，完全可以通过增强国际竞争力，充分利用全球资源和市场，在竞争中脱颖而出；而一个单纯依靠资源等比较优势发展起来的地区，如果不注重培植新的竞争优势特别是国际竞争优势，也会在残酷的竞争中处于不利地位，从而走向衰败。因此，加快转变经济增长方式，定位要高一些，要坚持国际竞争力为导向。我们的企业要有进入世界500强的目标和勇气，我们的产品不能仅满足于走出国门，而且要努力打入欧美的高端市场，争创国际性品牌，我们的环境要能够吸引国际一流企业来

---

① 习近平：《干在实处　走在前列——推进浙江新发展的思考与实践》，中共中央党校出版社2006年版，第50页。

② 习近平：《干在实处　走在前列——推进浙江新发展的思考与实践》，中共中央党校出版社2006年版，第50页。

投资落户，使我们的产业、企业、产品和投资环境具有较强的国际竞争力。”①

第二，以产业结构战略性调整为途径。“按照‘优农业、强工业、兴三产’的要求，着力优化产业结构，实现产业升级。要以推进农业产业化经营为载体，以发展高效生态农业为主攻方向，加快发展现代农业，保护和提高粮食综合生产能力，增加粮食储备，确保粮食安全。要以推进先进制造业基地建设为载体，积极发展电子通信、软件、生物医药、新材料等高新技术产业，依托港口优势发展重化工业，做大做强高附加值特色产业，大力运用信息技术和先进适用技术改造提升传统工业，全面提高我省制造业的竞争力。要在坚持做强做优传统服务业的同时，大力发展旅游、会展、物流、信息、金融等现代服务业。”②

第三，以科技进步和技术创新为动力。“要加快打造一流的区域科技创新体系，积极引进大院名校，大力培育企业研发中心、重点实验室、科研机构等创新主体，加快建设区域科技创新服务中心。加强共性技术、关键技术联合攻关和扩散推广，为产业升级提供强大的技术支撑。要加强技术引进、消化吸收和创新集成，努力实现变创业为创新，变仿造为创造，变贴牌为名牌，力争拥有一批自主知识产权。要加快建立高层次人才培养机制，重点培养和引进精通国际规则的国际化人才、复合型科技创业人才、企业家和职业经理人才。加强高级技工队伍建设，注重一线工人的技能培训，真正把经济增长方式转变到依靠科技进步和提高劳动者素质的轨道上来。”③

第四，以发展循环经济、建设集约型社会为载体。“要深入开展宣传教育活动，采取多种形式介绍我国、我省资源形势和节约潜力，提高全省人民的资源意识和节约意识。要大力开展资源节约活动，在全社会推广节能、节水、节材和资源综合利用方面的新技术和新办法，提高资源利用效率。要按照‘减量化、再使用、可循环’的原则，大力发展循

---

① 习近平：《干在实处 走在前列——推进浙江新发展的思考与实践》，中共中央党校出版社2006年版，第50—51页。

② 习近平：《干在实处 走在前列——推进浙江新发展的思考与实践》，中共中央党校出版社2006年版，第51页。

③ 习近平：《干在实处 走在前列——推进浙江新发展的思考与实践》，中共中央党校出版社2006年版，第51页。

环经济，全面推行清洁生产，最大限度地减少资源消耗和废弃物排放，实现资源的循环利用。”①

三、对改革开放后浙江的生态文明建设的实践传统的继承与发展

改革开放以来，浙江历届省委、省政府一直重视生态环境保护和生态文明建设，并取得了良好成绩，习近平同志在充分继承浙江省的生态文明建设成果的基础上，加以发展，并最终形成了“两山”重要思想。

1984 年，浙江召开第一次环境保护会议，对环境保护工作作出系统部署。1993 年省第九次党代会提出，增强环保意识，治理环境污染，保护和合理利用自然资源，逐步改善生态环境。1999 年，制定出台了《浙江省环境保护目标责任制度考核办法》。2002 年 6 月，浙江省政府提出“绿色浙江”目标。2003 年 8 月，省政府颁发《浙江生态省建设规划纲要》。2003 年，作为浙江省的主要领导的习近平同志在《求是》杂志发表文章《生态兴则文明兴》，在总结浙江省生态文明建设的历史经验基础上，对“绿色浙江”进行了充分的理论诠释，这可以看成是习近平“两山”重要思想的浙江理论源头。

第一，推进生态建设，打造“绿色浙江”，是实施可持续发展战略的具体行动。“生态环境是承载经济社会发展的基础。我们说发展是硬道理，发展是第一要务，这种发展应当是经济社会在整体上的全面发展，在空间上的协调发展，在时间上的持续发展。因此，发展不仅要看经济增长指标，还要看社会发展指标，特别是人文指标、资源指标、环境指标。我省提出，到 2020 年经济总量争取比 2000 年翻两番。如果不根本转变经济增长方式，这样的高增长必然带来资源消耗和污染物排放总量的剧增，造成严重的环境问题，制约经济社会的持续发展。推进生态建设，打造‘绿色浙江’，走科技先导型、资源节约型、清洁生产型、生态保护型、循环经济型的经济发展之路，不仅有利于促进资源的永续利用，实现物质能量的多层次分级循环利用，改变我省资源保证程度低、

---

① 习近平:《干在实处 走在前列——推进浙江新发展的思考与实践》，中共中央党校出版社 2006 年版，第 52 页。

环境容量小对经济发展的制约，更重要的是从根本上整合和重新配置有限的环境资源，优化产业布局，更加合理地调整产业结构，不断提升产业层次和经济质量，从而为可持续发展铺平道路。”[①]

第二，推进生态建设，打造“绿色浙江”，是增强综合实力和国际竞争力的必由之路。“当今世界，生态环境已成为一个国家和地区综合竞争力的重要组成部分。我国加入世贸组织，在全面参与国际竞争的过程中，生态环境对经济活动的影响越来越大。许多国家和地区都高度关注生态安全，把它作为国家安全的基本战略之一，出口贸易正越来越多地面临主要来自发达国家‘绿色壁垒’的挑战。要保持浙江经济大省、出口大省的地位，吸引更多的外商来我省投资落户，就必须更加注重生态保护和环境建设，努力在更高层次和水平上谋求有力的环境支撑，通过不断优化生态环境，切实增强我省的综合实力和国际竞争力。同时，生态环境也是我省参与长江三角洲地区交流与合作的一大优势。我省要实现与长江三角洲地区的优势互补、互惠互利，必须强化山海并利、山水兼优的生态优势，加强区域生态建设和环境保护，集约利用有限资源，加快建立可持续发展的资源环境支撑体系，以区域可持续发展的有利条件，全面参与长江三角洲地区的一体化进程。”[②]

第三，推进生态建设，打造“绿色浙江”，是加快全面建设小康、提前基本实现现代化的有效途径。“人口资源环境工作是强国富民安天下的大事，是全面建设小康社会的必然要求。在我省加快全面建设小康社会、提前基本实现现代化进程中，创建良好的生态环境，既是一个重要目标，又是一条有效途径。按照党的十六大精神，全面建设小康社会的一个重要目标，就是‘可持续发展能力不断增强，生态环境得到改善，资源利用效率显著提高，促进人与自然的和谐，推动整个社会走上生产发展、生活富裕、生态良好的文明发展道路’；全面建设小康社会的一个重大举措，就是‘大力实施科教兴国战略和可持续发展战略’，‘走出一条科技含量高、经济效益好、资源消耗低、环境污染少、人力资源优

---

① 习近平：《干在实处 走在前列——推进浙江新发展的思考与实践》，中共中央党校出版社2006年版，第187页。

② 习近平：《干在实处 走在前列——推进浙江新发展的思考与实践》，中共中央党校出版社2006年版，第187—188页。

势得到充分发展的新型工业化路子'；全面建设小康社会的根本目的，就是不断提高人民的生活水平和质量，这自然包含着人们生产生活环境质量的提高。推进生态建设，打造'绿色浙江'，正是从这些要求出发，遵循生态学原理、系统工程学方法和循环经济发展理念，充分运用现代科技，转变经济增长方式，大力发展生态效益型经济，不断改善和优化生态环境，促进国民经济和社会持续健康协调发展，并为今后的发展提供良好的基础和可以永续利用的资源与环境，真正把美好家园奉献给人民群众，把青山绿水留给子孙后代，以建'绿色浙江'、造秀美山川的丰硕成果，全面推进我省的小康建设和现代化建设。从这个意义上说，推进生态建设，打造'绿色浙江'，进一步丰富了全面建设小康社会、提前基本实现现代化的内涵。"①

在"绿色浙江"理念的指导下，2003 年浙江省委、省政府决定开展实施"千村示范、万村整治"工程。"实践证明，'千村示范、万村整治'作为一项'生态工程'，是推动生态省建设的有效载体，既保护了'绿水青山'，又带来了'金山银山'，使越来越多的村庄成了绿色生态富民家园，形成经济生态化、生态经济化的良性循环。"②

四、贯彻落实科学发展观的战略要求

2003 年 10 月召开的党的十六届三中全会提出，"坚持以人为本，树立全面、协调、可持续的发展观，促进经济社会和人的全面发展"，这是党中央首次明确提出关于科学发展观的概念。2004 年，胡锦涛同志在中央人口资源环境座谈会上首次对科学发展观的深刻内涵和基本要求进行了全面系统的阐述，明确指出："可持续发展，就是要促进人与自然的和谐，实现经济发展和人口、资源、环境相协调，坚持走生产发展、生活富裕、生态良好的文明发展道路，保证一代接一代地永续发展。""科学发展观，凝结着我们几代共产党人带领人民群众建设中国特色社会主义的

---

① 习近平：《干在实处　走在前列——推进浙江新发展的思考与实践》，中共中央党校出版社 2006 年版，第 188 页。

② 习近平：《干在实处　走在前列——推进浙江新发展的思考与实践》，中共中央党校出版社 2006 年版，第 162 页。

心血，也反映了多年来世界各国发展的经验教训。”在2005年的中央人口资源环境座谈会上，胡锦涛同志同样指出：“调整经济结构和转变经济增长方式是缓解人口资源环境压力的根本途径。”强调“我们要缓解人口资源环境压力，实现经济社会全面协调可持续发展，必须加快调整不合理的经济结构，彻底转变粗放型的经济增长方式，使经济增长建立在提高人口素质、高效利用资源、减少环境污染、注重质量效益的基础上。”

2005年5月，原国家环保总局发布《2004年中国环境状况公报》，对我国环境的各项指标进行了公布：

土地状况：全国耕地12244.43万公顷，园地1128.78万公顷，林地23504.70万公顷，牧草地26270.68万公顷，其他农用地2553.27万公顷，居民点及独立工矿用地2572.84万公顷，交通运输用地223.32万公顷，水利设施用地358.95万公顷，其余为未利用地。与上年相比，耕地减少0.77%，园地增加1.86%，林地增加0.46%，牧草地减少0.15%，居民点及独立工矿用地增加1.48%，交通运输用地增加4.10%。全国耕地净减少80.03万公顷。其中，建设占用耕地14.51万公顷，灾毁耕地6.33万公顷，生态退耕73.29万公顷，因农业结构调整减少耕地20.47万公顷，土地整理复垦开发补充耕地34.56万公顷。1997年至2004年，中国耕地面积减少了5.7%，8年之间净减少耕地746.7万公顷。其中基本农田面积仅1亿公顷左右，现中国人均耕地面积仅为0.1公顷，不到世界平均水平的一半。耕地质量：中国现有耕地总体质量偏低，存在土壤养分失衡、肥效下降、环境恶化等突出问题。一是中低产田所占比重偏高。全国高产稳产田只占耕地总面积的35%，受干旱、陡坡、瘠薄、洪涝、盐碱等各种障碍因素制约的中低产田占65%，其中中产田占37%，低产田占28%。二是耕地有机质含量偏低，土壤养分不均衡。全国耕地有机质平均含量为1.8%，棕壤、褐土等土壤类型比欧洲同类土壤有机质含量低2倍以上。中国缺磷耕地面积占耕地总面积的51%（有效磷含量小于5mg/kg）；缺钾耕地占60%（有效钾含量小于50mg/kg）。三是“占优补劣”现象严重。在耕地“占补平衡”的过程中有些地区仅重视数量平衡，忽视耕地质量平衡，新增耕地质量偏低，使中低产田的比重继续增大。据对全国15个省（市）的调查，大部分新增耕地需要5—10年不懈地培肥，才能达到现有耕地的肥力水平。四是土壤酸化加剧，退化严重。南方15省稻田潜育化面积比20世纪80年代增加了10%。由于水土流失、贫瘠化、次生盐渍化、潜育化和土壤酸化等原因，已造成40%以上耕地土壤退化。

水土流失状况：中国水土流失面积356万平方千米，占国土面积37.1%。其中水力侵蚀面积165万平方千米，风力侵蚀面积191万平方千米。水土流失遍布各地，几乎所有的省、自治区、直辖市都不同程度地存在水土流失，不仅发生在山区、丘陵区、风沙区，而且平原地区和沿海地区也存在，特别是河网沟渠边坡流失和海岸侵蚀比较普遍；水土流失在农村、城市、开发区和交通、工矿区都有发生。

淡水环境状况：2004年七大水系的412个水质监测断面中，Ⅰ～Ⅲ类、Ⅳ～Ⅴ类和劣Ⅴ类水质的断面比例分别为：41.8%、30.3%和27.9%，七大水系总体水质与去年基本持平，珠江、长江水质较好，辽河、淮河、黄河、松花江水质较差，海河水质最差。主要污染指标为氨氮、五日生化需氧量、高锰酸盐指数和石油类。七大水系的121个省界断面中，Ⅰ～Ⅲ类、Ⅳ～Ⅴ类和劣Ⅴ类水质的断面比例分别为：36.3%、33.9%和29.8%。污染较重的为海河和淮河水系的省界断面。

大气环境状况：全国城市空气质量总体上与上一年变化不大，部分污染较严重的城市空气质量有所改善，劣三级城市比例下降，但空气质量达到二级标准城市的比例也在降低。2004年监测的342个城市中，132个城市达到国家环境空气质量二级标准（居住区标准），占38.6%，比上年减少3.1个百分点；空气质量为三级的城市有141个，占41.2%，比上年增加9.7个百分点；劣于三级的城市有69个，占20.2%，比上年减少6.6个百分点。空气质量达标城市的人口占统计城市人口的33.1%，比去年减少3.3个百分点；暴露于未达标空气中的城市人口占统计城市人口的66.9%。

森林状况：全国森林面积达到17491万公顷，森林覆盖率为18.21%，活立木蓄积量达到136.18亿立方米，森林蓄积124.56亿立方米。中国森林面积占世界的4.5%，列第5位，森林蓄积占世界的3.2%，列第6位。中国森林资源发生了极大的变化，森林面积、蓄积不断增加，结构逐步改善，质量有所提高。森林面积和蓄积均居世界前列。但森林覆盖率仅居世界第130位，人均森林面积居世界第134位，人均森林蓄积居世界第122位。森林资源地域分布极不均匀，占国土面积32.19%的西北5省（自治区）森林覆盖率仅为5.86%。[①]

2005年10月，中共中央召开十六届五中全会，会议通过了《关于制定国民经济和社会发展第十一个五年规划的建议》，提出“坚持以科学发展观统领经济社会发展”。并明确要求：“切实保护好自然生态。坚持保护优先、开发有序，以控制不合理的资源开发活动为重点，强化对水源、土地、森林、草原、海洋等自然资源的生态保护。继续推进天然林保护、退耕还林、退牧还草、京津风沙源治理、水土流失治理、湿地保护和荒漠化石漠化治理等生态工程，加强自然保护区、重要生态功能区和海岸带的生态保护与管理，有效保护生物多样性，促进自然生态恢复。防止外来有害物种对我国生态系统的侵害。按照谁开发谁保护、谁受益谁补偿的原则，加快建立生态补偿机制。”[②]

习近平同志指出：“科学发展观是指导发展的根本指南。科学发展观不是不要发展，我们党改革开放以来提出的‘发展是硬道理’、‘发展是党执政兴国的第一要务’等重要论断，都是科学发展观的本义所在。科学发展观首先还是要发展，其关键在于发展不能再走老路。首先，发展不能脱离‘人’这个根本。我们仍然需要GDP，但经济增长不等于发展，也必须明确经济发展不是最终目的，以人为中心的社会发展才是终极目标。其次，发展不能是城市像欧洲、农村像非洲，或者这一部分像欧洲、那一部分像非洲，而是要城乡协调、地区协调。再次，发展不能竭泽而渔，断送了子孙的后路。粗放型增长的路子，‘好日子先过’，资源环境将难以支撑，子孙后代也难以为继。因此，发展必须是可持续的。这些道理一经揭示出来，看似浅显易明，但不揭示出来，可能在实践中就忽略了；一旦忽略，就出现许多问题，有些问题积重难返，就非下‘虎狼之药’不可。”[③]

---

① 参见《2004年中国环境状况公报》，http: //www.mee.gov.cn/gkml/sthjbgw/qt/200910/t20091031_180757.htm.

② 《中共中央关于制定国民经济和社会发展第十一个五年规划的建议》，人民出版社2005年版，第5页。

③ 习近平：《干在实处　走在前列——推进浙江新发展的思考与实践》，中共中央党校出版社2006年版，第23页。

五、深刻把握当代世界现代化绿色发展潮流趋势

“发展观作为一个历史范畴，是随着人类社会的发展而不断演进的。”[①]20世纪80年代初，欧、美、日等发达国家和地区提出了“绿色产业”概念，绿色产业成为西方发达国家经济发展新增长点，绿色产业革命浪潮席卷全球，逐渐成为国民经济体系中重要的新兴产业。越来越多的国家和政府增加“绿色投资”，以期在国际绿色产业上获得竞争优势。美国每年投入几百亿美元发展绿色产业，是世界上最大的绿色产业国和环保设备出口国。每年环保设备对外贸易顺差贡献超过60亿美元。德国是世界上最重视环境保护和绿色产业发展的国家之一，在20世纪80年代后期成立了世界上第一家“绿色银行”。1993年，德国政府拨款80亿马克用于扶植绿色产业，此后逐年增加。绿色产业也是日本新的经济增长点。从1993年到1999年，日本经济总体停滞不前，但绿色产业创造的增加值年均增长率超过5%。“绿色工程”“绿色投资”“绿色贷款”在世界各国成倍增长，绿色产业逐渐成长为21世纪世界经济的支柱性产业。1987年，德国实行“蓝色天使”计划之后，欧美等发达国家纷纷实行绿色生产，开发绿色产品，创造了巨大的绿色产品市场。从绿色食品到绿色服装、绿色用品到绿色玩具、绿色家电到绿色汽车、绿色住宅到绿色建筑、绿色能源到绿色材料、绿色制造到绿色服务，多种多样，应有尽有，层出不穷，风靡全球。在20世纪90年代，全球绿色产品市场贸易额已达2000亿～3000亿美元。[②]

发展中国家大范围推进绿色发展始于21世纪初期。受全球绿色现代化思潮影响，一批发展中国家探索以绿色经济为发展形态的现代化道路。

从20世纪70年代开始，巴西历届政府均十分重视绿色能源研究，在生物燃料技术方面居于世界领先地位。巴西已探明的石油储量在拉丁美洲国家仅次于委内瑞拉，但该国依托农业优势和先进的生物技术，率先从甘蔗、大豆、棕榈油等作物中提炼燃料，使其成为世界上唯一一个

---

① 习近平：《干在实处　走在前列——推进浙江新发展的思考与实践》，中共中央党校出版社2006年版，第18—19页。

② 葛慧君主编：《“两山”重要思想在浙江的实践研究》，浙江人民出版社2017年版，第48—49页。

在全国范围内不供应纯汽油的国家。2010 年巴西建成首座乙醇发电站并投入使用，乙醇出口居世界首位。巴西政府将绿色发展理念、绿色能源技术推广到航空、化工、汽车制造等领域。巴西航空工业公司是世界最大的 120 座级以下商用喷气飞机制造商，在全球首批获得 ISO 14001 环境认证。该公司以“碳平衡”为经营理念，生产了全球第一款生物燃料飞机，塑造绿色飞行典范。巴西化工巨头——巴西化学集团公司首次使用甘蔗原料生产绿色聚乙烯，并获世界可再生环保聚丙烯塑料认证。巴西经济建设曾经无序扩张，毁林烧荒使亚马孙森林急剧萎缩，由此造成二氧化碳排放占全国温室气体排放总量的 70%。为扭转局面，巴西政府制定了《巴西 21 世纪议程》，与国际组织合作联合制订了热带雨林自然生态保护计划，在亚马孙地区推行“绿色经济特区”政策。颁发《亚马孙地区生态保护法》，投入千亿美元治理环境：在加强生态保护的同时，巴西政府大力发展生态旅游业，以生态管理技术支持亚马孙地区生态旅游计划。巴西是世界上动物多样性最完备的国家，拥有世界最大的森林、湿地和亚马孙热带雨林，生态旅游条件优越。据世界旅游组织报告，2012 年巴西生态旅游指数居全球第 3 位。①

早在 1972 年联合国人类环境会议后，中国就把环境保护纳入国民经济和社会发展计划。新的世纪，我国颁发《全国生态环境建设规划》（2001 年），明确全国生态环境建设指导思想、原则和目标。2003 年 7 月，作为中共浙江省委书记的习近平同志在省委十一届四次全会上明确提出“八八战略”，指出“进一步发挥浙江生态优势，创建生态省，打造‘绿色浙江’”，“进一步发挥浙江的山海资源优势，大力发展海洋经济，推动欠发达地区跨越式发展，努力使海洋经济和欠发达地区的发展成为浙江经济新的增长点”。②

可以说，“两山”重要思想是在绿色经济成为世界各国重要发展方向的大国际环境之中诞生的，这一重要思想是运用马克思主义的世界观和方法论的辉煌成果，深刻揭示了经济可持续发展与环境保护之间的科

---

① 转引自葛慧君主编：《“两山”重要思想在浙江的实践研究》，浙江人民出版社 2017 年版，第 53—54 页。

② 习近平：《干在实处 走在前列——推进浙江新发展的思考与实践》，中共中央党校出版社 2006 年版，第 3—4 页。

学辩证关系，为中国欠发达地区如何实现现代化提供了崭新思路，也为发展中国家融入世界绿色发展潮流提供了中国智慧与中国方案。

第二节 “两山”重要思想的发展脉络

任何思想都不是从天下掉下来的，而是要经过长期的社会生产实践和反复的理论总结提炼。习近平总书记的“两山”重要思想同样如此。“两山”重要思想立足于我国社会主义现代化建设的阶段性和区域性发展实际，针对发展实际中的生态环境问题，科学地阐释了经济社会发展与生态环境保护之间的关系，确保在保护我国环境和节约资源的基础上，实现中华民族的伟大复兴。综观习近平同志的工作经历，可以说，“两山”重要思想萌芽于习近平总书记在陕西梁家河七年插队以及在正定、福建期间的生活工作实践；形成于习近平在主政浙江时期的社会建设的生动实践；完善于习近平作为党和国家领导人引领中国特色社会主义的治国理政之中。经过了十多年的丰富完善，“两山”重要思想已经发展成为科学系统的马克思主义理论体系，是习近平新时代中国特色社会主义思想中的重要组成部分，是新时代中国生态文明建设的重要指导思想。

一、萌芽：早年的知青岁月与正定、福建工作经历积累了习近平同志对中国环境问题的深度认知

1969 年，年仅 15 岁的习近平下放到陕西省延川县梁家河村成为一名知青，度过了七年的青春岁月。在七年的岁月中，习近平担任过大队党支部书记，在带领村民筑坝修路、大力进行农村生产建设的同时，立足陕北地区生态环境相对脆弱的实际，积极引导村民养成正确的生产生活方式和生态观念，并于 1974 年在梁家河修建了陕北第一口沼气池，把梁家河建成了全省第一个沼气化村，有效改善了当地的生态环境状况，使得村民们在享受相对便利的生活的同时，对开发利用沼气、保护植被生态环境形成了普遍的社会共识，可以说，用沼气代替传统的木柴和煤炭，成为习近平同志践行生态保护循环发展的早期成功尝试。

1985 年，在担任河北省正定县委书记期间，习近平主持制定了《正

定县经济、技术、社会发展总体规划》，规划强调：“保护环境，消除污染，治理开发利用资源，保持生态平衡，是现代化建设的重要任务，也是人民生产、生活的迫切要求。”“宁肯不要钱，也不要污染，严格防止污染搬家、污染下乡。”[①]

20 世纪 80 年代末和 90 年代，在福建工作期间，习近平同志强调，资源开发不是单纯讲经济效益的，而是要达到社会、经济、生态三者效益的协调。[②]实际工作中，习近平同志五次到长汀调研，大力支持长汀水土流失治理。经过连续十几年的努力，长汀治理水土流失面积减少 98.8 万亩，森林覆盖率由 1986 年的 59.8% 提高到现在的 79.4%，实现了“荒山—绿洲—生态家园”的历史性转变。[③]在担任宁德地委书记期间，习近平同志提出“靠山吃山唱山歌，靠海吃海念海经”，强调依托荒山、荒坡、荒地、荒滩，发展立体种植业，鼓励发展“生态型大农业”，建设“绿色工程”，并指出“什么时候闽东的山都绿了，什么时候闽东就富裕了”。2001 年，习近平同志任福建省省长期间，提出建设“生态省”的战略构想；2002 年，福建成为中国首批生态试点省，为习近平“两山”重要思想奠定了坚实的实践基础。

二、形成：主政浙江的工作实践产生了“绿水青山也是金山银山”的重要思想

2002 年 11 月，刚来浙江不到一个月的代省长习近平主持省政府常务会议，审议《浙江省大气污染防治条例（草案）》时，习近平同志说，治理大气污染，保护生态环境，功在当代、利在千秋，标准怎么定都应该，花再大代价也值得。12 月，他在浙江省委十一届二次全体（扩大）会议上提出，要积极实施可持续发展战略，以建设“绿色浙江”为目标，以建设生态省为主要载体，努力保持人口、资源、环境与经济社会

---

① 黄浩涛：《生态兴则文明兴 生态衰则文明衰——系统学习习近平总书记十八大前后关于生态文明建设的重要论述》，《学习时报》2015 年 3 月 31 日。

② 习近平：《摆脱贫困》，福建人民出版社 2014 年版，第 109 页。

③ 阮锡桂、郑璜、张杰：《绿水青山就是金山银山——习近平同志关心长汀水土流失治理纪实》，《福建日报》2014 年 10 月 30 日。

的协调发展。一个月后，在习近平同志的直接推动下，浙江正式成为全国生态省建设试点省。

2003 年 3 月的《浙江生态省建设规划纲要》指出：“浙江生态省建设的主要任务是，全面推进生态工业与清洁生产、生态环境治理、生态城镇建设、农村环境综合整治等十大重点领域建设，加快建设以循环经济为核心的生态经济体系、可持续利用的自然资源保障体系、山川秀美的生态环境体系、人与自然和谐的人口生态体系、科学高效的能力支持保障体系等五大体系。”7 月，浙江召开生态省建设动员大会，习近平同志在动员讲话上说：“建设生态省，是一项事关全局和长远的战略任务，是一项宏大的系统工程。”“以最小的资源环境代价谋求经济、社会最大限度的发展，以最小的社会、经济成本保护资源和环境，既不为发展而牺牲环境，也不为单纯保护而放弃发展，既创建一流的生态环境和生活质量，又确保社会经济持续快速健康发展，从而走上一条科技先导型、资源节约型、清洁生产型、生态保护型、循环经济型的经济发展之路。”同月，习近平同志在省委十一届四次全会上，明确“绿色浙江”成为“八八战略”在生态建设方面的重要内容。他正式提出：“进一步发挥浙江的生态优势，创建生态省，打造绿色浙江。”三个月后，在习近平同志“踏石留印，抓铁有痕”的要求下，浙江开启了“8.11”环境污染整治行动。8 月，习近平同志在《浙江日报》“之江新语”专栏发表《环境保护要靠自觉自为》一文指出：“‘只要金山银山，不管绿水青山’，只要经济，只重发展，不考虑环境，不考虑长远，‘吃了祖宗饭，断了子孙路’而不自知，这是认识的第一阶段；虽然意识到环境的重要性，但只考虑自己的小环境、小家园而不顾他人，以邻为壑，有的甚至将自己的经济利益建立在对他人环境的损害上，这是认识的第二阶段；真正认识到生态问题无边界，认识到人类只有一个地球，地球是我们的共同家园，保护环境是全人类的共同责任，生态建设成为自觉行动，这是认识的第三阶段。”① 这是习近平同志把金山银山、绿水青山与经济发展联系起来的最初阐释。

2005 年 8 月 15 日，作为浙江省委书记的习近平，顶着烈日，来到

---

① 习近平：《之江新语》，浙江人民出版社 2007 年版，第 13 页。

湖州市安吉县天荒坪镇余村调研。在村里简陋的会议室，习近平同志听取了当地干部的汇报，当得知余村人关停污染环境的矿山，靠发展生态旅游致富时，习近平同志说：“一定不要再去想走老路，还是迷恋过去那种发展方式。你们刚才讲到的关停矿山，这是高明之举，要坚定不移地走这条路，有所得有所失，熊掌和鱼不可兼得的时候，要知道放弃，要知道选择。绿水青山就是金山银山，我们过去讲既要绿水青山，也要金山银山，其实绿水青山就是金山银山，本身，它有含金量。”8月24日，习近平同志就在《浙江日报》上发表了《绿水青山也是金山银山》一文，他强调：“如果能够把这些生态优势转化为生态农业、生态工业、生态旅游等生态经济的优势，那么绿水青山也就变成了金山银山。绿水青山可带来金山银山，但金山银山却买不到绿水青山。绿水青山与金山银山既会产生矛盾，又可辩证统一。”[①] 此后，习近平同志在丽水市、衢州市、杭州市多地调研时均阐述过绿水青山与金山银山的辩证关系。

2006年3月，习近平同志进一步从金山银山与绿水青山之间对立统一的角度作了更为完整、更为严谨的表述：“人们在实践中对绿水青山和金山银山这‘两座山’之间的关系的认识经过了三个阶段：第一个阶段是用绿水青山去换金山银山，不考虑或者很少考虑环境的承载能力，一味索取资源。第二个阶段是既要金山银山，但是也要保住绿水青山，这时候经济发展和资源匮乏、环境恶化之间的矛盾凸显出来，人们意识到环境是我们生存发展的根本，要留得青山在，才能有柴烧。第三个阶段是认识到绿水青山可以源源不断地带来金山银山，绿水青山本身就是金山银山，我们种的常青树就是摇钱树，生态优势变成经济优势，形成了一种浑然一体、和谐统一的关系，这一阶段是一种更高的境界。”[②]

2006年7月，习近平同志到丽水调研，就谆谆告诫当地干部：“绿水青山就是金山银山，对丽水来说尤为如此。”“守住了这方净土，就守住了金饭碗。”

正是基于“两山”关系的正确认识，习近平同志对于违背科学发展观的思想和做法提出了严肃的批评。他指出：“再走‘高投入、高消耗、高污染’的粗放经营老路，国家政策不允许，资源环境不允许，人民群

---

① 习近平：《之江新语》，浙江人民出版社2007年版，第153页。

② 习近平：《之江新语》，浙江人民出版社2007年版，第186—187页。

众也不答应。”[①] 他告诫各级政府、各级领导、各类企业和全体公民：“不重视生态的政府是不清醒的政府，不重视生态的领导是不称职的领导，不重视生态的企业是没有希望的企业，不重视生态的公民不能算是具备现代文明意识的公民。”[②] 他强调指出：“破坏生态环境就是破坏生产力，保护生态环境就是保护生产力，改善生态环境就是发展生产力，经济增长是政绩，保护环境也是政绩。”[③]

三、发展：作为党和国家领导人，站在国家发展战略高度对“两山”重要思想的新阐释和新发展

2012 年，在负责主持起草党的十八大报告的过程中，习近平同志建议将“大力推进生态文明建设”作为一个单独的部分进行阐述，纳入中国特色社会主义事业“五位一体”总体布局中。党的十八大报告中指出，“面对资源约束趋紧、环境污染严重、生态系统退化的严峻形势，必须树立尊重自然、顺应自然、保护自然的生态文明理念，把生态文明建设放在突出地位，融入经济建设、政治建设、文化建设、社会建设各方面和全过程，努力建设美丽中国，实现中华民族永续发展。”[④]

2013 年 5 月，中共中央政治局就大力推进生态文明建设进行第六次集体学习，习近平同志在主持学习时强调，生态环境保护是功在当代、利在千秋的事业。要清醒认识保护生态环境、治理环境污染的紧迫性和艰巨性，清醒认识加强生态文明建设的重要性和必要性，以对人民群众、对子孙后代高度负责的态度和责任，真正下决心把环境污染治理好、把生态环境建设好，努力走向社会主义生态文明新时代，为人民创造良好生产生活环境。[⑤] 9 月，习近平主席在哈萨克斯坦纳扎尔巴耶夫

---

① 习近平：《干在实处　走在前列——推进浙江新发展的思考与实践》，中共中央党校出版社 2006 年版，第 23 页。

② 习近平：《干在实处　走在前列——推进浙江新发展的思考与实践》，中共中央党校出版社 2006 年版，第 186 页。

③ 习近平：《干在实处　走在前列——推进浙江新发展的思考与实践》，中共中央党校出版社 2006 年版，第 186 页。

④ 胡锦涛：《坚定不移沿着中国特色社会主义道路前进　为全面建成小康社会而奋斗——在中国共产党第十八次全国代表大会上的报告》，《求是》2012 年第 22 期。

⑤ 《坚持节约资源和保护环境基本国策　努力走向社会主义生态文明新时代》，《人民日报》2013 年 5 月 25 日。

大学演讲结束后回答学生提问时就明确指出：“建设生态文明是关系人民福祉、关系民族未来的大计。我们既要绿水青山，也要金山银山。宁要绿水青山，不要金山银山，而且绿水青山就是金山银山。”① 这是习近平总书记对“两山”的逻辑关系进行的最全面系统的阐释。11月，习近平总书记在十八届三中全会上的讲话中进一步把“两山”重要思想提升到系统论的高度，他指出：“山水林田湖是一个生命共同体，人的命脉在田，田的命脉在水，水的命脉在山，山的命脉在土，土的命脉在树。用途管制和生态修复必须遵循自然规律，如果种树的只管种树、治水的只管治水、护田的只管护田，很容易顾此失彼，最终造成生态的系统性破坏。”②12月，习近平总书记在中央城镇化工作会议上指出：“要让城市融入大自然，不要花大力气去劈山填海，很多山域、水城很有特色，完全可以依托现有山水脉络等独特风光，让居民望得见山、看得见水、记得住乡愁。”12月23日，习近平总书记在中央农村工作会议上讲话指出：“搞新农村建设要注意生态环境保护，注意乡土味道，体现农村特点，保留乡村风貌，不能照抄照搬城镇建设那一套，搞得城市不像城市、农村不像农村。”

2014年3月，习近平总书记在参加贵州团审议时就特别强调：“我说的绿水青山和金山银山的关系，是实现可持续发展的内在要求，也是我们推进现代化建设的重大原则。”同月，习近平总书记在中央财经领导小组第五次会议上指出：“全国绝大部分水资源涵养在山区、丘陵和高原，如果砍光了林木，山就变成了秃山，也就破坏了水，水就变成了洪水，洪水裹挟泥沙俱下，形成水土流失，地也就变成了不毛之地。”

2015年是中国生态文明建设的标志性年份。3月，习近平总书记主持召开中央政治局会议，通过了《关于加快推进生态文明建设的意见》，正式把“坚持绿水青山就是金山银山”的重要思想写进中央文件，成为指导中国加快推进生态文明建设的重要指导思想。5月，习近平总书记在浙江省调研中了解到当地村民利用自然优势发展乡村旅游等特色产业，收入普遍比过去明显增加、日子越过越好时，他指出：“这里是

---

① 习近平：《弘扬人民友谊 共创美好未来》，《人民日报》2013年9月8日。

② 习近平：《关于〈中共中央关于全面深化改革若干重大问题的决定〉的说明》，《人民日报》2013年11月12日。

一个天然大氧吧，是'美丽经济'，印证了绿水青山就是金山银山的道理。"10月，习近平总书记主持起草的党的十八届五中全会主要文件——《中共中央关于制定国民经济和社会发展第十三个五年规划的建议》，首次系统阐述了创新发展、协调发展、绿色发展、开放发展、共享发展的"五个发展"理念。"五个发展"理念是彼此关联的，其他四个发展均与绿色发展有紧密的联系。没有创新发展就不可能有绿色发展，没有绿色发展就不可能有协调发展，开放发展是绿色发展的必要条件，绿色发展是共享发展的最好体现。11月，习近平总书记在中央扶贫开发工作会议上指出："一些地方生态环境基础脆弱又相对贫困，要通过改革创新，探索一条生态脱贫的新路子，让贫困地区的土地、劳动力、资产、自然风光等要素活起来，让资源变资产、资金变股金、农民变股东，让绿水青山变金山银山，带动贫困人口增收。"12月，习近平主席应邀出席在法国巴黎举行的世界气候变化大会，并在开幕式上发表了题为"携手构建合作共赢、公平合理的气候变化治理机制"的重要讲话，强调面对全球气候变暖的挑战，必须奉行共同但有区别的责任原则加强国际合作，要兼顾好广大发展中国家和岛屿国家的合理发展诉求和利益关切。

2016年1月，习近平总书记在省部级主要领导干部学习贯彻党的十八届五中全会精神专题研讨班上讲话指出："生态环境没有替代品，用之不觉，失之难存。我讲过，环境就是民生，青山就是美丽，蓝天也是幸福，绿水青山就是金山银山。""绿色发展，就其要义来讲，是要解决好人与自然和谐共生问题。"2月，习近平总书记在江西省调研时指出："绿色生态是最大财富、最大优势、最大品牌，一定要保护好，做好治山理水、显山露水的文章，走出一条经济发展和生态文明水平提高相辅相成、相得益彰的路子。"5月，习近平总书记在观看伊春生态经济开发区规划展示厅时强调："国有重点林区全面停止商业性采伐后，要按照绿水青山就是金山银山、冰天雪地也是金山银山的思路，摸索接续产业发展路子。"7月，习近平总书记在宁夏考察工作结束时的讲话指出："我要特别强调黄河保护问题，黄河是中华民族的母亲河。现在，黄河水资源利用率已高达百分之七十，远超百分之四十的国际公认的河流水资源开发利用率警戒线，污染黄河事件时有发生，黄河不堪重负。"8月24日，习近平总书记在青海考察工作结束时的讲话中指出："生态环境是人类生存最为基础的条件，是我国持续发展最为重要的基础。'天育物有时，地生财有限。’生态环境没有替代品，用之不觉，失之难存。人类发展活动必须尊重自然、顺应自然、保护自然，否则就会遭到大自然的报复。这是规律，谁也无法抗拒。”9月，在二十国集团工商峰会开幕式上，习近平总书记指出：“我多次说过，绿水青山就是金山银山，保护环境就是保护生产力，改善环境就是发展生产力。这个朴素的道理正得到越来越多人们的认同。”11月，习近平总书记在亚太经合组织工商领导人峰会上发表主旨演讲，指出：“绿水青山就是金山银山，我们将坚持可持续发展战略，推动绿色低碳循环发展，建设天蓝、地绿、水清的美丽中国。”

2017年5月，习近平总书记在十八届中央政治局第四十一次集体学习时指出：“我之所以要盯住生态环境问题不放，是因为如果不抓紧、不紧抓，任凭破坏生态环境的问题不断产生，我们就难以从根本上扭转我国生态环境恶化的趋势，就是对中华民族和子孙后代不负责任。”10月，党的十九大报告明确提出：“建设生态文明是中华民族永续发展的千年大计。必须树立和践行绿水青山就是金山银山的理念，坚持节约资源和保护环境的基本国策，像对待生命一样对待生态环境，实行最严格的生态环境保护制度，形成绿色发展方式和生活方式。”[①] 同月，党章修改时吸收习近平总书记关于推进生态文明建设的重要思想观点，在总纲原第十八自然段中，增写增强绿水青山就是金山银山的意识，实行最严格的生态环境保护制度等内容。

2018年5月，习近平总书记在北京召开的全国生态环境保护大会上指出，生态文明建设是关系中华民族永续发展的根本大计，要自觉把经济社会发展同生态文明建设统筹起来，提出了新时代推进生态文明建设必须坚持的六项原则，即“坚持人与自然和谐共生；坚持绿水青山就是金山银山和贯彻新发展理念；坚持按照生态惠民、生态利民、生态为民的要求，不断满足人民日益增长的优美生态环境需要；统筹兼顾、整体施策、多措并举，全方位、全地域、全过程开展生态文明建设；用最严格制度最严密法治保护生态环境；共谋全球生态文明建设，深度参与全球环境治理，深化国际合作”[②]。

---

① 习近平：《决胜全面建成小康社会 夺取新时代中国特色社会主义伟大胜利——在中国共产党第十九次全国代表大会上的报告》，《人民日报》2017年10月28日。

② 顾仲阳：《坚决打好污染防治攻坚战 推动生态文明建设迈上新台阶》，《人民日报》2018年5月20日。

第三章

“两山”重要思想的内涵及意义

“绿水青山就是金山银山”的“两山”重要思想是习近平同志在主政浙江时所提出，在党的十八大以后，他又不断论及强调并丰富发展。“两山”重要思想是新时代全面推进生态文明和美丽中国建设的核心和纲领，全面领会和深刻把握“两山”重要思想的丰富内涵和时代意义是今天理论工作者的重要使命。

我们认为，习近平总书记的“两山”重要思想包含着十分丰富深刻的内容，其对“两座山”辩证关系的分析及其得出的“三个阶段”论观点，全面深刻揭示了人与自然、经济发展和生态建设的辩证关系，科学揭示了中国特色社会主义生态文明建设规律和经济社会发展规律的本质内容，特别是创新性地回答了什么是美丽中国、如何建设美丽中国等重大问题，开创了马克思主义中国化的新境界，标志着中国特色社会主义生态文明思想体系的诞生。

第一节 “两山”重要思想的丰富内涵

把握“两山”重要思想，必须从习近平总书记强调的辩证思维、系统思维和历史思维为原则，集中从纵向过程论与横向系统论辩证揭示了“两座山”的辩证关系和运行规律，从而揭示了一系列建设生态文明和美丽中国的实质规律。其主要内容包括以下有机联系的四个层面：

一、阶段过程发展论

习近平总书记的“两山”重要思想首先科学揭示了“绿水青山就是金山银山”是中国特色社会主义现代化建设的一个重大实践问题，它告诉我们：在现代化进程中，实现人与自然、经济与社会、经济发展与生态建设的和谐，即绿水青山与金山银山辩证统一，对其认识和实践是一个过程，这一辩证过程由有机相连的三个认识和实践阶段构成，其基本内容可以概括为：第一阶段：部分绿水青山去换金山银山。即最初由部分具有区位优势、自然禀赋优势和产业优势的先发地区开始粗放式工业发展，在获得一定经济发展的同时，也造成了一定的生态环境的恶化，如浙江环杭州湾的主要县市。第二阶段：宁要绿水青山、不换金山银山。此时，先发地区的人们是“既要金山银山，更要绿水青山”；“宁要绿水青山，不要金山银山”。即先发地区一方面从粗放式经济发展中获得“金山银山”，一时还舍不得放弃；但另一方面他们也开始从粗放式发展造成的环境污染中亲身体会意识到保护生态环境的重要性，开始产生“更要绿水青山”优美环境的强烈需求，处于转变发展观念的阶段；而对经济上欠发达而有“绿水青山”的生态功能区的政府和人民来说，发达地区粗放式发展造成的环境污染破坏则带来强烈警示：必须避免走粗放式发展模式，其理性选择是“宁要绿水青山”。第三阶段：既有绿水青山，也有金山银山。在进一步的发展中，发达地区转变发展模式，实现产业升级，发展绿色经济，整治环境污染，实现自我超越，从一个村的余村、一个县的安吉、一个市的湖州，重新呈现出“绿水青山”的美丽环境，同时，又从绿色发展中带来“金山银山”，实现“两座山”的双丰收。而对欠发达地区而言，在这一阶段上，主要是依靠一系列机制体制和绿色产业的递次发展，使“绿水青山”不仅没有破坏，而且开始源源不断带来“金山银山”，最终在整体全局上实现绿水青山与金山银山的共同发展，取得“两座山”的共赢。

显然，“两座山”在三个阶段动态展开的过程，实质上就是实现人与自然、经济与社会和谐发展的过程，就是实现经济发展与生态建设全面协调发展的过程，就是中国特色社会主义现代化高质量发展的过程，这一过程同时也就是生态文明和美丽中国建设规律的体现。

二、城乡区域协调发展论

如何实现“既要金山银山，又要绿水青山”的美丽发展？“两山”论包含着辩证的协调一体发展的思想，这就是习总书记强调的实现区域统筹发展。习近平总书记强调：“这‘两座山’要作为一种发展理念、一种生态文化，体现到城乡、区域的协调发展中。”[①] 城乡区域协调发展是“两山”重要思想在实践中走向辩证统一的基本途径，是发达地区实现绿色发展的重要基础，特别是欠发达地区初期保持“宁要绿水青山，不

① 《从“两座山”看生态环境》,《浙江日报》2006 年 2 月 23 日。

要金山银山”生态定力的重要前提和后期实现“绿水青山就是金山银山”的基本条件。具体包括两种情形：一是如安吉（余村）的先发模式。从早先的黑色发展转向现代绿色发展，虽然通过粗放式发展积累了一定的资金、技术、市场和经验，但在转变为绿色发展过程中，必须依靠区域城乡协作，如相当数量的发达地区包括上海的城市居民积极参与休闲观光农业、旅游经济的发展行列中，由此产生“绿水青山就是金山银山”的效应。二是如丽水的后发模式。这一模式的基本内容体现为：已经具有“金山银山”的发达地区与仅具有“绿水青山”的欠发达地区实现统筹发展，通过发达地区在资金、技术、项目等一系列的帮扶措施，实现绿色发展，不仅保住广大欠发达地区的“绿水青山”，而且不断变现为“金山银山”。这就是习近平总书记强调的：“首先要站在统筹区域发展的高度，解决欠发达地区发展道路的选择问题。”“发达地区走的是一条传统工业化道路，经济发展模式以资源消耗型为主，这种模式最大的弊端是对自然资源的过度消耗，造成对生态环境的破坏。……这种粗放型的发展模式已经难以为继。……不能简单地推动欠发达地区去复制重复发达地区走过的传统工业化道路”，发达地区“要通过优化产业结构和促进经济增长方式转变，通过实实在在的项目、技术、管理、资金等方面的合作和支持，推动欠发达地区以最小的资源、环境代价谋求经济、社会最大限度的发展，以最小的社会、经济成本保护资源和环境，走上一条科技先导型、资源节约型、生态保护型的经济发展之路”[①]，从而实现发达地区和欠发达地区绿水青山与金山银山的共赢发展。它告诉我们，对于自然禀赋优势的欠发达地区，必须也可以通过区域协调发展，超越用绿水青山换取金山银山的阶段，最终实现“两座山”的共赢，这是“两山”重要思想的核心内容。这是“两山”重要思想最具普及性价值的内蕴所在，这也是习近平总书记提到“绿水青山就是金山银山”这一理念，对丽水“尤为如此”的精髓所在。事实上，浙江正是通过全省的统筹安排，通过建立健全财政转移、生态补偿、山海协作、异地搬迁、结对帮扶等扶持体系，加大扶持力度，使只有“绿水青山”的欠发达地区有效发展起绿色经济，从而实现了绿水青山与金山银山的

---

① 《发展观决定发展道路》,《浙江日报》2004 年 12 月 16 日。

和谐发展。

如浙江在全国第一个制定了《统筹城乡发展推进城乡一体化纲要》，率先确立“以工促农，以城带乡”的区域协调发展战略，还先后出台了《全面实施山海协作工程的若干意见》《山海协作工程“十一五”规划》等一系列政策文件，明确杭州、宁波、温州等发达地区与衢州、丽水、舟山等欠发达地区65个县（市、区）结成对口协作关系，通过产业转移、资源产业合作、建立协作园区等方式，开始双边互动全面对接，在发达地区和欠发达地区之间搭建了“山海协作”平台。正是通过一系列的城乡区域协调发展的有效举措，从而带来了浙江整体性的“绿水青山就是金山银山”的可喜局面。

这里特别要关注的是，正是“两山”重要理念提出的城乡协调发展思想，不仅带来了浙江整体性的“绿水青山就是金山银山”的美丽局面，实际上，这些年也将城乡区域协调发展推广普及到全国整体性的推进“绿水青山就是金山银山”的实践中，并取得了预期良好效果，其典型工程就是这些年中央一直在大力推进的东西部扶贫协作和对口支援。西部地区特别是西部贫困县，其生态环境往往非常脆弱，必须通过本质是东西部区域协作发展的扶贫脱贫工程，保护并优化西部脆弱的生态，加强绿水青山建设，进而形成绿水青山美丽环境，再使其带来金山银山。所以，习近平总书记在2015年11月27日的中央扶贫开发工作会议上就指出：“一些地方生态环境基础脆弱又相对贫困，要通过改革创新，探索一条生态脱贫的新路子，让贫困地区的土地、劳动力、资产、自然风光等要素活起来，让资源变资产、资金变股金、农民变股东，让绿水青山变金山银山，带动贫困人口增收。”[①] 显然，习近平总书记“绿水青山就是金山银山”的重要思想，具有全国性的实践价值，其根本的原理就是城乡区域协调发展的原则，这是一条践行“两山”重要思想的普遍规律。

三、绿色经济发展论

如何促使“绿水青山”与“金山银山”的现实统一，真正使绿水青

① 《习近平在中央扶贫开发工作会议上发表重要讲话》，《人民日报》2015年11月29日。

山能够源源不断带来金山银山？如何使先发地区那些为了“换金山银山”而被污染的绿水青山重新恢复原来的美丽？如何使欠发达地区的绿水青山带来金山银山，从而总体上体现出“绿水青山就是金山银山”？习近平总书记提出的基本思路就是“更加自觉地推动绿色发展、循环发展、低碳发展”，在发达地区，主要实现循环经济与生态经济的统一发展模式，即：在粗放式工业化走在前头的发达地区大力发展以“减量化、再利用、资源化”为原则的循环经济，有效减少消耗、降低污染、治理环境，努力建设资源节约型和环境友好型社会，恢复绿水青山，又不失金山银山，大力发展现代新型产业和绿色休闲旅游产业。而对具有绿水青山的欠发达地区，则大力发展主要由生态农业、生态工业和生态旅游构成的生态经济：“大力发展生态经济，变生态资源优势为经济优势”，“把这些生态环境优势转化为生态农业、生态工业、生态旅游等生态经济的优势，那么绿水青山也就变成了金山银山。”[①]绿水青山就会源源不断地生长出金山银山，从而有效实现生态建设与经济发展的辩证统一。

这里，习近平总书记提出了实现绿水青山就是金山银山的一条根本的普遍的规律和道路就是：充分发挥“生态优势”，让“生态环境优势”转化为“生态经济优势”。特别是对具有明显生态优势的区域，一定要充分显示其生态优势的经济功能，切实运用各种手段和方法走出一条生态经济化的路子。所以，习近平总书记在考察江西时就强调：“绿色生态是最大财富、最大优势、最大品牌，一定要保护好，做好治山理水、显山露水的文章，走出一条经济发展和生态文明水平提高相辅相成、相得益彰的路子。”[②]“我说过，既要绿水青山，也要金山银山；绿水青山就是金山银山。绿水青山和金山银山决不是对立的，关键在人，关键在思路。为什么说绿水青山就是金山银山？‘鱼逐水草而居，鸟择良木而栖。’如果其他各方面条件都具备，谁不愿意到绿水青山的地方来投资、来发展、来工作、来生活、来旅游？从这一意义上说，绿水青山既是自然财富，又是社会财富、经济财富。”[③]显然，这里习近平总书记强调要做好“显山露水”的工作，就是要充分凸显生态优势、资源优势，并进

① 《绿水青山也是金山银山》，《浙江日报》2005年8月24日。

② 《习近平春节前夕赴江西看望慰问广大干部群众》，《人民日报》2016年2月4日。

③ 《在参加十二届全国人大二次会议贵州代表团审议时的讲话》，《人民日报》2014年3月8日。

而转化为发展优势、经济优势，要充分保护发挥好“绿水青山”的生态优势，使之成为有效吸引大家“来投资、来发展、来工作、来生活、来旅游”的经济发展优势。

也正是只要我们能够展现好、发挥好和利用好自身特有的自然资源、生态优势、资源优势，就能产生相应的经济发展优势，所以，2016年5月23日，习近平总书记在观看伊春生态经济开发区规划展示厅时就指出：“国有重点林区全面停止商业性采伐后，要按照绿水青山就是金山银山、冰天雪地也是金山银山的思路，摸索接续产业发展路子。”这里，习近平总书记从绿水青山就是金山银山的理念延伸出冰天雪地也是金山银山，这是对“绿水青山就是金山银山”重要思想内涵的重要丰富，其增添的新内涵告诉我们，不仅绿水青山可以带来金山银山，各地独具特色的自然资源都在一定程度上可以形成独特的生态优势，从而加以发挥利用，就可以带来金山银山，获得经济发展。从这个意义上，戈壁沙滩也是金山银山。

因此，习近平总书记的“绿水青山就是金山银山”的重要思想其内涵也是不断丰富和发展的。

四、选择机会发展论

如何有效成功实现绿水青山与金山银山的和谐发展？习近平总书记进一步认为必须善于抓机会抓时机，要坚持抓住环境机会成本与把握环境质量转变的统一，这是“两座山”建设在时机节点上的辩证法，深刻揭示了推进“两座山”建设的具体实现机制和路径。2006年7月，习近平同志在丽水调研时，就鼓励丽水同志：“绿水青山就是金山银山，对丽水来说尤为如此。”“守住了这方净土，就守住了金饭碗。”2013年9月访问哈萨克斯坦的演讲中就提出：“我们既要绿水青山，也要金山银山。宁要绿水青山，不要金山银山，而且绿水青山就是金山银山。”如何理解“宁要绿水青山，不要金山银山”的选择？绿水青山要“守住”到何时才能变现为“金饭碗”？这就需要科学理性地看准方向、选择时机。习近平总书记深刻提出，那些具有独特生态优势但因区位地理因素在经济发展上暂时为欠发达的生态功能区，“在鱼和熊掌不可兼得的情况下，我们必须懂得机会成本，善于选择，学会扬弃"[①]。千万不要急于重复粗放式的工业化路子发展经济，以"绿水青山"换取"金山银山"，而要善于争取以最小的社会、经济成本保护资源和环境，要善于把握和利用发展生态经济的时机和形势。习近平总书记认为，对于"欠发达地区来说，优势是'绿水青山'尚在，劣势是'金山银山'不足，自觉地认识和把握'环境库次涅茨曲线理论'，促进拐点早日到来，具有特殊的意义"。"在选择之中，找准方向，创造条件，让绿水青山源源不断地带来金山银山。"[②]科学选择、创造条件，促进拐点到来之时，就是"绿水青山就是金山银山"之时，就是"净土"同时成为"金饭碗"之时。显然，这里，习近平总书记不断强调欠发达的生态功能区的政府和百姓，要"善于选择，学会放弃"，充分体现了一种由战略思维而来的生态智慧和绿色定力；而"找准方向，创造条件"，则是充分体现了一种发展智慧，即欠发达地区必须主动积极开发和创造适合凸显生态特色和生态优势的要素条件，从而尽快尽好地将生态优势转化为经济优势的条件和产业。

同时，对于由于粗放式发展导致生态环境一定破坏的发达地区，一定要重视并及时不松懈地以"真金白银"来恢复"绿水青山"。习近平总书记强调："生态环境方面欠的债迟还不如早还，早还早主动，……对于环境污染的治理，要不惜用真金白银来还债。"认为不失时机"早还"，可以取得事半功倍的好效果；错失时机"迟还"，就必然会是事倍功半的不利结局。"环境保护和生态建设，早抓事半功倍，晚抓事倍功半，越晚越被动。"[③]同时，从国际发展经验来看，依据"环境库兹涅茨曲线理论"，一个发展中国家和地区在实现经济起飞以后，会经历几个转折，环境质量会由好变差再逐渐变好。我们要注意把握好这种转变时机，"促进拐点早日到来"，我们不能"重蹈'先污染后治理'或'边污染边治理'的覆辙，最终将使'绿水青山'和'金山银山'都落空"[④]。要积极通过一系列努力，不断实现环境改善，重现绿水青山，决不能出现"反弹"现象。善于选择，抓住时机，这是成功推进"两座山"建设

① 《绿水青山也是金山银山》,《浙江日报》2005 年 8 月 24 日。
② 《绿水青山也是金山银山》,《浙江日报》2005 年 8 月 24 日。
③ 《努力建设环境友好型社会》,《浙江日报》2005 年 5 月 16 日。
④ 《破解经济发展和环境保护的"两难"悖论》,《浙江日报》2006 年 9 月 15 日。

的重要规律。

显然，习近平总书记“两山”重要思想就是阶段过程发展论、区域协调发展论、绿色经济发展论和选择机会发展论的有机统一的“一种发展理念”。它本质上揭示以生态文明建设为主线的现代化系统发展规律，科学体现了建设美丽中国的根本道路。

第二节 “两山”重要思想的重大意义

习近平总书记的“两山”重要思想对于中国特色社会主义的理论与实践都具有十分重大的意义。

一、生动深刻揭示了建设美丽中国的本质规律

党的十八大报告提出:“要把生态文明建设放在突出地位，融入经济建设、政治建设、文化建设、社会建设各方面和全过程，努力建设美丽中国，实现中华民族永续发展。”而党的十九大报告又作出新的战略安排，其中在2035年的基本实现现代化的战略安排中，提出“生态环境根本好转，美丽中国目标基本实现”，并进而提出在本世纪中叶“把我国建成富强民主文明和谐美丽的社会主义现代化强国”。那什么是“美丽中国”？如何实现“美丽中国”？显然，“两山”重要思想就回答了这样两个重大问题。所谓“美丽中国”的“美丽”就是呈现为“既有绿水青山，又有金山银山”的交相辉映的美丽画面，“美丽中国”就是中国处处绿水青山，中国地地金山银山；既有优美的自然环境，又有发达的经济社会状态。中国人民生活在这样的自然社会环境中，充满了获得感、幸福感和安全感。而“建设美丽中国”的实质和目标就是通过一系列“融入经济建设、政治建设、文化建设、社会建设”的生态文明建设，通过一系列融合着“两山”的绿色发展，切实实现“既有绿水青山，又有金山银山”的经济发展、政治清明、社会和谐、山川秀美的现代化美丽中国。在这里，“两山”重要思想可以说，总体上引领着新时代中国特色社会主义生态文明建设的总体进程。所以，党的十九大报告在实质提出新时代生态文明建设的主要矛盾基础上，即人民日益增长的优美生态环

境需要与不平衡不充分的优质生态产品提供之间的矛盾基础上，强调指出：建设生态文明是中华民族永续发展的千年大计。必须树立和践行绿水青山就是金山银山的理念，坚持节约资源和保护环境的基本国策，像对待生命一样对待生态环境，统筹山水林田湖草系统治理，实行最严格的生态环境保护制度，形成绿色发展方式和生活方式，坚定走生产发展、生活富裕、生态良好的文明发展道路，建设美丽中国，为人民创造良好生产生活环境，为全球生态安全作出贡献。

显然，“两山”重要思想的辩证关系及其实践实质上体现了“建设美丽中国”的本质规律，体现着生态文明建设的根本道路，同时也是全面建成小康社会的重要路径。也可以说，“两山”重要思想是以民族化大众化的形式引领开创了建设美丽中国和生态文明的新阶段和新境界。

二、丰富深化了中国特色现代化发展理论

“两山”重要思想作为“建设美丽中国”的理论，它本质上回答了什么是美丽中国、如何建设美丽中国的中国梦伟大问题，因而，“两山”重要思想是邓小平理论、“三个代表”重要思想、科学发展观的深化和提升，它在以前我党正确回答了关于什么是社会主义、如何建设社会主义，怎样建设党、建设什么样的党，要坚持什么样的发展、如何发展的基础上，进一步创新性地回答了什么是现代化美丽中国、如何建设现代化美丽中国的大问题，从根本上涉及到一个总体的绿色发展问题，一个中国现代化发展的方式和方向问题，因而，它本质上构成为中国现代化发展的重要理论。所以，习近平总书记指出：“两山”思想本质上是“一种发展理念”，它从根本上解答了中国特色社会主义现代化发展的几个重大问题，即如何“真正做到经济建设与生态建设同步推进，产业竞争力与环境竞争力一起提升，物质文明与生态文明共同发展；才能既培育好‘金山银山’，……又保护好‘绿水青山。’”[①]“两山”重要思想是当代中国实现“永续发展”的最新科学发展理论，体现了中国特色社会主义发展理论的最新成就。所以，习近平总书记在参加十二届全国人大二次

① 《破解经济发展和环境保护的“两难”悖论》，《浙江日报》2006年9月15日。

会议贵州代表团审议时指出：“我说的绿水青山和金山银山的关系，是实现可持续发展的内在要求，也是我们推进现代化建设的重大原则。”① 明确了“两山”重要思想要解决的是中国现代化建设的重大原则问题，它是解答这一问题的重大理论。在党的十九大报告中，习近平总书记更加明确地提出了“人与自然和谐共生的现代化”与“人与自然和谐发展现代化”的命题目标，从而更加凸显了人与自然和谐共生发展即绿水青山与金山银山浑然一体的发展是中国特色社会主义现代化的内在本性和有机内容，凸显了中国特色社会主义生态文明的本质特性，不仅丰富了中国特色社会主义生态文明的思想理论，更是对中国特色社会主义生态文明建设实践具有重要的指导意义，标志着中国特色社会主义正引领当代人类社会文明发展方向。

而在“两山”重要思想的指引下，中国正呈现出人与自然和谐共生发展的现代化景象，绿色发展正主导着新时代中国的现代化发展。正如联合国副秘书长、联合国环境规划署执行主任埃里克·索尔海姆所说：“十九大将确定中国国家主席习近平在推进生态文明建设上的努力。就像习近平主席说的，绿水青山就是金山银山，这份努力将让中国经济朝着更加绿色、可持续的方向发展。”

三、发展了马克思主义生态思想，形成了习近平生态文明思想

习近平总书记认为“两山”思想是“一种生态文化”，这一“生态文化”实际开创了中国化马克思主义生态文明理论新阶段，也标志着习近平中国特色社会主义生态文明思想的形成。我们知道，马克思主义的经典作家虽然专门创立生态文明思想体系，但在他们的经典著作中，却包含有马克思主义关于人与自然关系的基本观点，马克思和恩格斯提出了一些基本的生态思想：人与自然的和谐统一关系被资本主义私有制“异化”了，共产主义是真正实现了人与自然高度和谐统一的社会。“人—自然—社会”的辩证统一是一个由“异化”到扬弃、由对立到和谐的历史性进程。作为自由人联合体的共产主义社会是人与自然本质统

---

① 《在参加十二届全国人大二次会议贵州代表团审议时的讲话》,《人民日报》2014 年 3 月 8 日。

一、彻底和谐的自由王国。“这种共产主义，作为完成了的自然主义，等于人道主义，而作为完成了的人道主义，等于自然主义，它是人和自然界之间、人和人之间矛盾的真正解决。”① 然而，在从资本主义的人与自然“异化”对抗状态如何走向共产主义的彻底“和解”状态？在社会主义社会如何构建和实现人与自然的和谐发展？显然，“两山”重要思想以中国化的形式回答了上述问题，即在特定的社会主义社会中，如何实现人与自然的和谐统一、经济发展与环境保护的和谐统一，形成了最新的马克思主义生态文明思想理论。

而且，习近平总书记的“两山”重要思想是习近平中国特色社会主义生态思想的总纲，“绿水青山就是金山银山”是习近平生态思想的核心理念，因为这一思想和理念从根本上回答了什么是生态文明和美丽中国，为什么要建设生态文明和美丽中国，如何建设生态文明和美丽中国。正是以此为红线，习近平同志不断丰富发展，在继承改革开放以来邓小平理论、“三个代表”重要思想和科学发展观关于中国特色社会主义现代化建设必须促进人与自然和谐，加强生态环境保护，实现可持续发展等等一系列思想的基础上，提出了科学的生态文明思想体系，其主要内容包括：坚持人与自然和谐共生发展的生态本质论；树立“尊重自然、顺应自然、保护自然”的生态价值观；坚持“良好的生态环境就是最普惠的民生福祉”的生态民生观；坚持“生态兴则文明兴”的生态文明观；坚持“保护环境就是保护生产力”的生态生产力论；树立生态文明建设是功在当代的民心工程的生态德政观；树立“山水林田湖草是一个生命共同体”的生态整体观；“形成绿色发展方式和生活方式”的生态发展生活观；坚持节约优先、保护优先、自然恢复为主的方针；把生态文明建设融入经济建设、政治建设、文化建设、社会建设各方面和全过程的生态总体论；用最严格制度最严密法治保护生态环境的生态法治论；“共谋全球生态文明建设之路”的生态全球观。生态文明思想体系不仅推进发展了马克思主义的生态文明思想，而且推进发展了马克思主义的现代文明观，从根本上创立了中国化的马克思主义生态文明理论和文明发展理论。

---

① 《马克思恩格斯文集》第1卷，人民出版社2009年版，第185—186页。

四、实现了对西方生态环境理论的超越

一方面，“两山”重要思想继承了西方各种生态学说环境理论的合理因素。我们知道，在西方现代化历程中，出现了各种现代化理论，也包括各种生态环境理论思潮，其中最典型的如可持续发展理论、生态学马克思主义理论等，这些理论思潮包含有多方面的合理思想，如生态学马克思主义提出的资本主义制度及其生产方式是生态危机的深刻根源，应以社会主义道路取代资本主义道路；生态危机是当代社会的最大危机，应以生态危机理论取代经济危机理论；消费异化是生态危机的罪魁祸首，应以生态理性取代经济理性；等等。习近平总书记对于西方诸多生态环境思想理论有着广泛知识和深刻见解，能够合理利用其中的积极因素，如他就多次合理引用西方“库次涅茨环境曲线”理论，以合理确定环境发展的阶段和任务。但另一方面，“两山”重要思想又超越了西方的生态和环境理论。显然，西方诸多的环境理论并不能真正有效解决实际的环境问题。如生态学马克思主义不能有效回答如何用“生态革命”来改变资本主义制度、建立生态社会主义、生态社会主义的发展方式和生活方式应该是什么样的等问题。特别是关系到现代化进程中的发展中国家，以及如中国这样的发展中国家，如何解决生态环境与经济社会发展之间的矛盾问题，更是没有能够提出解决方略。习近平总书记就从中国的现代化实际出发，认为西方工业文明和西方式现代化严重“威胁到人类的生存和地球生物的延续”，“它是人类的一个陷阱”，我们不能重蹈西方式现代化的“覆辙”，必须从中国实际出发，彻底破解经济发展和环境保护这一“传统发展模式中的一对‘两难’矛盾”，而“两山”重要思想本质上就是从中国特色社会主义现代化实际出发，从总体和根本上摆脱和破解西方“先污染后治理”覆辙和“两难矛盾”而提出来的科学理论，其中包含的许多思想如通过实现区域统筹发展以实现“绿水青山”与“金山银山”即人与自然、经济与环境和谐发展的思想都是为西方的生态和环境理论所没有，集中体现了中国特色社会主义生态文明和现代化发展的理念。但对于发展中国家，对于社会主义国家，都有诸多不合理不合适因素，习近平新时代中国特色社会主义生态文明建设思想在诸多方面超越了西方的发展理论，从而形成一种当代世界上最具文明进步性的现代发展理论。

五、弘扬了中华传统优秀生态文化

习近平总书记高度重视弘扬中华优秀生态文化，其生态文明思想具有深厚的传统文化渊源，其"两山"思想所包含的人与自然和谐共生的理念和顺应自然、尊重自然、保护自然的生态文明理念就是继承弘扬中华优秀生态文化提出来的。习近平总书记曾经肯定中华传统优秀生态文化说："中华文明传承五千多年，积淀了丰富的生态智慧。'天人合一'、'道法自然'的哲理思想，'劝君莫打三春鸟，儿在巢中望母归'的经典诗句，'一粥一饭，当思来处不易；半丝半缕，恒念物力维艰'的治家格言，这些质朴睿智的自然观，至今仍给人以深刻警示和启迪。"[①]显然，这里一个重要的警示和启迪就是人与自然和谐共生，不能破坏耗竭自然环境资源。习近平总书记还说："我们的先人早就认识到了生态环境的重要性。孔子说：'子钓而不纲，弋不射宿。'意思是不用大网打鱼，不射夜宿之鸟。荀子说：'草木荣华滋硕之时则斧斤不入山林，不夭其生，不绝其长也；鼋鼍、鱼鳖、鳅鳝孕别之时，罔罟、毒药不入泽，不夭其生，不绝其长也。'《吕氏春秋》中说：'竭泽而渔，岂不获得？而明年无鱼；焚薮而田，岂不获得？而明年无兽。'这些关于对自然要取之以时、取之有度的思想，有十分重要的现实意义。"[②]显然，这里的"对自然取之以时，取之有度"的思想，包含着传统的生态智慧，这本质上是"两山"重要思想的传统版。其他如春秋时期《管子・立政》中的"草木不植成，国之贫也"，"草木植成，国之富也"。"行其山泽，观其桑麻，计其六畜之产，而贫富之国可知也"等，都明显具有良好的自然草木就是重要的国家财富的思想。

也就是说，"两山"重要思想明显是在继承弘扬了中华传统生态文化，包括道家和儒家的相关生态思想，但显然，"两山"重要思想又超越发展了传统的生态文化。其超越发展的主要点，就是赋予了一种现代化意义上的人与自然和谐发展的思想内容。我们知道，传统生态文化总体上缺乏发展的理念，缺少现代发展意义上的"金山银山"内涵，本

---

① 《绿水青山就是金山银山》，《习近平总书记系列重要讲话读本》，学习出版社、人民出版社2014年版。

② 《习近平在省部级主要领导干部学习贯彻党的十八届五中全会精神专题研讨班上的讲话》，《人民日报》2016年5月10日。

质上是一种偏重“绿水青山”，忽视“金山银山”的传统生存理念。而“两山”重要思想本质上是“一种发展理念”，是促进人与自然、生态与经济共同发展的科学理论，明显体现了超越传统生态文化的现代化文明成果。

六、引领全球生态文明建设

习近平总书记的“两山”重要思想在新时代具有重大意义，不仅仅局限于它是中国建设生态文明和美丽中国的指针，而且也是引领推进全球生态治理、环境保护的重要指针，是共谋全球生态文明建设、维护全球生态安全的重要指导思想。

习近平总书记在2016年9月3日的二十国集团工商峰会开幕式上的主旨演讲中提道：“我多次说过，绿水青山就是金山银山，保护环境就是保护生产力，改善环境就是发展生产力。这个朴素的道理正得到越来越多人们的认同。”越来越多的人，包括国际可再生能源署总干事阿德南·阿明说：“我非常赞赏中国国家主席习近平提出的‘绿水青山就是金山银山’的绿色发展理念。借用这句话，我想说，可再生能源也是金山银山。能源转型不仅仅是能源行业的转型，更是整个经济的转型，能够带来新的机遇，创造更多的就业机会，增加人们的收入。”2016年，联合国环境规划署发布《绿水青山就是金山银山：中国生态文明战略与行动》报告。显然，“绿水青山就是金山银山”在今天不仅是中国的，而是世界的，它正得到越来越多的全球人士和地区国家的熟知和认同，越来越成为一个国际性的全球生态文明重要理念，正为推动全球环境治理和生态文明建设发挥着越来越重要的作用。

事实上，习近平总书记向全世界提出构建人类命运共同体的宏伟蓝图时，就包含着以“两山”重要思想指导下构建全球生命共同体的重要内容。2017年1月18日在联合国日内瓦总部发表的题为“共同构建人类命运共同体”的重要主旨演讲中，习近平总书记指出：“宇宙只有一个地球，人类共有一个家园。地球是人类唯一赖以生存的家园，珍爱和呵护地球是人类的唯一选择。”而在构建人类命运共同体的四个重要层面中，就包含着建设美丽世界的目标：“坚持绿色低碳，建设一个清洁美丽的世界。我们不能吃祖宗饭、断子孙路，用破坏性方式搞发展。绿水青山就是金山银山。我们应该遵循天人合一、道法自然的理念，寻求永续发展之路。”①

显然，“绿水青山就是金山银山”的思想理念推进建设美丽世界，其机制就是其区域协调发展，即实现区域协调发展的全球化。发达国家及其国际著名企业、社会团体，积极利用自己的资金、技术、项目等深度参与广大发展中国家的气候、环境治理，也包括广大发展中国家之间的生态建设和环境保护的协作。只有如此，才能促进类似南部非洲等区域的生态改善，保护好那里的“绿水青山”，进而通过发展旅游等发展经济，带来“金山银山”，从而避免欠发达国家为了生存而不惜破坏环境、耗竭资源的行为，保护好地球这个人类唯一家园。所以，近年来，习近平总书记多次强调中国要通过国家和区域协作，为其他国家的生态文明建设作出贡献：“建设绿色家园是人类的共同梦想。我们要着力推进国土绿化、建设美丽中国，还要通过‘一带一路’建设等多边合作机制，互助合作开展造林绿化，共同改善环境，积极应对气候变化等全球性生态挑战，为维护全球生态安全作出应有贡献。”2015 年 9 月 26 日，国家主席习近平在纽约联合国总部出席并主持由中国和联合国共同举办的南南合作圆桌会，他代表中国提出未来 5 年中国将向发展中国家提供“6 个 100”项目支持，其中包括 100 个减贫项目，100 个农业合作项目，100 个促贸援助项目，100 个生态保护和应对气候变化项目。这些项目本质上就是中国对包括非洲南部一些最不发达国家地区，在技术、资金、项目等给予支持支援，帮助发展当地的农业种植业，发展生态经济，有效保护森林等自然资源不被滥伐滥采，实现国家区域的“绿水青山”与“金山银山”的统一。

总之，新时代，我们必须深刻领会和全面贯彻“绿水青山就是金山银山”重要思想，使其成为指导中国和全球生态文明建设的指针纲领，正确引领美丽中国和美丽世界建设。

---

① 《习近平主席在联合国日内瓦总部的演讲》，《人民日报》2017 年 1 月 19 日。

第四章

“两山”重要思想的实践指向

党的十九大，作出“经过长期努力，中国特色社会主义进入了新时代，这是我国发展新的历史方位”这一重大的政治论断，表明新时代我国新发展的实践进程，将翻开新的历史篇章。新时代我国的新发展实践，必须贯彻落实创新、协调、绿色、开放、共享的新发展理念，要面对已经转化了的社会主要矛盾，着力解决发展不平衡和不充分的问题，不断提高发展质量和发展水平，以期达成建设社会主义现代化强国和实现中华民族伟大复兴中国梦的发展目标。

建设生态文明，推动绿色发展，是新时代我国新发展实践的重要内容和目标要求。“两山”重要思想，面对和回答的是“如何发展”的时代课题，其为我国的生态文明和绿色发展提供引领，不仅包含丰厚的价值意蕴，而且具有明确的行动指向。

第一节 “两山”重要思想引领我国的绿色发展

建设生态文明，推动绿色发展，是21世纪整个人类社会文明进步的一大时代课题，也是我国新时代新发展实践的重要议题之一。“两山”重要思想，引领我国生态文明和绿色发展的进程。

改革开放以来我国经济社会的快速发展凸显出生态文明和绿色发展的重要性。从人类社会文明演进的历史过程来看，近代工业文明的迅猛发展，固然造就了前所未有的辉煌业绩，然而必须承认，其在取得辉煌发展成果的同时，又使得人类在生态环境等诸多方面付出了沉重代价，由此暴露出人类既往形成的有关发展的认知方式和行为方式的缺陷。回顾工业文明时代的人类发展历程，我们不难发现，许多西方国家在其工业化和现代化发展中，所形成的基本上是一种先开发、后保护，先污染、后治理，过度关注本国发展和当前利益，而忽视他国发展和后代利益的发展模式，这种发展模式本身的缺陷决定了它在发展中难以维持其可持续性。正是因为有了这种“试错的伤痛”，人类也才获得了自我反思和自我检讨的机会，并且经由深刻的反思与检讨，开始重新评估和定位文明发展的未来走向，生发出建设生态文明、推动绿色发展的时代话题。

生态文明作为一种新的社会文明形态，它是继渔猎文明、农业文明以及工业文明之后逐渐开始形构的。生态文明之价值目标和实践方向的确立，源自于人类在认识和改造主客观世界的过程中，对传统工业文明发展方式的偏失和局限所展开的深刻反思。在内容上，生态文明这一大的范畴，将涵盖物质、精神以及制度层面社会文明进步的各类有益成果。有学者提出，从历时性的角度来看，“生态文明将是工业文明之后新的文明形态”，而从共时性角度上讲，“生态文明只是人类文明的一个方面”，追求人与自然和谐的生态文明可以看作是物质文明、政治文明和精神文明的基础，“生态文明以生产方式生态化为核心，将制约和影响未来的整个社会生活、政治生活和精神生活的过程，它将促使现实的物质文明、精神文明和政治文明向着生态化方向转变”[①]。可以认为，作为人类社会文明进步历程中一个新的发展阶段和一种新的文明形态，生态文明和绿色发展的演进，将会同当代信息网络文明紧密融合在一起，对人类社会发展的各个领域和不同方面提出新的目标要求。

我国自 20 世纪中叶尤其是自 80 年代初推行改革开放政策以来，工业化与城市化发展的过程得以快速推进，整个经济与社会发展也都取得了巨大成就。但在实践中我们不难发现，包括经济快速成长在内的许多既有社会发展成就的取得，我们基本上都是以沿袭传统工业化发展的旧有模式为前提的，我国的经济社会发展自然显现了“粗放式增长”的特征，使得资源、生态与环境问题伴随着经济的快速增长而越来越突出地展现出来，并进而演变成为制约和阻碍未来发展的瓶颈因素。客观上说，我国改革开放以来的经济社会发展进程，尤其是快速推进的工业化和城市化发展过程，其实是在相当复杂而且也相当脆弱和单薄的全球生态环境条件下展开的，在谋求和推动发展的过程中，又因为发展方式的选择偏差和有失妥当而造成新的生态破坏和环境污染的后果，进而加剧了人与自然关系的紧张程度。由此决定了我国作为一个发展中的大国，建设生态文明和推动绿色发展，必定在经济社会发展中具有一种非常重要的实践地位。

“两山”重要思想，集中阐述了发展进程中生态环境问题的应对破

---

① 徐春:《对生态文明概念的理论阐释》,《北京大学学报（哲学社会科学版）》2010 年第 1 期。

解之道。前有述及，“绿水青山就是金山银山”这一重要思想，是时任浙江省委书记的习近平同志，于2005年8月15日在安吉县天荒坪镇余村考察时正式提出的。该村认识到生态环境保护和绿色发展方式的重要性，而开展生态环境整治，推动产业转型升级，探索走出了生态旅游的绿色发展之路。习近平同志对此给予充分肯定，强调“要坚定不移地走这条路”，明确指出“我们过去讲既要绿水青山，也要金山银山，其实绿水青山就是金山银山”。这是习近平同志关于“绿水青山就是金山银山”重要思想的最早表述。其后，习近平同志又在发表于《浙江日报》“之江新语”的多篇专栏文章中，集中阐述了“两山”的辩证关系。在这以后，尤其是党的十八大以来，习近平同志又在许多重要场合对“绿水青山就是金山银山”重要思想的科学内涵和实践意义，作出了深刻完整的理论阐释。

“两山”重要思想关于应对破解生态环境问题、推动实现科学发展方面的核心观点主要包括：

其一，生态环境优势可以转化为生态经济优势，助推经济社会发展。习近平同志在《绿水青山也是金山银山》一文中曾明确提出，“我们追求人与自然的和谐，经济与社会的和谐，通俗地讲，就是既要绿水青山，又要金山银山。”对于拥有“七山一水两分田”的浙江省而言，如果能把良好的生态环境优势，转化为生态农业、生态工业、生态旅游等“生态经济的优势”，那么，“绿水青山也就变成了金山银山”。他强调说，“绿水青山可带来金山银山，但金山银山却买不到绿水青山。绿水青山与金山银山既会产生矛盾，又可辩证统一。在鱼和熊掌不可兼得的情况下，我们必须懂得机会成本，善于选择，学会扬弃，做到有作为、有所不为，坚定不移地落实科学发展观，建设人与自然和谐相处的资源节约型、环境友好型社会。在选择之中，找准方向，创造条件，让绿水青山源源不断地带来金山银山。”[①]

其二，发展实践的持续展开，拓展和深化了人们对于“两山”关系的认识和把握。在《从“两座山”看生态环境》一文中，习近平同志非常精准地概述了人们在发展实践中对“两山”之间关系的认识和把握，

① 习近平：《之江新语》，浙江人民出版社2007年版，第153页。

也经历了一个不断拓展和深化的过程，形象地概括出三个认识阶段，即：“用绿水青山去换金山银山，不考虑或者很少考虑环境的承载能力，一味索取资源”的阶段，“既要金山银山，但是也要保住绿水青山，……意识到环境是我们生存发展的根本，要留得青山在，才能有柴烧”的阶段，“认识到绿水青山可以源源不断地带来金山银山，绿水青山本身就是金山银山，……生态优势变成经济优势”、“两山”之间形成了一种“浑然一体、和谐统一”关系的阶段。他认为，第三阶段“是一种更高的境界”，“体现了科学发展观的要求，体现了发展循环经济、建设资源节约型和环境友好型社会的理念”。他还特别强调，“以上这三个阶段，是经济增长方式转变的过程，是发展观念不断进步的过程，也是人与自然关系不断调整、趋向和谐的过程。”[①]

其三，在发展实践中，必须坚持科学发展的正确理念，努力破解“两难”悖论。在《破解经济发展和环境保护的“两难”悖论》的文章中，习近平同志分析道，“经济发展和环境保护是传统发展模式中的一对‘两难’矛盾，是相互依存、对立统一的关系。”面对这一矛盾，如果我们“对环境污染和生态破坏问题采取无所作为的消极态度”，这样的态度和错误认识就会使我们重蹈“先污染后治理”或“边污染边治理”的覆辙，最终将使“绿水青山”和“金山银山”都落空。而只有坚持科学发展，贯彻落实好环保优先政策，“走科技先导型、资源节约型、环境友好型的发展之路”，才能实现由“环境换取增长”向“环境优化增长”的转变，也才能实现由经济发展与环境保护的“两难”，向两者协调发展的“双赢”的转变。[②] 2014 年 3 月 7 日，习近平总书记在参加十二届全国人大二次会议贵州代表团审议时强调，“要创新发展思路，发挥后发优势。正确处理好生态环境保护和发展的关系，是实现可持续发展的内在要求，也是推进现代化建设的重大原则。绿水青山和金山银山决不是对立的，关键在人，关键在思路。保护生态环境就是保护生产力，改善生态环境就是发展生产力。让绿水青山充分发挥经济社会效益，不是要把它破坏了，而是要把它保护得更好。要树立正确发展思路，因地制宜选择好发展产业，切实做到经济效益、社会效益、生态效益同步提升，

---

① 习近平：《之江新语》，浙江人民出版社 2007 年版，第 186 页。
② 习近平：《之江新语》，浙江人民出版社 2007 年版，第 223 页。

实现百姓富、生态美有机统一。”

可以看出，上述“两山”重要思想的核心观点，紧紧围绕“发展”这一时代主题而展开，深刻阐述了经济社会发展进程中“两山”之间的内在关系，以及“两山”与“发展”的内在关系，揭示了其相互作用的内在机制和规律性。这表明，“绿水青山就是金山银山”，既是一个重大的科学论断，同时更是一种重要的发展思想。“两山”重要思想，非常清晰地阐明了经济社会发展与生态环境保护之间的辩证统一关系，具有极为鲜明的系统思维和辩证思维特征。因此，就理论实质而言，“两山”重要思想，其核心内容就在于“两山辩证统一论”的思想。在我国当前及今后的整体经济社会发展进程中，这一重要思想都是有效推进生态文明建设和绿色发展进程的理念引领和指导方略。

从新思想“先行萌发”的时代站位和理论高度，充分认识“八八战略”和“两山”重要思想等的实践价值。在浙江省域发展的实践探索中，“八八战略”之发展战略构想，较之于“两山”重要思想等一些重要的发展思想而言，更具有总体性、系统性和前瞻性的特点。“八八战略”的提出和实施，不仅早于“两山”重要思想的系统完整阐发，而且其在内容上，也涵盖了“两山”重要思想所关涉的建设生态文明和实现绿色发展的主题。浙江作为习近平新时代中国特色社会主义思想的重要萌发地，包括“八八战略”和“两山”重要思想等在内的诸多省域层面的发展战略构想和发展实施方略，尽管直接形成于浙江省域层面的发展实践进程之中，但其所要面对和所要破解的发展矛盾和发展问题，则在国家整体发展层面都具有共性和普遍性。因此，我们必须从新思想“先行萌发”的时代站位和理论高度，充分认识这些发展理论创新成果的实践价值。

改革开放以来，浙江作为沿海开放省份，经济社会发展走在了全国各省份的前列。相应地，有些事关发展的矛盾和问题也就较早地呈现和暴露出来。在“先发”的过程中，浙江既形成诸多方面的发展优势，同时也面临着诸多方面的发展挑战。“八八战略”和“两山”重要思想，都是在对浙江发展的实际情况进行广泛深入调查研究的基础上，为了更好地推进新的发展、走科学发展之路而提出和确立起来的，是浙江进入 21 世纪以来在省域发展层面上率先实现的重大实践探索和理论创新。这些实践探索和理论创新的重要成果，又进一步融汇成为我们党探索总结中国特色社会主义事业发展和社会主义现代化建设规律的重要内容。

2003 年 7 月，时任浙江省委书记习近平同志在省委十一届四次全会上，针对浙江的发展实际，作出新的重大战略部署，明确提出了进一步发挥“八个方面的优势”、推进“八个方面的举措”的目标要求。[①]“八个方面的优势”是对浙江改革发展具体实践的总结提炼，“八个方面的举措”成为引领浙江改革发展向更高更新目标迈进的战略指向。这项重大的战略决策部署，后来就被简称为“八八战略”。2003 年 12 月，省委召开十一届五次全会，进一步强调，要充分发挥“八个优势”，深入实施“八项举措”，扎实推进浙江全面、协调、可持续发展，把贯彻落实“八八战略”作为今后一个时期工作的主线。“八八战略”作为引领浙江改革开放和现代化建设的总体战略部署，在推进浙江经济社会发展的历程中，发挥了极其重要的指导作用。

“八八战略”框架布局当中的第五个方面，强调提出要进一步发挥浙江的生态优势，创建生态省，打造“绿色浙江”。要根据循环经济理论和生态经济学原理，全面推进十大重点领域建设，加快构建五大体系，努力把浙江建设成具有比较发达的生态经济、优美的生态环境、和谐的生态家园、繁荣的生态文化，人与自然和谐相处的可持续发展省份。可以认为，这一方面的战略构想，恰恰是之后“美丽浙江”建设乃至“美丽中国”建设的先声之言和先行之举。

回顾我国改革开放已经成功走过的 40 年的探索历程，我们可以非常清晰地看到，“八八战略”不仅在引领浙江省域层面的经济社会发展方面，有效地发挥了“总纲领”的作用，同时，更为关键的是，“八八战略”在发展实践中凝聚了成功的战略设计、行动逻辑和经验做法，这些宝贵而有益的实践探索和经验启示，对于我国整体的经济社会发展，同样蕴含着至关重要的价值指引和实践指向意义。即是说，“八八战略”在省域经济社会发展层面的成功探索，为总结提炼新的发展理念，为深入把握中国特色社会主义事业发展和社会主义现代化建设的内在规律，

① 习近平:《干在实处 走在前列——推进浙江新发展的思考与实践》，中共中央党校出版社 2006 年版，第 71 页。

奠定了坚实的先期实践基础。

党的十八大把生态文明建设列入中国特色社会主义事业“五位一体”的总体布局，进一步凸显了生态文明和绿色发展在经济社会发展整体进程中所处的重要地位。党的十八届五中全会，明确提出了创新、协调、绿色、开放、共享的发展理念，将“绿色发展”列为五大发展理念之一，使得包括绿色发展在内的五大发展理念，成为引领未来中国社会发展的价值遵循和实践指向。

党的十九大指出，“发展是解决我国一切问题的基础和关键”，同时强调“发展必须是科学发展，必须坚定不移贯彻创新、协调、绿色、开放、共享的发展理念”。这就要求我们，在我国新时代新发展的时代征程上，必须坚持新发展理念，以此引领我国经济社会发展各领域、各方面的实践进程。在建设生态文明和推动绿色发展方面，党的十九大将“坚持人与自然和谐共生”列为坚持和发展中国特色社会主义的基本方略之一，明确指出建设生态文明是中华民族永续发展的千年大计。习近平总书记在党的十九大报告中强调：必须树立和践行绿水青山就是金山银山的理念，坚持节约资源和保护环境的基本国策，像对待生命一样对待生态环境，统筹山水林田湖草系统治理，实行最严格的生态环境保护制度，形成绿色发展方式和生活方式，坚定走生产发展、生活富裕、生态良好的文明发展道路，建设美丽中国，为人民创造良好生产生活环境，为全球生态安全作出贡献。由此，“绿水青山就是金山银山”的重要思想和发展理念，必会更加充分地融汇在我国经济社会发展的各个领域和各个层面，成为谋划发展和推动发展的基本价值遵循。

第二节　“两山”重要思想包含丰厚的价值意蕴

人类自身的行为活动与其持有的特定价值理念和所追求的特定价值目标紧密相关，价值理念和价值目标为行为活动的展开提供有效的指引作用，而行为活动的持续开展则也会在某种程度上检视并修正价值理念和价值目标的引领方向。可以认为，人类的行为活动其实就是其所秉持的内在价值理念和所追求的特定价值目标的一种外化和显现，而价值理念和价值目标则也可以理解为潜隐的一种内在的无形的行为活动。正确的发展价值理念，对于人类的发展实践活动具有引领和纠偏的作用，这在生态文明和绿色发展领域，亦复如此。生态文明和绿色发展既包含有深厚的价值理念和价值目标的意蕴，同时，它又会外在地展现为一系列实践探索和行动促进的具体活动。即是说，人们会在特定价值理念和相应价值目标的指引下，推展生态文明和绿色发展的各类具体行动，将那些特定的价值理念和价值目标变为经济社会发展进程中的现实。而且，在建设生态文明、推动绿色发展乃至在整个经济社会发展的过程中，正确的发展价值理念，还有助于匡正人类发展实践活动的基本取向，防范其陷入各种误区。

作为人类社会文明进步历程上一个新的文明形态和发展阶段，生态文明这一全新的议题，将在社会发展的各个领域和不同方面提出新的要求。当然，我们也可以在人类社会实践的具体领域中阐释和理解生态文明的意涵。即无论是在哪一种社会文明形态的整体框架之下，生态文明和绿色发展的实践活动都可以程度不同地加以展开，其可以贯穿或渗透在物质文明、制度文明以及精神文明建设的各个领域之中，从而也创造并积淀丰厚的生态文明的有益成果。显然，这样的阐述是将生态文明视为整体社会文明形态下人类社会文明进步的一大重要领域来分析了。无论在何种理论视野中界定生态文明概念，对于正处在大力推进新型工业化、信息化、城镇化和农业现代化之“转型发展”态势下的我国发展进程而言，建设生态文明和推动绿色发展，自然成为至关重要的发展任务，并且具有特别的分量。

生态文明和绿色发展，尤为强调人们在进行物质生产以及在整个社会生活运行的过程中，都要注意遵循自然生态系统的内在规律，要从维护社会、经济和自然生态系统的整体利益出发，达成人、社会、自然这三者之间的和谐，实现人与自然的协调发展以及社会的和谐稳定，而不能再像既往工业文明时代的发展方式那样，因简单粗暴地对待自然生态环境而引发了生态环境的危机。因此，生态文明和绿色发展的根本特征就在于，它是实现人与自然融洽相处、整个社会和谐发展的发展状态和文明形态。

2013 年 5 月 24 日，习近平总书记在主持十八届中央政治局第六次集体学习时强调，“要正确处理好经济发展同生态环境保护的关系，牢固树立保护生态环境就是保护生产力、改善生态环境就是发展生产力的理念，更加自觉地推动绿色发展、循环发展、低碳发展，决不以牺牲环境为代价去换取一时的经济增长。”[①]

“绿水青山就是金山银山”这一重要思想，蕴含着丰厚的价值意蕴，为我们的发展实践和发展行动，提供了应予秉持的基本价值理念。具体来说，它主要包含四个方面的内容。[②]

一、系统整体的社会发展理念

用生态学的基本观点来看，生命世界是一个相互依赖的动态系统。包括植物、动物及人类在内的任何有机体的生存，都要受到环境条件的约束和不断适应外部环境，而个体之间则也要“以更加有效的利用栖息地的方式彼此调适”。[③] 客观上讲，在人类社会发展的历史进程中，人类自身一刻都不能脱离人与自然之间存在的那种复杂的互动关系的约束和影响，只不过在这种关系状态并不那么紧张的前提下，人类并未对其给予足够的关注。在既往工业文明发展带来较为严重的生态环境后果以后，人类经由这种“试错”，才开始更加理性地面对人与自然之间的这种关系状态，并且逐步认识到，就人类社会发展而言，其不仅需要“社会系统”内部各个领域和各个部分之间保持内在的协调与平衡，而且还需要在人类社会与自然界之间形成良性的互动关系。

严格说来，“人与自然的关系”，其实也就是“人—社会—自然界”的关系。以往人类自身在谈论社会发展问题的时候，极容易把自然界所代表的生态环境条件这一至关重要的因素忽略掉或者淡化掉，这反映出人类自身在价值理念层面上的一种偏差和失误。由人类社会自身对自然界的那种天然的依赖关系所决定，社会发展无论如何都不是纯粹的“社会生活内部”的事情，而是要将生态环境条件纳入社会发展和人类文明

① 《习近平谈治国理政》，外文出版社 2014 年版，第 209 页。

② 李一：《习近平“绿水青山就是金山银山”思想的价值意蕴和实践指向》，《南京邮电大学学报（社会科学版）》2016 年第 2 期。

③ 侯钧生：《人类生态学理论与实证》，南开大学出版社 2009 年版，第 19 页。

进步的范畴。或者说，“人类社会”也就是包含着自然界提供的必要的生态环境条件在内的“社会”，是将人与自然统统涵盖在内的作为一个“系统整体”的社会。

2013 年 4 月 2 日，习近平总书记在参加首都义务植树活动发表讲话时曾指出，“森林是陆地生态系统的主体和重要资源，是人类生存发展的重要生态保障。不可想象，没有森林，地球和人类会是什么样子。全社会都要按照党的十八大提出的建设美丽中国的要求，切实增强生态意识，切实加强生态环境保护，把我国建设成为生态环境良好的国家。”①

在社会发展的价值准则上，就应当注意把“系统整体”的意涵凸显出来，要将人类社会看作是一个贯通自然、人和社会这三个层面基本元素的“整体复合系统”，要去深入把握自然界的持续运行、人类行为活动展开和社会文明进步这三者的内在联系。如果人类不把社会发展看作是包含自然环境条件在内的“整体复合系统”的和谐演进，那就会在具体的发展行动当中割裂生态、经济与社会的内在关联，陷入“就环境谈环境”“就生态讲生态”的行动误区。

二、尊重自然的生态伦理理念

西方的生态环境保护运动促成了生态伦理学的诞生与发展。“人类中心主义”和“非人类中心主义”的观点碰撞，逐步为尊重自然的生态伦理理念的形成和传播奠定了认识基础。人类中心主义的观点认为，只有在人与人之间才存在所谓的道德义务关系，只有人是道德的主体，人类自身是出于对其生存状态的关注以及对子孙后代利益的关心，才应当肩负对生态环境问题和人类生存危机的道德责任，这是出于人类自身及后代利益的考虑，而非对自然界之万事万物利益的关注和重视。非人类中心主义的观点则认为，应当把道德对象的范围扩展到包括所有的生命在内的整个自然界，强调应当关注自然的权利，要摆脱以人类自身为中心的狭隘认识，以妥当处理人与自然的关系，努力寻求人与自然的和谐。应当说，“人类中心主义”的观点，在基本的价值取向上过于强调

① 《习近平谈治国理政》，外文出版社 2014 年版，第 207 页。

人类自身的主体地位和自身权利，在认识上具有某种狭隘性和局限性；“非人类中心主义”的观点，则在很大程度上克服和超越了这种狭隘性和局限性，其将伦理道德关系的考量对象扩及到人类自身以外的整个自然界。这样一来，就使得尊重自然权利的理念得以确立并传播开来，成为人类价值理念的一个至关重要的进步和飞跃。

必须承认并需强调的一点是，真正能够成为道德主体并承担道德责任的，仍然只能是具有认知能力和行为活动能力的人类自身。只有人类这一认知和实践的主体能够进行价值判断，人类之外自然界的万事万物都难以拥有这样的主体地位。毕竟，它们无法作出价值判断，当然也就不能作为道德主体来承担道德责任。不过，这并不会抹杀人类自身所赋予自然万物的自然权利的价值和意义。人类不仅可以对自然权利的价值和意义给予理性的肯定和确认，而且还能够通过约束和调控自己的行为活动，承担起协调人与自然的关系和维护生态环境平衡的责任，在价值理念的彰显以及社会生活运行中的制度架构等不同层面，都作出积极的探索和付出持久的努力。

人类社会的文明进步，需要依托于自然界，需要从自然界当中获取基本的生存元素，但这不是要靠征服自然和统治自然来实现，而是需要对自然权利给予充分的尊重，要用道德的手段协调人与自然的关系、人与人的关系和人与社会的关系。这一点，固然是维护人类自身利益的必然选择，同时更是人类社会文明进步的重要标志。

三、权利平等的生态正义理念

在社会发展和文明进步的问题上，人类不仅要调适人与自然的关系，而且还要协调人类社会内部的各类关系。在生态正义的价值理念看来，解决生态环境问题的一大根本途径，在于保障生态环境领域的权利平等和社会公平，要在行动层面积极倡导和践行公正公平、利益共享和风险分担的行动准则，让人类能够持久而平等地共同享有和共同珍惜大家所共同面对的自然环境，对那些在发展进程中为了发展成就的实现而付出了代价和损失的国家、地区、区域乃至群体，给予必要的生态补偿，以此来平衡生态受益者和生态受损者之间权益的对等和均衡。

生态补偿可以说是由生态正义理念延伸出来的一种行动层面的实践要求，同时它又成为实现生态正义的重要保障条件。生态补偿的原则要求是，一方面，那些造成严重生态环境污染以及大量消耗资源能源的国家、地区及利益群体，必须要在生态环境治理与修复方面承担起主要的责任，另一方面，生态环境的那些受益者，还应当对那些未受益者尤其是生态环境方面的权益受损者实施必要的补偿。借助于这样的权益协调途径，才能有效地保障整体发展格局中各方面的发展权益的均衡。大而言之，从国际视野上看，也可以相对均衡地实现工业化发达国家与贫穷落后的欠发达国家之间的一种发展权益调适，毕竟，由于科技手段利用和生产力发展程度的差异，前者开发利用了全球的自然资源并从中获取了巨大的发展利益，而后者却仍处于低度发展的状态之下，还要饱尝生态环境破坏所带来的生态灾难之苦。显然，消除这种因发展程度差异而导致的生态权益维护上的不平等状况，是需要全球各个国家付出共同努力的。

四、自我约制的人类幸福理念

人类社会的文明进步历程中，还需要正确地认知和处理人与自身的关系问题，即人类应如何看待自己的欲望以及通过什么样的方式或途径满足这种欲望。这就涉及到什么是人类幸福，选择什么样的方式去实现它，以及怎样在创造人类幸福生活的过程中妥善处理好人与自然、人与社会、人与人之间关系等一系列重大问题。

既往的西方工业文明时代，人类自身倚仗科学技术进步的巨大威力，过多地干预和破坏了自然生态环境的正常运行，由此带来的大量消耗资源能源的生产方式和过于看重物质要素的消费方式，使人类陷入一场严重的生态危机、道德危机和社会危机之中。既往工业文明时代形成的这种颇有偏失的自然观、文明观和幸福观，已经引起人类自身的警醒。这就提示我们，人类需要不断超越外在的工具性和功利性，要进行深入的人性修炼，克服人性的贪婪，学会正确地体悟人生的价值和以妥当的方式享受人生的幸福。只有这样，才会不断寻求使自然资源得以合理利用的方式和途径，从而把人类的幸福和快乐建立在对自然资源的充分有效利用而不是浪费破坏之上，为人类幸福的长久实现奠定坚实的基础。有论者指出，特别需要强调的是，"人与人、人与社会的关系是关键，人类的文明观指导着人与自然的关系"，如果人类自身无法处理好人与人、人与社会的关系的话，那也就无法真正建立起与自然的和谐融洽关系。[①]

生态文明和绿色发展的价值目标，不仅在于要追求人与自然的和谐，而且还要努力实现人类社会自身内部的关系和谐，以及要更为有效地达成人类对其自身欲望及欲望满足方式和途径的调节，实现自我的身心和谐。为此，人类自身就需要在特定价值观的指引下，合理地规范和约束自己干预和改造自然的行为，减少甚至避免因为人的行为失当而导致人与自然关系恶化的情况出现。与此同时，人类自身还要深刻反思和体悟幸福的本意，对人性进行修炼和完善，借此而寻求妥善处理自然资源的有限性与人的欲望的无限性之矛盾的可行途径。不仅身处同一个国家的人们拥有共同的发展权益和生态环境利益，人类作为一个整体，其也会面对共同的生态环境处境，同时拥有共同的利益和共同的未来。因此，在面对和处理人与自然的关系时，人类自身应该切实认知彼此的共同利益，要不断强化地球是我们共同的家园、人类自身需要协力打造人类命运共同体这样一种基本认识。地球上的人们无论身处世界的哪一个角落，都应该把实现和保持人与自然关系的和谐作为不懈追求的共同愿景，并且不断强化这种价值理念。在追求人类幸福的发展进程中，实现有效的自我约制，以正确的幸福观和价值观引领文明进步的实际历程。

人类为了追求自身的幸福，要谋求"金山银山"，就必须依赖于"绿水青山"的永续存在，就必须要建构并张扬自我约制的人类幸福理念，不断寻求使自然资源得以合理利用和充分利用的方式和途径，实现物质丰裕和精神富有的有机统一，为人类幸福的长久实现奠定坚实的社会文化基础。

---

① 廖福霖:《关于生态文明及其消费观的几个问题》,《福建师范大学学报（哲学社会科学版）》2009 年第 1 期。

第三节 “两山”重要思想具有明确的行动指向

“两山”重要思想，作为习近平新时代中国特色社会主义生态文明建设思想的核心内容，形成于思考和破解当代中国社会的发展难题，总结和概括当代中国社会的发展经验，探索和思考人类文明演进规律的过程之中。这一重要思想的提出，不仅在客观上昭示了我国发展理念和发展方式的深刻变革，而且，其也从主观层面充分彰显出，当代中国共产党人在深刻认识中国特色社会主义现代化建设规律，在正确把握人类社会发展规律和人类文明进步趋势的基础上，赋予了治国理政实践以全新的价值理念和使命担当。“两山”重要思想，不仅会成为建设生态文明和推动绿色发展之各项实践行动的理念支撑和指导原则，而且更将作为建设美丽中国、全面建成小康社会以及建设社会主义现代化强国的重要指引，全面融汇、贯穿在我国经济社会发展进程的各个领域和方方面面，成为重要的实践遵循。概括而言，“两山”重要思想的实践指向，主要涵盖五个行动领域。

一、张扬绿色发展理念

价值理念并非实践行动本身，但却与实践行动紧密关联。任何恰当的人类行为的展开，往往都直接或间接地受到某种正确的价值理念的牵引或驱动。价值理念也不同于一般的思想认识，它经由特定实践行动的校验而留存于人们的头脑，并且能够比一般的思想认识更能够稳固而持久地发挥作用。正确的价值理念，既是良好的实践行动转变的先导，同时也可以为之提供持久的内在动力。

就人类社会发展的整体进程而言，生态文明和绿色发展无疑是一种秉承着全新的发展理念，同时又有助于达成较高发展质量的文明形态和发展方式。其更为充分地彰显和贯穿了人与自然和谐相处，经济发展与生态环境保护紧密融合，以及以人为本和全面协调可持续发展之科学发展理念等一系列人类文明进步的现代价值准则。

“两山”重要思想所确立和传播的“绿水青山就是金山银山”的价值理念，深刻阐释了生态文明和绿色发展的宗旨，即要努力实现人与自然、人与社会、人与人之间的良性互动、和谐相处与共同发展，建立起具有可持续增长空间的经济发展模式、简约绿色的消费模式以及友好融洽的社会关系，积极倡导在遵循人、自然与社会和谐发展这一规律的内在要求的基础上谋求社会发展和文明进步，实现人的自身价值，创造和积淀各类文明成果。其无论是对“美丽中国”建设，还是对我国整个经济社会发展进程的推进来讲，都可以发挥至关重要的实践引领和行动指向作用。

生态文明和绿色发展的价值理念，需要在全社会各个领域的各类社会主体那里确立起来，并且融汇在其谋划、引领、参与和推动社会发展进程的实践行动之中。应当通过媒介传播、教育培训、社会动员等途径，让全社会都能够充分而深刻地意识到，“不重视生态的政府是不清醒的政府，不重视生态的领导是不称职的领导，不重视生态的企业是没有希望的企业，不重视生态的公民不能算是具备现代文明意识的公民”[①]。由此而形成必要的理念准备，达成较为一致的共意共识。只有让生态文明和绿色发展的价值理念凝聚成为社会的共意共识，其才可以真正转变成为引领和推动高质量的科学发展的积极因素和推动力量。

各地各层面发展规划的拟定，应当注意坚持因地制宜、因时而化的行动准则，审慎布局，彰显经济社会发展整体规划本身所具有的生态文明和绿色发展意蕴，在经济社会发展的蓝图勾画当中，务必要将生态文明与绿色发展的时代主题充分凸显出来，将对生态环境的有效保护、永续保护同经济社会发展的持续推进真正统一起来，寻求和保持人的发展实践与生态环境之间的关系调适与动态平衡，进而实现经济社会发展质量、生态环境质量和人的生命生活质量的共同提升。

二、强化生态综合治理

习近平总书记主政浙江时就曾指出，“环境保护和生态建设，早抓事半功倍，晚抓事倍功半，越晚越被动。那种只顾眼前、不顾长远的发展，那种要钱不要命的发展，那种先污染后治理、先破坏后恢复的发

① 习近平：《干在实处　走在前列——推进浙江新发展的思考与实践》，中共中央党校出版社2006年版，第186页。

展，再也不能继续下去了。”他强调，加强环境保护和生态治理，是保障经济和社会持续发展的“当务之急”“重中之重”。[①] 党的十九大报告指出，中国特色社会主义进入新时代，我国社会主要矛盾已经转化为人民日益增长的美好生活需要和不平衡不充分的发展之间的矛盾。就建设生态文明和推动绿色发展而言，人民对碧水蓝天之生存的生态环境依托和清洁安全优美的工作与生活环境的渴盼，显然是“美好生活需要”的题中应有之义。而相比于人民在生态环境方面的“美好生活需要”，我国的生态文明和绿色发展无疑还存在着不平衡不充分的“短板”，这就需要我们在继续推动发展的基础上，在生态综合治理方面付出更大的努力，以有效应对和破解制约高质量、高水平发展的“生态环境之困”。全社会各个方面都应积极行动起来，遵照党的十九大报告提出的目标要求，牢固树立社会主义生态文明观，努力推动形成人与自然和谐发展现代化建设新格局，在防控生态污染破坏、保护生态环境安全上付出艰辛而持久的努力，全力构建政府为主导、企业为主体、社会组织和公众共同参与的环境治理体系，将生态文明和绿色发展这一功在当代、利在千秋的事业，不断推向前进。

生态综合治理，要注意把握整体发展规划的统筹和引领。要立足于经济社会发展的全局和整体发展规划的安排，统筹谋划和制定特定时期和特定阶段的生态综合治理规划，针对发展实践中出现的新问题和新要求，明确总体部署，作出系统安排。以科学、权威而稳定的整体谋划，明确生态综合治理行动的目标要求、工作步骤和具体措施，有效推动生态综合治理各项工作的有序展开和持续展开。

生态综合治理，还要注意实现多元主体和多种手段的协同促进。承担公共管理和公共服务职能的各级政府，要发挥生态综合治理第一责任主体的主导性作用。其可以通过法律法规的有效实施，通过制定和推行相应的激励、约束政策，通过充分发挥市场机制在资源配置中的基础作用，以及通过营造良好的制度环境和社会氛围等，来引导各类市场主体主动承担建设生态文明与推动绿色发展的社会责任。同时，也要综合运

---

① 习近平:《干在实处 走在前列——推进浙江新发展的思考与实践》，中共中央党校出版社2006年版，第190页。

用法律、经济、行政、技术等一系列方式和手段，构建起从生产、流通到分配、消费全过程的生态政策体系、经济运行机制和管理运作体系，充分发挥其顶层设计、统一领导、有效调控和多方协调的职能。

三、落实主体生态责任

价值理念是实践行动的先导。主体只有通过实践行动的具体展开，才能真正让世界发生改变。生态文明和绿色发展，意味着社会发展的价值理念和运行模式正在完成又一次深刻的革命，它呼唤并且促成着人类生产方式与生活方式的变革与创新，终将造就出合乎节约能源资源和保护生态环境要求的产业结构、增长方式、消费模式和行为方式。这是一场关涉人的价值理念、社会的经济运行模式以及人类生活方式重构的全球性革命，因而需要政府、市场以及社会各方面的力量介入进来，落实各类发展主体的生态责任，充分发挥各自的干预和推动作用，共同达成生态文明与绿色发展的预期目标。

客观而言，生态文明和绿色发展贯穿在整个经济与社会生活的各个领域和各个方面，这是全社会的事情，因此需要各种社会力量都参与进来，并且成为积极的行动者和有效的推动者。政府机构、各类企业、社会团体（社会组织）以及社会成员等，无疑都是不可缺位的行为主体，都应肩负起各自的责任，承担起应予承担的义务。置身于发展进程的各类行为主体，都要以"绿水青山就是金山银山"的价值理念为引领，确立起新的行为准则，完成自身的行为转变，使得生态文明和绿色发展的内在推动力量和终极行动效果，在各类行为主体的行为转变中显现出来。

在经济社会发展的进程中，尤其在建设生态文明和推动绿色发展的问题上，政府所扮演的是提供公共服务之核心机构的重要角色，保护好人类赖以生存和发展的自然生态环境，是政府无可推卸的公共责任。"破坏生态环境就是破坏生产力，保护生态环境就是保护生产力，改善生态环境就是发展生产力，经济增长是政绩，保护环境也是政绩。"[①] 2018年

① 习近平:《干在实处　走在前列——推进浙江新发展的思考与实践》，中共中央党校出版社2006年版，第186页。

5 月 18 日，习近平总书记在全国生态环境保护大会上强调，生态环境是关系党的使命宗旨的重大政治问题，也是关系民生的重大社会问题。广大人民群众热切期盼加快提高生态环境质量。我们要积极回应人民群众所想、所盼、所急，大力推进生态文明建设，提供更多优质生态产品，不断满足人民群众日益增长的优美生态环境需要。这都提醒我们，各级政府及其职能部门对于事关生态文明与绿色发展之各项工作的谋划和推展，具有其他社会力量所不能替代与比肩的主导性地位和作用，而且，生态环境和资源条件本身还具有公共物品的属性，也进一步决定了政府在保护生态环境和自然资源条件的问题上，必须发挥某种主导性的作用，履行生态环境保护和助推绿色发展的公共责任。

政府的生态责任，体现为各级政府要高度重视事关生态文明和绿色发展的各项工作，要通过发展规划制定、法律和政策的执行以及利益关系的协调和矛盾的化解等，将生态文明和绿色发展的各项工作推向深入，以有效应对生态环境领域的各种问题，切实保护好生态环境和各类资源要素，充分保障整个国家的生态环境安全。在承担和履行这一公共责任的过程中，各级政府需要不断强化主体责任意识和公共服务意识，针对生态文明和绿色发展的不同领域和各个环节，向社会提供优质的公共服务。

企业的生态责任，体现为其要在经营管理活动中，依托于市场导向和产业政策，通过科技力量的投入和先进管理的推行，实现资源和能源的高效利用与循环利用，减少和控制生产环节的资源浪费和污染排放，有效处置污染物和废弃物，努力推动产业发展的生态化转型，构建起绿色、低碳、循环经济的运行体系。在整体产业发展和经济运行层面，则意味着着力发展以新能源、新技术和低碳经济为主的绿色产业，实现产业结构的转型升级和持续优化，构建高附加值、低资源消耗、少环境污染的生态产业格局，促使经济运行过程能真正走向低投入、低消耗和低排放的发展轨道，推动整个经济发展形成经济效益、生态效益和社会效益多赢的局面。

社会团体（社会组织）以及社会成员的生态责任，则广泛地体现在社会生产、居民消费、公共参与、舆论监督、文化传播等各个不同的社会生活领域。其可以是通过志愿者活动或公益活动的方式，监督监测企业在其生产经营活动中，有否真正履行必要的生态责任；其可以是通过各种教育培训和媒介传播途径，张扬绿色简约的消费理念和消费方式；其还可以是通过有效整合各种社会力量和资源要素，推进资源能源的高效使用、节约使用和循环使用，推动人们的消费活动和日常生活向简约适度、绿色低碳的消费习惯与生活方式有效转型。

此外，各级人大应加强对发展规划及生态环保预算的审查、审核与监督，加强对生态环境执法的检查监督；各级政协则应积极履行政治协商、民主监督和参政议政职能，为各地生态文明和绿色发展大业谋篇布局、献计献策。

四、完善制度机制建构

生态文明和绿色发展的推进，不仅需要正确理念的传播和强化，同时，更需要建构起必要的制度规范，并要依靠制度规范来发挥导向和规制作用。相应的规范约束，首先涉及的是相对刚性的生态法制建设的工作，同时又要涉及相关的政策制度等规则规定的建构，另外还要涉及一些配套机制的确立和完善。生态环境保护领域的相关法律法规，在生态文明建设的推进中可以针对各类行为主体的行为活动，发挥至关重要的支撑、保护、引导和约束作用。生态文明的理念坚守和各项建设行动的推展，如果缺少法律法规层面的制度保障，就难以真正落到实处。同样，政策规定等制度设计和制度规范以及相应的体制机制建构对于生态文明和绿色发展的推展，也具有重要的支撑保障作用。

完善制度设计的目标要求，主要体现在以下方面：严格实行环境保护制度，完善环境评价和环境准入制度，制定并严格执行排污收费标准和工程治污标准，健全污染物排放总量控制及排污许可证制度；以环境资源有偿使用为核心，探索建立“谁受益、谁补偿”的生态补偿制度，扩大生态补偿的受益面。逐步健全市场化的要素配置机制，建立反映资源稀缺程度、环境损害成本的价格形成机制；制定政策并落实生态环境监测制度，完善环保在线监测监控系统建设，对重点企业、重点部位实行全天候的监控，同时加强对地表水、近岸海域和空气环境质量的监控，及时掌控环境质量的状况；完善生态环境的信息公开制度，及时公布生态环境质量、污染整治、企业环境行为等信息，曝光典型环境违法行为，从而在信息公开的前提下接受广泛的社会监督。

在完善运作机制层面，则要秉持和贯彻生态文明与绿色发展的正确战略取向，努力建构长效机制，使其发挥必要的运行承载和支撑保障作用。生态文明建设与绿色发展的长效机制，是各项工作任务落实的关键所在。从长远看，这样的长效机制，能够为产业经济发展、生态环境治理、公共服务供给、人居环境美化、行为习惯引导、价值理念传播等，提供制度化的运作支持条件。

五、聚力生态文化涵育

人是经由社会文化的熏陶和塑造而成其为人的。在社会文化变迁与发展的过程中，人自身所展现出来的创造性的力量，又会以各种形态不同的社会文化成果的形式积淀下来，融会在主流与非主流的社会文化长河之中。生态文明和绿色发展重要的起步之举，当从树立社会成员的生态环境保护意识，以及强化生态文明的价值理念上来着手进行。要让“绿水青山就是金山银山”的价值理念深入人心，需要借力于多领域、多层次生态文化的长期浸润和持久涵育。借由这方面的持久努力，人们就可以把这种意识和理念转化为自觉行动，并将其辐射至社会生活的各个领域当中，使生态文明和绿色发展的各项工作获得真实而持久的内在动力。

动员传播媒体、团体组织和多方社会力量，共同参与生态文化的传播弘扬，有助于更好地发挥生态文化的涵育作用。文化的涵育力量是无形的，但其依托形态则是可以是具象的、生动的。传播媒体，党的基层组织和党员干部，工会、共青团、妇联等社会团体，行业协会、志愿者组织和社会公益组织等，都可以搭建和利用自己的工作平台，凝聚、传播、传承优秀的生态文化成果，形成全社会关心、支持、参与和促进生态文明和绿色发展的良好氛围。

第五章

“两山”重要思想在浙江的先行探索与经验启示

理论来源于实践，理论也在实践的推进中得到进一步的深化、完善与提升。习近平新时代中国特色社会主义思想来源于中国改革开放的伟大实践又引领、推动中国改革开放的实践进程。作为习近平新时代中国特色社会主义思想的重要组成部分，以“绿水青山就是金山银山”命题为突出标志的绿色发展观与生态文明观，也就是“两山”重要思想，伴随习近平同志在浙江工作期间的初步提出、总结到主持中央工作时的完整提炼、推行，在浙江大地上，在浙江人民的实践进程中，总是体现出“先行一步”的创造性探索、接力性推进与扎实性提升的特点。浙江十多年来的实践验证了习近平总书记“绿水青山就是金山银山”思想的正确与活力，也表明在此基础上进一步提炼形成的创新发展、协调发展、绿色发展、开放发展与共享发展理念必将推进小康社会的全面建成与现代化强国的最终实现。“两山”重要思想的浙江先行探索既为浙江提供了继续前行的宝贵经验，也将为中国乃至世界的发展提供重要的借鉴。

第一节　“两山”重要思想在浙江的先行实践探索

2005 年 8 月 15 日，在多年实践工作中对经济发展与环境保护关系进行长期思考后，时任浙江省委书记的习近平同志在浙江湖州安吉县余村考察时，明确提出了“绿水青山就是金山银山”的科学论断。以“绿水青山就是金山银山”科学论断的提出为标志，习近平总书记“两山”重要思想在中国改革开放的前沿阵地、中国特色社会主义实践的先行地浙江正式登上了历史舞台。

习近平总书记“绿水青山就是金山银山”的“两山”重要思想包含丰富的内容，而生态经济发展、生态文明构建以及生态文化践行则是其中最为重要的方面。在改革开放以来“先行一步”的中国特色社会主义实践进程中，浙江省委、省政府针对浙江自身发展面临的经济发展与环境保护之间的矛盾，对浙江未来的实践走向，就生态经济发展、生态文明建设和生态文化培育作了多方面的先行探索，形成了许多具有重要价值的认识。其中，主政浙江期间习近平同志提出的“两山”重要思想的基本内容，大致包括对“只要金山银山，不要绿水青山”的批判、对

“既要金山银山，又要绿水青山”的要求、对“绿水青山就是金山银山”的预测。这些具有现实针对性与文明一般性特点的重要思想，是他中央工作以后“两山”重要思想的前期准备。“两山”重要思想在浙江的先行实践与理论探索，为其在全国范围内的推开与实践提供了独特的区域经验与有益启示。

一、对绿色生态经济发展的积极探索

发展是中国特色社会主义实践进程中的基本课题，是全面建成小康社会、实现社会主义现代化，完成中华民族伟大复兴的根本保证。习近平新时代中国特色社会主义思想就其现实层面而言，也不能不把发展问题作为最基本的考量。“绿水青山就是金山银山”的“两山”重要思想从本质上看，也是一种发展观。无论是经济生态化还是努力把生态资源转化为生态富民的经济优势，都是探究发展的理论。

2015 年 5 月，习近平总书记在浙江考察时曾满怀深情地说，就浙江生态环境保护，他有切身体会，在这里工作那几年投入了不少精力。这条路要坚定不移走下去，使绿水青山发挥出持续的生态效益和经济社会效益。的确，实现绿色发展，是习近平推动浙江经济发展转型升级倾注精力最多的战略思路之一。[①] 我们可以说在浙江实践中形成的“两山”重要思想是习近平绿色经济发展的理论源泉，也是“创新、协调、绿色、开放、共享”五大新发展理念的先声。这一新的发展思想，是习近平同志在深入思考世界现代化的时代课题与中国现实的基础上提出来的，更是在浙江工作的实际中提出来的。

回看人类现代化道路的历程，世界各国普遍走过了“先污染，后治理”的弯路。发达国家在经历了化肥农药污染后的“寂静的春天”之后爆发了“八大环境公害事件”，从而出现了“对自然的否定”及“对人类自身的否定”的双重否定。环保主义运动的崛起和绿党政治的兴起，迫使西方国家重新选择现代化道路。绿色现代化成为各国的普遍共识，具体而言包括绿色产业成为新的经济增长点，绿色企业成为发展的主导

① 《八八战略》编写组:《八八战略》，浙江出版联合集团、浙江人民出版社2018年版，第73页。

模式，绿色产品成为市场新宠，绿色消费成为全新生活方式。这种全新的现代化模式，成为人类文明继续前行的共识。中国是一个发展中的大国，时间和空间的独特性、基本国情的现实性都不允许我们再走西方的老路，中国共产党人必须带领中国人民寻找到一条中国特色的绿色发展道路。正是在这一世界性现代化发展道路的大背景下，在浙江独特的时空中，浙江人探索到了一条符合自身实际的生态经济发展道路。

第一，以“八八战略”为统领，扎实推进浙江经济社会的绿色发展转型。2003 年 7 月，时任中共浙江省委书记的习近平同志在深入调查研究、深刻洞悉发展大势、深邃思考浙江经济社会发展战略问题的基础上，亲自谋篇布局，作出了“八八战略”重大决策部署，为浙江赢得战略主动、抢占发展机遇指明了方向、提供了根本遵循。“八八战略”实施 15 年来，不断彰显出无穷的思想魅力、强大的实践力量和历久弥新的时代价值。[①] 正是在“八八战略”决策部署中，习近平同志指出“进一步发挥浙江的生态优势，创建生态省，打造‘绿色浙江’”，“进一步发挥浙江的山海资源优势，大力发展海洋经济，推动欠发达地区跨越式发展，努力使海洋经济和欠发达地区的发展成为浙江经济新的增长点”。[②]

“八八战略”是科学的、总体的“大文章”，是马克思主义总体方法论和中国特色社会主义理论体系指导下的区域实践。随着时间的推移，“八八战略”不断丰富和提升，涵盖了经济、政治、文化、社会和生态文明建设五大领域，其主要内容包括：不断完善社会主义市场经济体制，提高对内对外开放水平，推动城乡一体化和欠发达地区跨越式发展，加快发展海洋经济，走新型工业化道路；加强法治建设、信用建设和机关效能建设，构建服务型政府，建设“法治浙江”；积极推进科教兴省、人才强省，加快建设文化大省；建立为民办事长效机制，提高城乡居民生活水平，建设“平安浙江”；创建生态省，打造“绿色浙江”。这些方面相辅相成、相互促进，构成了一个既符合浙江实际又有发展远景的有机总体。

在“八八战略”的指引下，习近平同志从全局的、整体的、长期的

① 《八八战略》编写组:《八八战略 · 车俊序》，浙江出版联合集团、浙江人民出版社 2018 年版。

② 习近平:《干在实处　走在前列——推进浙江新发展的思考与实践》，中共中央党校出版社 2006 年版，第 3—4 页。

视野来思考经济发展与生态环境之间的关系，从而提出了“绿水青山就是金山银山”的“两山”重要思想。这一工作期间提出的“绿水青山就是金山银山”思想，集聚了中国现代化发展进程中“先行一步”的浙江智慧和经验，推动着浙江经济社会的转型与进步，提升了浙江人民的美好生活内涵与品质，为中国也为全球现代化绿色发展提供了新思路和新样式。

第二，不断创新发展思路，以“绿色发展”战略推进发展的新境界。创新发展的新思路是破解浙江经济社会转型的必由之途，也是浙江“八八战略”着力的重要方面。在习近平同志主政浙江期间，对绿色发展进行了科学的理论阐述和有效实践，使浙江绿色发展走在全国的前列。“绿水青山”“绿色浙江”“绿色消费”“绿色生产”“绿色家园”成为浙江提前建成小康社会、基本实现现代化的金名片。

十多年来，在省委、省政府的决策部署下，浙江大地积极实施自然资源高效化战略，优化自然资源的投入结构并提高自然资源生产率。自然资源高效化就是通过创新提高自然资源的利用效率和效益，努力提高资源生产率。为了实现自然资源的高效化，浙江社会发展主体充分发挥聪明智慧，通过多样化的努力走出了浙江特色、世界眼光的发展之路。一是通过技术创新和制度创新提高自然资源的配置效率、技术效率和管理效率，在资源的输入端做到了“减量化”；二是通过技术创新和工艺创新，努力做到了资源的多次利用、反复利用和循环利用，在资源的中间段做到“再使用”；三是通过技术创新和政策创新，努力开发“城市矿山”，尽力做到垃圾分拣，在资源的输出端做到了“再资源化”。

“绿水青山就是金山银山”显然不仅是简单的环境保护，而是在追求人民群众生活改善与提高的目标下，在敬畏自然、融入自然、遵循自然的理念下，力求人与自然的和谐统一、共振协进。如何在环境保护与民生改善之间实现辩证的统一，成为习近平总书记“两山”重要思想需要解决的最现实问题。“绿水青山”本身包含丰富的内涵，审美的、伦理的、经济的等多个层面。解决百姓最现实的生活问题，需要我们“努力把绿水青山蕴含的生态产品价值转化为金山银山”。也正是在考量人民群众最现实生活需要的基础上，在“两山”重要思想的指引下，浙江逐步实施生态资源经济化战略，让自然资源、环境资源和气候资源转化成了货币化价值。生态资源经济化就是将生态资源、环境资源、气候资源等视作经济资源加以开发、保护、配置和使用。生态资源经济化的基本实现形式有：一是基于生态环境的稀缺性，实施生态资源和环境容量的有偿化使用；二是基于生态环境产权的可界定性和可交易性，允许并鼓励自然资源产权（水权、林权、渔权等）、环境资源产权（生态权、排污权等）、气候资源产权（碳权、碳汇）的交易；三是基于生态需求递增规律和生态价值增值规律，加大生态投资力度，实现生态效益递增。作为走在中国现代化进程前列的浙江人民，以自己“先行一步”的视角和市场化的机制积极探索了生态资源的经济之路。

创新的理念带来创新的实践，创新的实践需要创新的主体。改革开放以来，浙江大地涌动着创新的思想之流。省委、省政府积极鼓励、引导人民的创新实践，并在政策层面积极实施绿色创新自主化战略，以绿色自主创新增强区域绿色发展的核心竞争力。绿色创新自主化就是通过自主创新推动绿色科技创新，从而保障绿色发展走在前列。绿色创新自主化包括三个层面的含义：一是大力推进创新驱动发展，大幅度提升科技进步对经济增长的贡献率、大幅度降低自然资源等要素投入对经济增长的贡献率；二是大力推进绿色科技创新，彻底清查有害环境技术的影响，认真评估技术转化的环境风险，大力推进绿色技术的研发；三是在引进绿色科技成果的同时更加注重绿色科技的自主创新，提高绿色技术自主化比例。

第三，大力推进制度化建设，构建保障、促进绿色发展的生态制度体系。浙江一直处在中国体制改革创新的前沿。凭借着体制创新的先发优势，浙江人民创造了全国瞩目的浙江现象、浙江模式、浙江经验，浙江成为改革开放以来全国经济发展速度最快的地区之一。也是在制度的创新中，浙江省委、省政府带领浙江人民构建了绿色发展的生态制度体系。

实施生态制度体系化战略，以生态文明体制、机制、制度保障绿色发展的长效化。生态制度体系化是生态文明制度体系化的简称，是指通过生态文明制度的继承和创新形成完整的生态文明制度体系、生态文明制度“工具箱”、生态文明“制度矩阵”等，从而对症下药，形成生态文明建设的长效机制。生态制度体系化就是要从零敲碎打转向系统设计、从自下而上转向自上而下、从定性判断转向定量评价。生态文明制度的实施机制是制度有效运行的保障机制。对于企业，必须建立有效的环境信息披露机制；对于政府，必须建立差异化的绿色政绩评价机制。对于环境犯罪之类的事务要敢于拿起法律的武器进行“重典治污”。

与制度构建相配套，浙江在生态发展中进一步实施了绿色评价标准化战略，使得绿色发展可以评价、可以比较、可以示范。绿色评价标准就是建立在统计数据、检测数据、问卷调查基础上的绿色发展水平的量化标准或指标体系。绿色评价指标可以包括美丽乡村指标、美丽城市指标、绿色发展指标等方面的指标体系，也可以包括大气环境标准、水环境标准等具体的“标准”。在美丽乡村建设方面，浙江省安吉县已经提供了“安吉标准”：生态文化美——先进的生态文化、生态经济美——发达的生态产业和绿色的消费模式、生态环境美——永续的资源保障和优美的生态环境、生态家园美——宜人的生态人居和幸福的人民生活的和谐统一。

二、对生态文明建设的积极探索

生态兴则文明兴，生态衰则文明衰。人和自然和谐统一的生态，是人类社会经过长期的实践经验与教训之后追求的目标，这一目标在经历西方现代化的历史进程之后显得更加清晰与迫切。习近平总书记指出，小康全面不全面，生态环境质量是关键。“绿水青山就是金山银山”就是回应人民群众对美好生活的热切期盼，就是高水平建成小康社会的重要指引。走在中国改革开放与中国特色社会主义实践前列的浙江，对于生态价值观、世界观的体会尤其亲切。多年来，浙江各级党委、政府积极回应人民群众对清新空气、青山绿水和一方净土的呼唤，把绿水青山作为最普惠的民生福祉、最公平的公共产品，既猛药去疴，又良药常补，不断改善生态环境质量，努力创建优美生态环境、和谐生态家园，打造出了一个天渐蓝水渐绿的新浙江。

第一，高度重视生态环境问题，从理念层面、战略层面引导社会的生态发展。党的十六大报告明确指出，必须把可持续发展放在十分突出的地位，坚持计划生育、保护环境和保护资源的基本国策。为了贯彻落实党的十六大的基本精神，2002 年召开的浙江省第十一次党代会提出了建设“绿色浙江”的目标任务，把生态价值观上升到前所未有的新高度。2002 年 12 月，时任浙江省委书记的习近平同志在主持省委十一届二次全体（扩大）会议时指出，要“积极实施可持续发展战略，以建设‘绿色浙江’为目标，以建设生态省为主要载体，努力保持人口、资源、环境与经济社会的协调发展”。

2003 年是浙江生态文明建设的关键一年。在习近平同志的重视和推动下，浙江于 2003 年 1 月成为全国第五个生态省建设试点省。5 月，省委、省政府成立浙江省建设工作领导小组，习近平同志亲自担任领导小组组长。当月，他主持召开省委常委会议，讨论并原则通过《浙江生态省建设规划纲要》。6 月，省十届人大常委会第四次会议通过了《关于建设生态省的决定》。8 月，指导全省生态省建设的纲领性文件《浙江生态省建设规划纲要》正式颁布。这标志着浙江生态省建设全面启动。

在习近平同志的倡导和组织下，浙江把有序推进循环经济作为生态省建设的一个中心环节。2003 年启动“千村示范、万村整治”工程；2005 年又启动“发展循环经济 991 行动计划”，即发展循环经济九大领域，打造九大载体，实施生态工业与清洁生产、生态农业与新农村环境建设、生态公益林建设、万里清水河道建设、生态环境治理、生态城镇建设、下山脱贫与帮扶致富、碧海建设、生态文化建设、科教支持与管理决策等生态省“十大重点工程”。

正是在这一脉相承的生态蓝图指引下，浙江社会的生态建设走出了清晰的“美丽浙江”历史逻辑。

第二，以宁愿牺牲 GDP 的决心，重典整治生态环境。改革开放以来，浙江发展一路高歌猛进，但也随之带来资源能源消耗日益增加、生态环境压力日益增大等问题。如何解决相对于中西部地区而言劳动力、土地、能源等要素价格明显偏高，多年来形成的低成本、低价格优势日见弱化，以及最让人揪心的环境污染难题，成为浙江率先遇到的“成长的烦恼”。

浙江省第十一次党代会以来，浙江全省大力实施清洁水源行动、清洁空气行动、清洁土壤行动，切实解决危害群众健康的环境问题；实行最严格的污染减排制度，严格落实问题替代、排污许可、标准提升、区域限批等调控措施；全面加强城乡环境基础设施建设，深入开展城乡环境综合整治，不断改善人居环境；加快浙西绿色屏障和浙东蓝色屏障建设，切实加强自然保护区和重要生态功能区的建设和管理；广泛开展植树造林，大力发展现代林业，切实保护森林、湿地和野生动植物资源，加强生物多样性保护。深入推进海洋污染防治，实施海洋生物资源、重要港湾和重点海域生态环境恢复工程；加强生态治理修复，加大防灾减灾体系建设力度。严格环境执法监管，有效遏制环境违法行为；切实加强环境安全保障体系建设。深入开展城市交通拥堵治理、城乡垃圾处理、渔场修复振兴等专项行动，在回应与人民群众生活质量密切相关、人民群众反映强烈的环境生态问题上取得了突破。

在实际工作中，浙江持续不懈地重拳出击治理环境，重典治污修复生态，坚决关停污染企业，坚决淘汰落后产能，坚决铲除劣币驱逐良币的土壤，坚决斩断只要金山银山不要绿水青山的利益链，强势倒逼产业转型升级，加快推动产业迈向中高端，找到了绿水青山转化为金山银山的路径。

第三，努力寻找生态中的富民资本。假如把环境比作梧桐树，那么发展就是金凤凰。浙江善于把优美的生态资源转化为生态富民的经济优势。以此为导向，浙江积极实施了生态产业主导化战略，让绿色发展、循环发展、低碳发展成为生产活动的主旋律，形成了各具地方特色的生态产业的发展模式。譬如，安吉县等的生态农业、生态工业、生态旅游业等生态农业“拖二带三”的生态产业发展模式，宁海县等企业内小循环、园区内中循环及社会内大循环的循环发展模式。

就生态农业、生态乡村这篇大文章来说，10 多年来浙江始终把实施“千村示范、万村整治”工程和美丽乡村建设作为推进新农村建设的有效抓手，从时间上则是坚持一年接着一年干、一届接着一届干，从理念上则是坚持以人为本、城乡一体、生态优先、因地制宜，大力改善农村的生产生活环境，积极构建具有浙江特色的美丽乡村建设格局。[①] 到 2013 年底，全省共有 2.7 万个村完成环境整治，村庄整治率达到 94%，成功打造 35 个美丽乡村创建县。这一良好的生态环境成为浙江生态富民的优势资本，成为天蓝水清、人富家美的深层底蕴。以优美环境为基

① 夏宝龙:《美丽乡村建设的浙江实践》,《求是》2014 年第 5 期。

石、以理念创新为保证，浙江各地涌现出了许多生动鲜活的经济发展与环境美好相和谐的案例。譬如，得到“习近平生态之赞”的丽水市坚定不移地走绿色生态发展之路，大力发展生态农业、生态工业、生态旅游业和养生养老、保险单产业等绿色产业，真正把绿水青山转变为金山银山。而湖州安吉县则持之以恒地坚持“生态立县”战略，将生态资源变成了发展资本，走出了一条发展与保护、城镇与乡村、经济与社会互促共进、人与自然和谐相处的生态文明建设之路，让青山绿水成了实实在在的GDP，让蓝天沃土成了永恒的不动产，让能源资源得到了永续利用。

三、对生态文化培育的积极探索

人是社会发展的主体，人是从自然中走出又永远生活于其中的自然主体，唯有人的理念绿色生态才有社会与文明的绿色生态。绿色生态的经济社会发展、绿色优美的生态文明建设都需要积极的生态文化作为支撑。浙江省第十三次党代会以来，全省各级党委、政府积极引导民众、企业在绿色生态上作文章，在绿色生态上下功夫，深入推进生态文化的培育、践行工作，在许多方面作了有益的探索，取得了积极的成果，成为浙江走进美丽新时代的重要精神文化底色。

第一，不断强化民众生态意识。浙江积极实施生态文化普及化战略，让生态价值、生态道德、生态习俗走进普通百姓的一言一行、一举一动之中。习近平同志曾说：2005年他在安吉调研时，就环境与发展的问题提出了“两座山”的比喻，就是既要金山银山，又要绿水青山。这“两座山”之间是有矛盾的，但又可以辩证统一。可以说，在实践中对这“两座山”之间关系的认识经过了三个阶段：第一个阶段是用绿水青山去换金山银山，不考虑或很少考虑环境的承载能力，一味索取资源。第二个阶段是既要金山银山，但是也要保住绿水青山，这时候经济发展和资源匮乏、环境恶化之间的矛盾开始凸显出来，人们意识到环境是我们生存发展的根本，要留得青山在，才能有柴烧。第三个阶段是认识到绿水青山可以源源不断地带来金山银山，“绿水青山本身就是金山银山”，我们种的常青树就是摇钱树，生态优势变成经济优势，形成了一种浑然一体、和谐统一的关系。我们现在就是要通过建设生态省，来实践“绿水青山就是金山银山”这个道理。[①]

习近平同志主政浙江期间，在省委、省政府的坚强引导与大力推行下，浙江的生态文化从无到有、从小到大、从隐到显，浙江大地上的个人、家庭、企业、政府都生活在充满生机的生态文化天地下。这是一个居民、家庭、企业、政府共同倡导、共同制约的文化共享机制，也是一个共同创造、共同享受的生态文化氛围。就文化制约来说，居民、家庭、企业与政府需要形成一个相互制衡的机制。就居民而言，要求每个家庭都必须以绿色消费为时尚并对政府和企业的行为予以监督；就企业而言，则要求每个企业以消费者的绿色需求为导向供给绿色产品，以政府的绿色管制为依据强化绿色生产的社会责任；就政府而言，则要求每级政府以正确的政绩观为指导积极推动绿色发展。

第二，稳步推进生态城乡建设。为了改善人居环境、提升人民群众的生活品质，浙江省坚持不懈地推进集约节约、功能完善、宜居宜业、生态特色的一体化的绿色城乡建设，打造了一批生态环境优美、人居条件良好、基础设施完备、管理机制健全、人与自然和谐相处、经济社会与资源环境协调发展的绿色城乡，促进了生态文明理念的落地生根。

到 2015 年，浙江已经在全国率先形成城乡一体的规划体系，城乡规划制度全面落实；率先基本实现镇级污水处理设施全覆盖，城镇污水收集率和处理率处于全国领先水平；率先实现供水、供气和生活垃圾收集处置一体化，城乡基本公共服务均等化加快推进；率先推行城镇生活分类处理，初步建立比较完善的生活垃圾分类收运处置设施设备体系和标准制度体系；率先建立市、县、镇三级园林城镇体系，园林城镇创建水平进一步提高；率先基本形成绿色建筑发展体系，实现从节能建筑到绿色建筑的跨越式发展。

在乡村，习近平同志深入基层、研究思路、确立布局，以推进“千村示范、万村整治”工作的实际部署与展开。到 2007 年，经过 5 年努力，对全省 10303 个建制村进行了整治，并把其中的 1181 个建制村建设

---

① 习近平：《在发展中保护生态，在保护中促进发展——在生态省建设领导小组全体会议上的讲话》，《浙江日报》2006 年 3 月 25 日。

成"全面小康建设示范村"。在此基础上，才有2010年浙江省委、省政府的进一步推进美丽乡村建设的决策。

第三，大力倡导绿色生活方式。绿色生态的文明构建必须真正落实到普通民众的生活方式、思维方式与价值遵循中，才能够产生切实有效的作用。

随着经济发展与社会开放，浙江民众的消费方式也随之发生了变化。顺应这一民众生活需求实际，浙江各级党委、政府积极引导人民群众以资源节约和环境保护意识为核心的生态文化入脑入心，并渗透到浙江居民消费之中。

越来越多的浙江普通民众正日益过上绿色消费、绿色生活方式的日常生活，这正是浙江各级党委、政府积极实施生态消费时尚化战略的成果，而且绿色消费、循环消费、低碳消费也日益成为了一个时代的浙江社会风尚。在政府实施强制性绿色消费、企业进行选择性绿色消费、居民养成引导性绿色消费的活动中，浙江民众的生态消费正逐渐从奢侈性消费转向适度性消费、从破坏性消费转向保护性消费、从一次性消费转向多次性消费，逐步形成了环境友好型、资源节约型和气候适宜型的消费意识、消费模式和消费习惯。

第二节 "两山"重要思想在浙江先行探索的经验启示

改革开放40年的浙江发展，有浙江本身的经济社会文化独特性。"两山"重要思想发源于浙江并率先在浙江开花结果显然也有其现实的独特原因。资源需求的无限性与资源供给的有限性以及资源利用效率低下之间十分尖锐的矛盾，环境容量需求的递增性与环境容量供给的递减性以及环境资源生产率低下之间十分尖锐的矛盾，居民日益增长的生态环境质量需求与政府不尽理想的生态环境质量供给之间十分尖锐的矛盾，等等，诸如此类浙江"成长中的烦恼"成为"绿水青山就是金山银山"思想产生的现实原因。一系列的战略创新、模式创新、理念创新、制度创新则成为浙江"两山"重要思想得以展开的内生因素。

一、“两山”重要思想在浙江先行探索的经验总结

空前的资源与环境压力迫使浙江省委、省政府毅然提出了以壮士断腕的精神搞好环境保护、以腾笼换鸟的决心搞好转型升级。习近平同志曾形象化地提出了“两只鸟”理论：“推进经济结构的战略性调整和增长方式的根本性转变……就是要养好‘两只鸟’：一个是‘凤凰涅槃’，另一个是‘腾笼换鸟’。所谓‘凤凰涅槃’，就是要拿出壮士断腕的勇气，摆脱对粗放型增长的依赖……所谓‘腾笼换鸟’，就是要拿出浙江人勇闯天下的气概，跳出浙江发展浙江……”[①]这些鲜活的、形象的话语，体现了“两山”重要思想在浙江先行探索的经验总结。

第一，坚持党的领导，发挥人民群众的积极性、主动性、创造性，以不断奋斗的精神推进工作的展开。妥善处理好绿水青山和金山银山的关系、把绿水青山转化成金山银山，需要多个主体齐抓共管、协同发力，需要党委、政府、企业、高校、民众等各个社会层面的浙江主体共同参与真抓实干。

党的领导是中国特色社会主义的本质特征，也是“两山”重要思想能够在浙江得以形成并落实、提升、丰富的本质条件。正是在习近平同志担任书记的浙江省委带领下，浙江经济社会发展由量而质、由粗而细、由传统而现代，实现了绿色生态的转化。不论是2002年浙江省第十一次党代会提出的建设“绿色浙江”任务，突出生态价值观的新高度，还是2002年12月省委十一届二次全体（扩大）会议上提出的“积极实施可持续发展战略，以建设‘绿色浙江’为目标，以建设生态省为主要载体，努力保持人口、资源、环境与经济社会的协调发展”，明确了“生态省”目标；不论是2003年1月浙江成为全国第五个生态省建设试点省，还是5月省委、省政府成立浙江省建设工作领导小组，并在当月习近平同志亲自主持召开省委常委会议讨论并原则通过《浙江生态省建设规划纲要》；也不论是2003年6月省十届人大常委会第四次会议通过《关于建设生态省的决定》，还是8月指导全省生态省建设的纲领性文件《浙江生态省建设规划纲要》的正式颁布，标志着浙江生态省建

---

① 习近平：《干在实处　走在前列——推进浙江新发展的思考与实践》，中共中央党校出版社2006年版，第128页。

设的全面启动，这些实际的纲领性、全局性、整体性绿色生态发展思路都表明了一个道理：一个地方党的认识进展到哪里，绿色生态目标的制定与推行也就进展到了哪里。

东南西北中，党是管一切也是指导一切的。浙江省委充分发动、积极调动浙江经济社会发展的各个主体参与到发展之中。在浙江各级党委的有力领导下，各级政府是践行“两山”重要思想的实际政策制定者、思想理念的贯彻者，是绿色制度、绿色环境等公共产品的供给者，是环境污染负外部性和生态保护正外部性的矫正者，也是绿色产品市场交易秩序的维护者。大大小小的企业是践行“两山”重要思想的主力军，是转化生态资源经济效益的主力军。绿水青山的价值转化，只能依靠市场；市场中最活跃的力量则是企业。没有企业的参与，绿水青山的价值转化是难以实现的。千千万万的民众是践行“两山”重要思想的参与者与见证者，也是享受并评判“两山”重要思想成果的主体。作为消费者的公众，以货币购买商品实际就是用货币投票。如果把货币选票投给绿色产品，那么，“黑色产品”就没有市场；如果把货币选票投给“黑色产品”，那么，绿色产品就会市场冷清。浙江各级党委正是充分激发出政府、企业、中介组织、社会团体和社会公众广泛参与生态文明建设的积极性、主动性和创新性，才形成了全社会的合力，保证了绿色发展走在全国前列。

第二，坚持将改善生活服务民生，解决人民现实问题作为一切工作的出发点。解决人民的现实问题，满足百姓的日常生活需要，是浙江能够突破体制机制束缚走在中国特色社会主义道路前列的不同于其他省份的鲜明特征。从一个资源匮乏、区域狭窄的人口小省一跃成为中国经济社会发展走在前列的强省，浙江各级党委、政府始终牢牢把服务民生改善百姓生活作为一切工作的出发点、着力点。

在经济落后情况下，努力求生存、求发展是为了民生之任；当经济发展了，社会进步了，经济发展与环境保护发生矛盾了，浙江人民也逐步明白了一个道理：发展经济丰富物质是为了民生，保护环境促进生态一样是为了民生。民生问题有一个动态的、相对的变化过程，因客观条件与主观需求而不同，因价值取向与认识水平而有别。随着经济发展与社会进步走在前列，浙江人民的民生需求越来越丰富、越来越多元，优美的环境、和谐的生态成为新时代浙江人民群众“先行一步”的现实民生。

浙江各级党委、政府积极回应人民关切、顺应民生需求，加大生态环境保护力度，不断美化优化城乡人居环境，让人们望得见青山、看得见绿水、记得住乡愁。人民对美好生活的向往并非是单一目标的，而是经济效益、生态效益和社会效益等多重目标的统一。基于发达国家和地区的经验，随着收入水平的上升，人民群众对环境问题的敏感度将越来越高，容忍度将越来越低；社会舆论对生态环境的关注度也越来越高，环境问题的“燃点”必然越来越低。这就是浙江各级党委、政府的问题所在、压力所在，也是其一切工作的方向所在、动力所在。正是人民在追求物质富裕的同时，也十分向往山清水秀、天蓝地净的优美环境，浙江省委才作出建设美丽浙江、创造美好生活的决定并且努力付诸实施，涌现出桐庐县等诸多全县景区化打造的典型。

第三，坚持经济生态化不动摇，在尊重自然、顺应自然、保护自然的前提下推进经济转型升级。改革开放以来，浙江经济社会发展取得了巨大的成功。“浙江现象”“浙江模式”“浙江奇迹”是浙江人民在“自强不息、坚忍不拔、勇于开拓、讲求实效”的独特浙江精神激励下，不断创造幸福生活的成果。浙江在全国率先进行市场化改革，充分发挥先发优势，经济综合实力迅速上升，实现从经济小省到经济大省的历史性跃升，真正走出了一条以市场为主导的富有地方特色的经济发展之路。但随着社会的进步，浙江也必然率先面临资源、能源、自然环境与人文需求的压力，寻求在尊重自然、顺应自然、保护自然的前提下推进经济社会转型升级也成为浙江独特的成长之困。

从人类文明的进程来看，追求人与自然和谐统一的生态文明是对片面追求人类发展的工业文明的扬弃。生态文明既要发扬工业文明的高效率优势，又要抛弃工业文明高污染的弊端。作为自然界的一个有机组成部分，人类的所有活动都离不开生态系统。人类必须要尊重自然而不是鄙视自然，要顺应自然而不是对抗自然，要保护自然而不是破坏自然。

走在认识生态文明前列的浙江，积极推进经济生态化，把生态文明建设与“腾笼换鸟”“空间换地”“三改一拆”“四边三化”和新农村建设等有机结合起来，开辟了浙江经济转型升级的新路子。十多年来，浙江省委、省政府在经济发展中加大对传统产业、重化工业的改造，走清洁化、循环化的路子，以此带动传统优势产业的改造提升。加快推进产业园区、集聚区的生态化建设，实现环境治理从点源治理向集中治理转变。“敢于放弃 GDP，敢于牺牲 GDP”“不要躺在垃圾堆上数钱”已经成为浙江人民的共识。

第四，坚持将绿水青山蕴含的生态产品价值转化为绿色经济的增长点。习近平同志提出的“绿水青山就是金山银山”命题，一个非常重要的维度就是要充分正视、挖掘绿水青山中所蕴含的生态产品价值，并将其转化为绿色经济的增长点。2018 年 4 月 26 日，习近平总书记在武汉主持召开深入推动长江经济带发展座谈会的讲话中指出，浙江丽水市多年来坚持走绿色发展道路，坚定不移保护绿水青山这个“金饭碗”，努力把绿水青山蕴含的生态产品价值转化为金山银山，生态环境质量、发展进程指数、农民收入增幅多年位居全省第一，实现了生态文明建设、脱贫攻坚、乡村振兴协同推进。①

习近平同志高度肯定了浙江丽水的“两山”重要思想实践，揭示了努力把绿水青山转化成金山银山是践行“两山”重要思想的根本任务。可以说，最先面临“成长中烦恼”的浙江，也成为了最先认识到“两山”冲突并实践中解决冲突的先行者。一方面，生态环境是保障经济发展的基础，是提升人们生活质量的要素，要实现经济的可持续发展与人们生活质量的提升就必须保护好生态环境；另一方面，生态环境本身就能够提供人们的审美情趣、生态资源和绿色享受，绝“不能坐在绿水青山上没钱数”。把“生态资本”变成“富民资本”，夯实“绿水青山就是金山银山”的经济基础；把“生态资本”变成“富民资本”，依托绿水青山培育新的经济增长点，这是遍布浙江大地的生动实践。

湖州市的安吉县、宁波市的宁海县等基本上做到了绿水青山的价值实现。衢州市的开化县行走三天找不到一堆垃圾，村民说：“村口有垃圾，游客不上门”；丽水市的遂昌县村庄里找不到一颗烟蒂，村民说：“只有自己做到文明，才能吸引文明游客”；杭州市的淳安县仅生态补偿

① 习近平:《在深入推动长江经济带发展座谈会上的讲话》,《光明日报》2018 年 6 月 14 日。

就可以获得每年 4 个亿的财政转移支付。

第五，坚持体制机制创新，以制度保障绿色经济发展、环境和谐与生活美好。体制机制是推动改革发展的制胜法宝。改革开放以来，浙江的改革发展充分发挥了体制机制的优势。“浙江是一个人多地少、资源贫乏的省份，为什么能在改革开放后崛起为一个经济大省？”[①]2005 年 10 月，时任浙江省委书记的习近平做了精辟的回答。他认为，至少有三个方面的因素：一是走体制创新之路；二是走民本经济之路；三是走内源发展之路。

把绿水青山转化成金山银山，必须依靠体制、机制和制度的保障。习近平总书记说：“浙江的活力之源就在于改革，就在于率先建立了能够调动千百万人积极性的、激发千百万人创造力的体制机制。”[②] 随着自然资源、环境资源、气候资源稀缺性的加剧，“让市场机制在资源配置中发挥决定性的作用”成为可能。相对于全国而言，浙江省既是开市场化改革先河的省份，也是生态文明制度建设走在全国前列的省份。

浙江省是全国第一个实施排污权有偿使用制度的省份，是全国第一个开展区域之间水权交易的省份，是全国第一个出台省级层面生态补偿制度的省份。正是这些市场化的制度提高了资源配置效率，保障了“资源小省”变成“经济强省”。同时，浙江省十分重视顶层设计，“两美浙江”建设、“五水共治”方略的实施已经使得浙江省环境状况总体好转，并为全国提供了治理机制方面的样本。不同区域有不同的功能定位，“不能以一把尺子丈量不同的区域”。因此，浙江省在全国最早实施差异化考核制度，对丽水市、淳安县等生态保护为主的区域不考核 GDP。

走在前列的浙江践行“两山”重要思想的经验具有自己独特性内涵，这些涉及党的建设、民生问题解决、经济生态化、生态产品价值转化以及体制机制的改革与创新，为浙江，也为全国学习、领会、践行习近平同志“两山”重要思想提供了区域经验的借鉴。

浙江的经验先行而独特，浙江的启示有益而深刻。

---

① 习近平：《干在实处 走在前列——推进浙江新发展的思考与实践》，中共中央党校出版社 2006 年版，第 81 页。

② 习近平：《干在实处 走在前列——推进浙江新发展的思考与实践》，中共中央党校出版社 2006 年版，第 85 页。

二、“两山”重要思想在浙江先行探索的有益启示

中国特色社会主义道路、理论、制度与文化的伟大成就，是在始终坚持党的领导之下实现的。党的领导是中国特色社会主义的本质特征，是我们取得中国特色社会主义事业成就的根本所在。“两山”重要思想在浙江的先行探索，就是中国共产党人治国理政智慧的一个鲜明范本。从浙江“两山”重要思想的先行探索到中国特色社会主义“两山”重要思想全国实践的进程，具有从区域到全局、从特殊到整体的不断成熟、完善的发展逻辑，包含丰富的内涵。

普遍寓于特殊之中，整体成于个体之全，而区域经验也总会提供一般性的启示。浙江作为提出“绿水青山就是金山银山”观点的“两山”重要思想先行践履者，其十多年的实践探索、理论认识、价值追求为“两山”重要思想在中国、在世界的践行提供了一般性遵循和普适性价值。“两山”重要思想在浙江的实践与认知，是习近平新时代中国特色社会主义思想形成的重要环节和思想来源，是我们继续丰富、提升、实践这一思想的重要借鉴，也是我们需要作进一步提炼多维度考察的重要参照。

在我们看来，“两山”重要思想在浙江先行探索在一般意义上要求不同层级、不同区域的中国共产党人在实现现代化的事业中必须做出多方面的努力。

第一，从价值论的角度看，中国共产党人必须始终坚持以人民为中心的价值追求。习近平总书记在浙江工作期间针对经济发展与环境保护提出的“绿水青山就是金山银山”思想，不论是就“绿水青山”而言，还是就“金山银山”来看，其最终的目的都是要为人民群众提供现实的民生生存、生活需求。

浙江“两山”重要思想的民生实践考量在具体方面有其独特性的一面，但从价值论角度看，体现的是“为人民服务”的党的宗旨。习近平总书记说：“人民对美好生活的向往，就是我们的奋斗目标。”无论是加快发展还是保护环境，说到底都是为了提高人民群众的生活质量和幸福指数，为人民群众创造良好的生产生活生态环境。习近平总书记指出，良好的生态环境是最公平的公共产品，是最普惠的民生福祉。环境破

坏，人们要忍受污染的痛苦；环境优美，人们则可以共享生态福利。发展绿色生态经济与建设生态文明社会，其最终目的都是为人民服务；也只有在为人民谋幸福、为民族谋复兴这一点上，经济发展与环境保护之间的矛盾与冲突才能够真正得以解决。

只有坚持以人民为中心的发展思想，“两山”重要思想才能够真正达至其价值的目的地。

第二，从发展论的角度看，中国共产党人必须遵循事物发展的本身规律及其阶段性特征。“绿水青山就是金山银山”的“两山”重要思想是习近平同志在总结人们对于事物认识不同阶段的基础上提炼出来的，具有非常现实的浙江针对性。

浙江经济社会发展与生态文明发展有其区域的针对性，但从发展论的角度看，体现了中国共产党人遵循事物发展的本身规律的精神。事物的发展既是一贯性的，又是阶段性的，众多的阶段性构成了事物发展的连续性一贯性历史进程。中国特色社会主义伟大实践经历了从解决人们的温饱问题，到解决人们的小康富裕问题，再到解决人们更加美好生活的问题。每一个阶段的发展状况不同，人们对于生态环境的要求也必然不同。之所以会出现“只要金山银山，不要绿水青山”的现象，是因为在饥寒交迫的情况下首先需要解决生存问题；之所以提出“既要金山银山，也要保住绿水青山”，是因为经济发展到一定阶段人们发现破坏了生态环境经济发展也将得不到保证；之所以提出“绿水青山本身就是金山银山”，是因为经济发展到更高阶段人们越来越关注生活质量和生命质量。“两山”重要思想是与发展阶段紧密关联的，在不同的发展阶段有不同的追求，在不同的发展阶段要做不同的事情。

只有遵循事物发展的本身规律，“两山”重要思想才能够真正在不同区域、不同程度地发展现实中得到充实、丰富与践行。

第三，从认识论的角度看，中国共产党人必须始终遵循实事求是的思想认识路线。人类社会的发展总有其阶段性内容，人类对于自己的实践活动也有一个认识的过程。“两山”重要思想在浙江被接受，是与浙江人民改革开放以来走在前列的经济社会发展的认识水平相适应的。

浙江人民基于本身的现代化程度可能有走在前列的独特性认知，但从认识论角度看，“两山”重要思想体现了中国共产党人实事求是的思想认识路线。习近平同志所总结的实践中对于"两座山"之间关系的认识经历的三个阶段，即用绿水青山去换金山银山，不考虑或很少考虑环境的承载能力，一味索取资源的第一个阶段；既要金山银山，但是也要保住绿水青山，人们意识到环境是我们生存发展的根本的第二个阶段；认识到绿水青山可以源源不断地带来金山银山，"绿水青山本身就是金山银山"的第三个阶段。这三个认识阶段在中国当代现实中其实是同时存在的，是我们必须正视的基本国情。

只有遵循实事求是的思想认识路线，"两山"重要思想才能够被具有现实特殊性、情况具体性的人们所接受。

第四，从方法论角度看，中国共产党人必须遵循唯物主义的辩证观。浙江的区域现实丰富多样，浙江的地理环境与人文素养也地地不同，"两山"重要思想在浙江的实践表现在途径、方法、手段上也是多元而丰富。

市场主导、山海相连、中外互通可能突出了浙江经济发展与生态文明建设的区域性特色，但从方法论角度看，"两山"重要思想体现了发展与联系的唯物主义辩证观。"绿水青山"与"金山银山"、经济发展与生态文明、人类文明与自然生态既是相对独立的又是融为一体不可分割的。中国幅员辽阔，文化多样，中国特色社会主义发展在中国大地上表现出了多个层面多个区域的不平衡不充分特性，借鉴浙江经验需要密切联系自己的实际将其中蕴含的一般性方法论具体化、现实化。

只有遵循唯物主义的辩证观，"两山"重要思想才能够因时因地因人采取不同的方法解决具体的问题。

第五，从实践论角度看，中国共产党人必须保有持之以恒永无懈怠的精神状态。浙江在"两山"重要思想的指引下取得了巨大的成就，推动了经济社会的转型，率先完成了建成小康社会与基本实现现代化的历史任务，为中国特色社会主义道路的进一步前行提供了"浙江奇迹"的验证。

"浙江奇迹"在"两山"重要思想的贯彻与落实中起到了重要的内生动力作用，具有独特的内涵，但从实践论角度看，"两山"重要思想体现了中国人民持之以恒永无懈怠的民族精神，体现了中国共产党人永无止境的事业追求。2013 年 9 月 7 日，习近平主席在哈萨克斯坦纳扎尔巴耶夫大学发表重要演讲并回答学生提问时指出：“中国明确把生态环境保护摆在更加突出的位置。我们既要绿水青山，也要金山银山。宁要绿水青山，不要金山银山，而且绿水青山就是金山银山。我们绝不能以牺牲生态环境为代价换取经济的一时发展。我们提出了建设生态文明、建设美丽中国的战略任务，给子孙留下天蓝、地绿、水净的美好家园。”① 这一回答是对“两山”重要思想的进一步完善，也是人类文明走向美好未来的正确科学的发展观。

只有保有持之以恒永无懈怠的精神状态，“两山”重要思想才能够真正成为我们实现中华民族伟大复兴、推进人类命运共同体历史使命的精神遵循。

真正落实“绿水青山就是金山银山”的精神，实现绿色生态发展与建设现代生态文明，是一项系统性、长期性、艰巨性的历史任务，既要充分继承和发扬以往实践的成果，又要根据时代的发展不断创新；既要从具体的特殊的经验中提炼一般性的规律，又要将这些一般性的规律与具体的特殊的情况相结合。理论与实践相结合、具体与一般相结合，不断丰富与充实的“两山”重要思想既是引领浙江，也是引领中国和世界绿色发展与生态文明实践的正确之路。

---

① 魏建华、周亮：《习近平：宁可要绿水青山 不要金山银山》，中国青年网2013年9月7日。

第六章

湖州践行“两山”重要思想、推动生态文明建设的有益实践

湖州是习近平总书记“两山”理念的诞生地，是连接长三角城市群南北两翼、贯通长三角与中西部地区的重要节点城市。近年来，在党中央、国务院和省委、省政府的坚强领导下，全市上下深入贯彻习近平新时代中国特色社会主义思想，坚决落实总书记对湖州作出的“照着绿水青山就是金山银山这条路走下去”和“一定要把南太湖建设好”的重要指示精神，一张蓝图绘到底，奋力当好践行“两山”重要思想的样板地、模范生，推动湖州大地发生了翻天覆地的变化。湖州先后获得了全国生态文明先行示范区、国家创新型试点城市、“中国制造 2025”试点示范城市、国家生态市、全国文明城市、国家绿色金融改革创新试验区、国家森林城市、国家园林城市、国家环保模范城市、全国城市综合实力百强城市、全国双拥模范城市、国家历史文化名城等荣誉称号。

第一节　湖州践行“两山”重要思想、推动生态文明建设的历程

从发展轨迹看，湖州的生态文明建设脉络清晰、步履稳健，是浙江践行“两山”重要思想的一个缩影，生动地展现了习近平总书记生态文明思想形成和发展的过程。大致可以分为四个阶段：

（一）第一阶段：在发展阵痛中反思与探索（2005 年以前）

这一阶段以太湖治理“98 零点行动”为标志。20 世纪 90 年代初，环太湖城市兴起工业化建设高潮，太湖水污染日益严重，太湖流域多个城市面临“守着太湖没水喝”的尴尬局面。国家重拳出击，开展太湖治理“零点行动”。1998 年 12 月 31 日晚 8 点，湖州太湖流域水污染防治工作“零点行动”拉开序幕。在行动中，湖州出色地完成了整治任务，也经历了重点企业关停、重要税源损失的阵痛。各地开始对发展模式进行反思，2001 年安吉县率先探索生态立县路子，既要金山银山，又要绿水青山。习近平同志主政浙江后，作出建设生态省的战略部署，湖州市积极响应，于 2003 年湖州市第五次党代会提出了建设生态市目标，并开始系统谋划、整体推进生态环保工作。

（二）第二阶段：在“两山”重要思想指引下率先启航扬帆（2005—2014 年）

这一阶段以习近平同志在余村首次发表“绿水青山就是金山银山”重要讲话为标志。2005 年 8 月 15 日，习近平同志到安吉余村调研，对余村从牺牲环境为代价的粗放式发展转向绿色发展表示赞同。他指出：“生态资源是这里最可宝贵的资源，你们下决心停掉一些矿山、靠发展生态旅游让农民借景致富，这是高明之举。我们过去讲既要绿水青山，又要金山银山，实际上绿水青山就是金山银山。”[①] 同年，8 月 24 日，习近平同志在《浙江日报》“之江新语”专栏发表《绿水青山也是金山银山》一文，指出：“我省‘七山一水两分田’，许多地方‘绿水逶迤去，青山相向开’，拥有良好的生态优势。如果能够把这些生态环境优势转化为生态农业、生态工业、生态旅游等生态经济的优势，那么绿水青山也就变成了金山银山。绿水青山可带来金山银山，但金山银山却买不到绿水青山。绿水青山与金山银山既会产生矛盾，又可辩证统一。”[②] 这为湖州的发展拨开了迷雾、指明了方向。在“两山”理念指引下，湖州确立了建设现代化生态型滨湖大城市的奋斗目标，加大环境保护力度，发展绿色经济，打造生态城市，建设美丽乡村。在这一时期，“绿水青山就是金山银山”已经成为湖州广大干部群众的广泛共识，经济发展呈现快于全国、全省的良好态势，实现了与生态建设的协调发展。

（三）第三阶段：生态文明建设迎来加速蝶变（2014—2016 年）

这一阶段以 2014 年 5 月湖州被国家六部委批准为全国首个地市级生态文明先行示范区为标志。示范区获批，充分表明湖州践行“两山”理念开始进入国家战略层面。全市上下以此为动力，明确了生态立市首位战略，努力探索“两山”转化通道，生态文明的前进步伐越走越坚定、越走越自信。2015 年 2 月 11 日，总书记叮嘱湖州要“照着绿水青山就是金山银山这条路走下去”，进一步坚定了湖州坚持生态立市的信心和决心。这一时期，湖州战略性新兴产业年均保持两位数以上的增长，“美丽经济”方兴未艾，治水治气治矿治土等成效显著，立法、标准、体制

---

① 根据 2005 年 8 月 15 日习近平来安吉余村调研时的讲话录像资料整理。

② 习近平：《之江新语》，浙江人民出版社 2007 年版，第 153 页。

“三位一体”生态文明制度创新为全省、全国提供了湖州样本。

（四）第四阶段：走向社会主义生态文明新时代（2016年至今）

这一阶段以2016年12月2日全国生态文明建设工作推进会议在湖州召开为标志。习近平总书记对会议作出重要指示，强调要“切实贯彻新发展理念，树立‘绿水青山就是金山银山’的强烈意识，努力走向社会主义生态文明新时代”。这次会议的成功召开，极大地提升了湖州的美誉度和影响力，标志着湖州生态文明建设已经形成许多可看、可学、可示范的样板，进入了一个新的发展阶段。党的十九大把“绿水青山就是金山银山”写入了报告和党章。湖州将坚定不移地沿着“八八战略”指引的路子走下去，扛起历史使命，全力争做践行“两山”重要思想的样板地、模范生，续写“绿水青山就是金山银山”的新篇章。

湖州全市上下始终牢记总书记的谆谆教诲，坚定不移践行“两山”重要思想，推动湖州迈向了高质量赶超发展的快车道，也积累了许多宝贵经验。一是坚持理念先行。始终把生态立市放在优先位置，特别是当生产与生活发生矛盾时，优先服从于生活；当项目与环境发生矛盾时，优先服从于环境；当开发与保护发生矛盾时，优先服从于保护。二是坚持全域保护。始终把生态作为最大特色、把绿色作为最靓底色，将整个湖州大地作为一个生态产品、生态作品来塑造，不断提升城乡“颜值”。三是坚持综合整治。始终以壮士断腕的决心打好环境治理攻坚战，在治水治气治矿、淘汰落后产能等方面出重拳、下猛药，不断护美山清水秀的自然生态。四是坚持绿色发展。始终以新发展理念引领赶超发展，围绕让老百姓共享“生态红利”，大力推进经济生态化、生态经济化，持续把生态环境优势转化为生态经济优势。五是坚持长效管理。确定每年8月15日为生态文明日，先后颁布了生态文明先行示范区建设条例以及城市管理、烟花爆竹“双禁”等地方性法规，探索建立了一批具有引领性的建设标准。经过十几年的探索实践和接力奋斗，湖州生态环境治理成效突出，绿色发展动能培育明显，生态文化深入人心，生态文明制度创新为全省、全国提供了湖州样本，形成了以“护美绿水青山、做大金山银山、培育生态文化、构建制度体系”为主要内容和标志的“两山论”实践模式，走出了一条经济和生态互融共生、互促共进的社会主义生态文明建设新路子。

第二节　加强生态环境保护，护美绿水青山

生态环境保护首先要让老百姓有获得感。湖州通过一系列环境治理行动，较好地解决了人民群众关注的环境突出问题。

一、以国家生态文明示范市创建为载体，推进生态环境治理与保护

坚持把解决环境突出问题作为生态文明建设的突破口，以两轮“811”生态文明建设行动为抓手，补齐环境治理的短板，生态环境质量不断提升。创建成为全国目前唯一一个国家生态县区全覆盖的生态市，第一批国家生态文明建设示范市和第一批“绿水青山就是金山银山”实践创新基地，所辖 5 个县区均为国家生态县区，全市 80% 以上的乡镇是国家级生态乡镇。

一是水环境质量显著提升。连续 5 年开展以治污水为龙头的“五水共治”，全面建立并落实河长制，持续推进工业废水、农业面源污染和农村生活污水治理，全面提升水环境质量。在省“五水共治”开展的三年考核中，均夺得优秀市“大禹鼎”。在全省率先消灭市控以上劣Ⅴ类和Ⅴ类水质断面，全市 77 个县控以上地表水监测断面Ⅲ类及以上比例达到 100%，县级以上集中式饮用水源地水质达标率为 100%，入太湖水质连续 10 年保持在Ⅲ类以上。加强农村生活污水治理，在全省率先实现镇级污水处理厂全覆盖，规划保留自然村污水处理覆盖率达 70%。大力推进畜禽养殖业整治，全市生猪存量由 125 万头缩减至 20 万头；温室龟鳖养殖大棚从 666.2 万平方米下降到 192.7 万平方米，德清、吴兴实现区域温室龟鳖养殖全域清零。全域剿灭劣Ⅴ类小微水体，全面完成 1752 个挂号小微水体的整治销号，并对 4733 个水体开展深化提升整治，打造“小微景点”748 个，全省第一批次通过剿劣验收。

二是大气污染防治成效明显。落实大气污染防治“十条措施”，实施大气污染防治三年行动计划，重点实施“治霾 318”攻坚行动，重拳出击“治扬尘、治废烟、治尾气”，省、市确定的各项目标任务顺利完成，空气质量明显改善。市域内全面淘汰黄标车，全面淘汰改造高污染

燃料小锅炉，全面完成热电、水泥、玻璃等行业企业脱硫脱硝改造，餐饮企业油烟净化装置安装率达 100%，农作物秸秆综合利用率达 95.8%。市区PM2.5浓度均值逐年下降，2017年PM2.5年均浓度为42微克/立方米，比 2013 年下降了 43.2%；提前三年完成“十三五”大气治理目标。

三是土壤污染防治稳步推进。加强土壤源头污染综合整治，推进重金属行业强制性清洁生产审核，加强有毒、辐射、疫病等危废物源头监管。在全省率先制定实施农业“两区”土壤污染防治三年行动计划，开展农业“两区”和“菜篮子”基地等重点区域的土壤污染调查、监测，开展土壤重金属污染治理试点，逐步推进被污染地块土壤治理，基本建成污染场地环境监管体系。实施化肥、农药减量，近三年累计减少不合理化肥施用 7922.47 吨，实施农药减量控害技术面积 468.34 万亩，推广病虫害统防统治面积 186.71 万亩，农药减量 959.42 吨。推进农业投入品废弃包装物回收处置，近三年回收农药废弃包装物 781 吨。

四是环保基础设施不断完善。推进污水处理、生活垃圾处理、危险废物集中处置等环境基础设施建设，先后建成污水处理厂 43 座，城镇污水管网 3000 余千米，日处理规模 83 万吨，2015 年完成了所有污水处理厂一级 A 标准升级，率先在全省实现镇级污水处理设施全覆盖，城镇污水处理率达 100%。实现生活垃圾处理体系全覆盖，先后建成生活垃圾焚烧发电厂 4 座，总处理规模 3200 吨 / 日，全市城镇生活垃圾无害化处理率稳定在 100%。建成 1 座医疗固废处置中心，建立病死动物无害化处置中心，实现固体废物处理全覆盖；建成 5 个污泥处置项目，日处理规模 1100 吨，实现污泥无害化处置项目县区全覆盖。

二、以全国国土资源节约集约模范市建设为载体，加强土地资源管理

认真落实最严格的耕地保护制度和最严格的节约用地制度，通过完善政策、严格考核、强化举措，实现了耕地红线不破、耕地质量不降、节约集约利用水平不断提升，被国土资源部评为“全国国土资源节约集约模范市”、全国绿色矿业发展示范区。

一是严守耕地保护红线。认真落实耕地保护责任制，大力推进

“812”土地整治工程和“3256”耕地保护工程，相继出台了耕地保护补偿机制、耕地耕作层表土剥离、加强垦造耕地管理等一系列建设性、激励性、约束性保护措施，连续21年实现耕地占补平衡，牢牢守住了耕地红线。到2017年底，全市划定永久基本农田180.02万亩，其中示范区88.92万亩，严格保护；划定储备库2.35万亩，为确保粮食安全、生态安全提供了重要保障。

二是节约集约利用土地。市政府专门出台了深化土地要素市场化配置十条、推进城镇低效用地再开发工作的实施意见、推进空间换地实施方案等政策文件，从新增建设用地准入、存量低效用地再开发、土地要素市场化配置等方面入手，全面推进节约集约用地工作，用地综合效益不断提升。“十二五”期间单位GDP建设用地下降28.5%，亩均投资强度、亩均税收分别增长59.3%、47%。以开展“五未”土地处置专项行动助推要素配置市场化改革，对批而未供、供而未用、用而未尽、建而未投、投而未达标的建设用地进行专项清理处置，严格项目准入，新建项目投资强度达到400万元/亩以上。

三是加强矿山综合治理。围绕“减点、控量、集聚、生态”的目标，严格控制矿产资源开发强度，矿山数量从最高时的612家削减到54家，开采量从1.64亿吨下降到7300万吨，并将逐步减量实现“零开采”。大力推进绿色矿山建设，全市绿色矿山建成率达到94%，已累计建成绿色矿山80个，其中国家级绿色矿山3个、省级绿色矿山40个。开展废弃矿山治理恢复生态，被列入国家工矿废弃地复垦利用试点，截至2017年底，全市已经治理完成废弃矿山337个，其中省级示范工程43个，累计治理复绿1.5万亩、复垦耕地2.26万亩。

三、以国家现代林业示范市建设为载体，加强森林湿地资源保护

湖州森林资源管理和保护工作一直走在全省前列，2009年获批成为国家现代林业示范市，所辖县区先后成为“浙江省森林城市”，2013年全市荣获“国家森林城市”称号，2018年全国林业厅局长会议在湖州市召开。

一是推进林业生态建设。围绕森林面积、森林蓄积量“双增长”的

目标，积极推进以山地造林、平原绿化和封山育林为重点的绿化造林工作。2013 年以来累计完成造林更新 15.82 万亩，新增平原绿化面积 17.19 万亩，建设珍贵彩色森林 17.94 万亩。全市森林保有量达到 405.4 万亩，重点公益林保有量达到 121 万亩，森林覆盖率稳定在 50.9%，平原地区林木覆盖率达到 24.1%。加强生态公益林和重点防护林建设，注重森林抚育经营，有效促进森林结构的改善和森林质量的提高，森林生态屏障持续稳固。

二是加强森林资源保护。建立了森林资源保护目标责任制，切实强化各级政府的主体责任。开展综合治理毁林（竹）专项行动，实施“林长制”，严格林地管理，全面落实林地征占用定额管理制度和用途管制措施，加大森林资源违法案件查处力度，加强森林防火、病虫害防治等灾害防控，森林资源得到有效保护。完成森林资源二类调查，推进森林资源一体化监测，建立集森林资源数据库、遥感影像数据库、基础地理数据库于一体的资源信息“一张图”。

三是突出湿地资源保护。湿地保护管理走在全省前列，全市及所辖县区在全省率先编制了湿地保护规划，在全省率先成立了湿地保护管理站，划定了湿地保护红线，公布县级以上重要湿地保护名录，制定实施《湖州市湿地生态保护五年行动计划》，全市共恢复湿地植被面积 4.13 万亩，治理湿地面积 20.23 万亩。目前已经成功创建安吉龙王山国家级自然保护区，省级自然保护区 1 个，国家湿地公园 2 个，省级湿地公园 2 个。生物多样性保护持续加强，开展以长兴扬子鳄、安吉小鲵等物种为重点的珍稀濒危动植物保护工作。

第三节　坚持绿色发展，做大金山银山

发展是硬道理，是第一要务。湖州建设生态文明，着力在绿水青山和金山银山之间架设通道，努力实现绿色发展、可持续发展。

一、精准发力，促进农业绿色发展

一是培育绿色农业带动主体。规模化生产、集约化经营、企业化管

理是绿色农业发展的重要条件。湖州坚持市场化运作、企业化经营的方向，鼓励种养大户、农民专业合作社通过抱团合作等途径发展绿色农业，引导和支持工商企业、民间资本、社会力量投资绿色农业开发。2017年，全年创建省级家庭农场67家、市级62家，省级示范性农民专业合作社3家、市级24家。二是加快转变农业生产方式。大力发展设施农业，提高土地利用和产出效率。大力推进农业标准化，培育壮大无公害农产品、绿色食品和有机食品产业，提高农产品质量安全水平。湖州在全省首个实现农产品质量安全可追溯体系县已实现全覆盖。三是推进农作制度创新。大力推广农牧结合、粮经轮作、间作套种、水旱轮作等实用、高效、生态农作制度，改良农田自然生态系统。四是优化产业结构布局。按照“稳定粮油、提升蚕桑，优化畜禽、做强水产，做特果蔬、壮大林茶”的思路，调整优化产业结构。2017年，全面实施主导产业提升发展行动计划，积极推进水产、茶叶、水果、蔬菜等特色优势产业绿色生产、提档升级，全市农业主导产业产值占比已超过80%。五是大力推进科技创新。加强制约绿色农业发展的关键领域和核心环节的技术攻关；加强绿色农业技术应用培训；积极推进农技人员知识更新培训；深入实施新型骨干农民培训工程、绿色证书培训和科技入户工程。2017年基层农技推广体系改革全国试点。六是完善农业服务体系。构建生产、供销、信用“三位一体”的农民合作经济组织体系，以粮食三项补贴改革为契机，大力培育发展农民专业合作社联合社。深化“最多跑一次”改革，“最多跑一次”事项覆盖率达100%，“零上门”事项覆盖率达87.5%。

绿色农业从根本上改变了粗放型发展方式，是湖州市农业转型升级的主攻方向和现实载体，并取得了显著成绩。农业现代化综合水平领跑全省。据2016年度浙江省农业现代化发展水平综合评价显示，湖州市以综合得分89.84分的成绩实现“四连冠”，高出全省平均得分6.73分；德清县以91.74分连续三年位列全省82个县（市、区）第一。

二、“绿色智造”，推动工业经济绿色发展

推进“绿色智造”是工业领域践行“两山”理念的题中应有之义，湖州市高度重视“绿色智造”推进工作，将“绿色智造”作为“中国制

造 2025”试点示范城市建设和国家级示范区创建的主线。主要举措有以下几个：

（1）坚持两手抓，推动产业高新化绿色化发展。一方面，抓新兴产业培育。围绕新能源汽车和新型动力电池、数字经济、高端装备、生物医药四大新兴产业，以德清地理信息、湖州智能电动汽车、南浔智能电梯、长兴新能源等特色小镇为核心，加大“大好高”项目引进力度，全力培植地理信息、美妆、物流装备等新的经济增长点，着力打造湖州制造业绿色增长新引擎。另一方面，抓传统产业改造升级。以“互联网 +”“机器人 +”“标准化 +”“大数据 +”“能耗 −”“污染 −”为手段，以“创新升级、整合优化、集聚入园、有序退出”为路径，加快小微企业园建设，推进织里童装产业、南浔木业、德清装饰建材、长兴非金属矿物制品、安吉竹业等传统细分行业改造提升。

（2）实施四大工程，加快绿色制造步伐。一是实施能效提升工程。明确“十三五”时期全市能源消费总量和强度的控制目标及措施；严格执行行业准入标准，严控“两高一资”行业发展，鼓励企业进行工艺技术装备更新改造。二是实施标准引领工程。开展“绿色智造”评价体系研究，出台全省首个绿色工厂评价办法、绿色园区评价办法，引导推进绿色工厂、绿色园区建设。三是实施示范创建工程。围绕能源利用、资源利用、产品、环境排放、绩效等方面，创建 100 家绿色工厂、6 个绿色园区及一批绿色供应链管理示范企业。天能、超威等 9 家企业成功入选工信部绿色制造示范名单。四是实施淘汰整治工程。以造纸、印染、化工、建材等高耗能重污染行业为重点，加快淘汰高耗能重污染落后产能；以“四无”企业为重点，加大喷水织机、小印花、小木业等“低小散”行业规范整治。

（3）组织“三百双千”行动，提升智能制造水平。一是开展百项“机器换人”行动。聚焦百项“机器换人”项目和千台工业机器人应用，引导制造业生产模式向自动化、智能化升级。二是开展百项“两化融合”行动。加快推进个性化定制、按需制造、众包众设、异地协同设计等“互联网 +”创新应用模式。三是开展百项“智造项目”行动。以百项智能制造重点项目为重点，推广应用智能制造五大新模式。四是开展千项“产品创新”行动。打好优秀工业新产品、首台（套）、浙江制造精品等创新载体组合拳，实施千项产品创新行动。五是开展千家“企业上云”行动。大力推进千家“企业上云”，加快建设华为云平台、海瑞数据中心、德清广电云计算中心。

（4）突出创新驱动，强化“绿色智造”科技人才支撑。一方面，抓企业创新能力提升。深入推进企业技术中心国家、省、市三级梯度培育计划。另一方面，抓创新人才引育。深入贯彻南太湖精英计划，大力引进一批高层次人才。

（5）围绕企业主体培育，厚植绿色智造根基。一是推动龙头企业“做强”。以“绿色智造”为导向，开展新一轮“金象金牛”大企业三年培育计划，培育了一批实力较强的省“三名”、市“金象金牛”企业。二是加快成长型企业“做精”。实施新一轮工业行业“隐形冠军”四年培育计划，建立企业培育库，全力引导企业“专精特新”发展。三是促进小微企业“升级”。大力实施小微企业三年成长计划，推动小微企业绿色化发展，促进小微企业上规升级。

（6）加大体制机制创新，强化绿色智造制度保障。创新产业推进机制，建立市领导牵头协调推进重点产业发展机制。加大政策扶持力度，制定工业强市新政 25 条，引导企业积极实施“绿色智造”项目。推动区域能评改革，实施负面清单制管理，通过采取事前定标准、事中作承诺、事后强监管等举措，切实提高能评效率。开展综合分类评价，“亩均论英雄”评价在规上工业企业全覆盖的基础上，对规下工业企业评价范围延伸到 3 亩以上。所有县区也都制定出台了“亩均论英雄”改革工作意见。启动“五未”（批而未供、供而未用、用而未尽、建而未投、投而未达标）土地整治，在工业领域，围绕“用而未尽、建而未投、投而未达标”低效工业用地，制定出台了工业领域“三未”土地用地认定标准和处置办法，为长远发展腾出了空间。

“绿色智造”取得的成效显著。2017 年，湖州市成功获批“中国制造 2025”试点示范城市，成为全国首个也是唯一一个以“绿色智造”为特色的“中国制造 2025”试点示范城市。在试点示范的带动下，全市开展“绿色智造”蔚然成风，成效显现。国务院公布了“2017 年度稳增长和转型升级成效明显市”，湖州市作为浙江唯一城市入选；湖州市连续两年获省工业投资和技术改造考核一等奖。

三、创新模式，发展乡村旅游

湖州市乡村旅游发展始于20世纪90年代。近年来，通过改革管理体制和创新发展模式，促进乡村旅游向集聚化、生态化、品质化、特色化、国际化和产业化“六化”方向发展，逐步探索出了一条从“农家乐”到“乡村旅游”再到“乡村度假”并向“乡村生活”转型的湖州乡村旅游全域化发展特色之路，使湖州市乡村旅游的发展样本成为全国乃至世界的典范。湖州市乡村旅游目前的主要模式有以下几个：

（1）以美丽乡村带动的“生态＋文化”模式。以美丽乡村为载体，把农村生态资源和农村特色文化融入乡村旅游，做好多元经营文章，促进乡村旅游拓展内涵、彰显特色、提升品质。如安吉县以大景区理念建设美丽乡村，充分发挥田园、竹海、溪流、山野等生态资源优势和乡村地域文化优势，推动旅游、文化和生态建设融合式发展。该县根据乡村旅游产品均衡分布情况和基础先决条件，先后启动了横山坞、尚书圩、大溪、高家堂等11个示范村建设，实施了畲族风情文化特色村郎村、少儿农业科普文化基地尚书垓村等美丽乡村经营试点，建成了18个地域文化展示馆和一批生态型主题农庄，实现了山地生态旅游和多元文化体验的深度契合，推动了以生态和文化为特色的乡村旅游繁荣发展。

（2）以洋家乐带动的“洋式＋中式”模式。以优势资源为吸引，鼓励旅游发展公司、国际友人、文化创意人士投资生态（乡村）旅游，融合当地民俗与西方文化、传统理念与现代文明，开发新兴旅游产品，促进乡村旅游发展的市场化、品牌化、国际化、产品化。如德清县发挥莫干山品牌优势，积极发展融本地特色和国外文化为一体的“洋家乐”新兴业态，来自南非、英国、法国、比利时、丹麦、韩国等18个国家的外籍投资人士纷至沓来，建成洋家乐150余家，深受国内外高端客户的青睐。

（3）以旅游景区带动的“景区＋农家”模式。以景区景点为依托，鼓励周边农民包装农家庭院建筑，发展休闲观光农业，开发农事体验项目，参与旅游接待服务，形成景区与农家互促共荣的乡村旅游发展格局，促进乡村旅游由传统观光向现代休闲转型发展。如位于长兴县水口乡茶文化旅游景区核心区块的顾渚村，是浙北地区最大的农家乐聚集区，全村约 80% 的劳动力从事乡村旅游相关工作。依托历史景区大唐贡茶院和村里的近 500 家农家乐，每天村里客流量达到 2000 人左右，其中上海人占了大多数，成为远近闻名的“上海村”，上海话甚至成了村里的第二语言。2017 年全村 50% 以上的农家乐（民宿客栈）营业额超 100 万元，户均营业额 73 万元，户均净收益达 22.5 万元，成功创建 3A 级旅游景区。

（4）以休闲农庄带动的“农庄 + 游购”模式。以城乡互动为抓手，着力整合城乡资源优势，积极培育乡村休闲大农庄，在休闲观光旅游的同时积极发展旅游购物平台，开发旅游特色商品，打造集休闲、观光、购物等于一体的游购式乡村旅游产品，促进城乡旅游互动，提高乡村旅游发展效益。目前，湖州市区已初步形成滨湖休闲乡村旅游带、浔练乡村旅游带、妙西生态乡村旅游区、荻港古村渔庄乡村旅游区“二带二区”大发展新格局，以荻港渔庄、移沿山生态农庄等市郊十大示范农庄为主体的四大乡村旅游集聚示范区建设扎实推进。

展望未来，湖州市将继续坚持“绿水青山就是金山银山”的发展理念，全面实施乡村振兴战略，坚定旅游改革创新步伐，加快乡村旅游产业建设、标准建设和品牌建设，全面推进“乡村旅游升级版”打造，进一步确立“乡村旅游第一市”地位，为全国乃至国际乡村旅游提供“湖州样本”。

目前，湖州已创建全国休闲农业与乡村旅游示范县 3 个，中国美丽休闲乡村 5 个，中国美丽田园 2 个，全国休闲农业与乡村旅游星级示范企业 16 家。2017 年全市共接待乡村旅游游客 4213.7 万人次，实现乡村旅游总收入 82.3 亿元，经营净收益 20.3 亿元，真正将“绿水青山”变成了百姓参与、共得实惠的“金山银山”，“乡村旅游第一市”的品牌逐步打响。

第四节　培育生态文化，支撑生态文明

生态文明建设只有上升到文化层面，才能让人们从内心形成自觉。

湖州将生态文明作为社会主义核心价值观的重要内容，大力培植生态文化，推广绿色生活，推动全民参与。

一、弘扬生态文化

湖州有丰富的生态文化传统，溇港圩田、桑基鱼塘、丝绸文化、茶文化、竹文化等影响至今。大运河湖州段列入世界文化遗产名录，太湖溇港入选世界灌溉工程遗产名录，桑基鱼塘入选全球重要农业文化遗产，钱山漾文化遗址被命名为“世界丝绸之源”。十多年来，湖州依托地域文化传统，不断弘扬生态文化。例如，安吉县立足安吉地域文化特色，采用“一中心馆、十二个专题生态博物馆、多个村落文化展示馆”的“安吉生态博物馆群”的框架结构（1+12+X 馆群建设模式），全面体现安吉生态文化大县特色，被国家文物局确定为中国东部地区生态博物馆建设示范点，全国首批生态（社区）博物馆示范点，成为生态浙江建设的亮点工程和重要的生态文化展示基地。长兴县于 2016 年开工建设太湖博物馆，其核心藏品将围绕太湖发生的各种自然与人文故事来介绍太湖的自然属性、人文属性及资源属性，是展示长兴文化和太湖文化的重要窗口。南浔区通过整合古镇、水乡等优势资源，整理修复历史空间关系，多元阐释大运河历史文化，重现“家家尽枕河”古镇生态风貌，使古老的江南水乡生态风情再现，形成可持续发展生活水乡古镇的生态样板。

二、积极开展民间文化活动

德清县很早就形成了民间设奖的好风气。早在 2001 年，德清县的古稀老人朱天荣就首次出资设立“天荣环保奖”，奖励爱护环境、注重环保的小学生，成为全国第一个由个体经营者出资设立的环保奖。这种“百姓设奖、奖励百姓”的方式，极大地调动了广大群众参与生态文明建设的热情。安吉县在 2004 年就将每年的 3 月 25 日设立为“生态日”，开创了全国地方设立“生态日”的先河。有些村还将每个月的 25 日定为以生态环保为主题的党员活动日。正是通过“生态日”的宣传，安吉的好生态从山上慢慢搬进每个安吉人的心中，生态保护观念才得以根深蒂固。长兴县以农事节庆活动为载体，形成了“一年十二个月，月月有节庆”的热闹景象。自2005年举办首个农事节庆活动——杨梅节以来，长兴的农事节庆活动逐年完善提升，此后，按照不同产业和产品的季节差异，又陆续增加了各类农事节庆活动，目前已经形成了22个品牌农事节庆活动，呈现出人与自然和谐相处的生动局面。

三、倡导绿色生活

2014年11月4日，湖州市在全市发起生态文明行动倡议，发布了《湖州市民生态文明公约》。《公约》共216个字，简洁明了，从衣、食、住、行等多个角度，对市民发起了生态文明行动倡议。2015年，湖州市第七届人大常委会第二十四次会议确定每年的8月15日为“湖州生态文明日”。2017年8月，湖州市下发《关于开展生活方式绿色化行动的实施意见》，从节水节电节材、垃圾分类投放、绿色低碳出行、餐饮光盘行动等公众参与度高的绿色生活行为入手，引导市民培养绿色生活习惯，促进绿色消费行为，加快形成勤俭节约、绿色低碳、文明健康的生活方式和消费模式，促使绿色生活成为公众的主流选择。

以生活垃圾分类为例。安吉县自2003年建立农村生活垃圾“户集、村收、乡中转、县处理”一体化处理体系以来，农村生活垃圾有效集中处理建制村比率常年保持100%。为进一步将美丽乡村长效管理向精细化、纵深化推进，实现垃圾“减量化、资源化、无害化”处理，自2013年起，安吉县积极探索开展农村生活垃圾分类处理试点，2017年底，全县行政村垃圾分类实现了全覆盖。此外，近年来安吉县还建立了垃圾分类智能回收平台和废旧衣物捐赠箱，通过垃圾换积分、积分兑换商品等机制。德清县在全国率先实施“一把扫帚扫到底”的城乡环境管理一体化新模式，推进农村垃圾资源化、减量化，积极开展垃圾分类，已建立起分类投放、分类收集、分类运输、分类处理及定点投放、定时收集、定车运输、定位处理制度，全面开展农村垃圾分类与资源化利用工作。从城市社区看，多年来湖州市以城市管理“勤查严管重罚”为要求，率先突破环卫分类概念为物业源头分类，在全省率先实现了垃圾大分类处理、全覆盖推进、多条线收运、多试点管理、多元化宣传，取得了较好的成效。

四、加强教育引导

将生态文明列入干部培训的主体班次、网络教育的必修课程以及全市中小学教育的重要内容，成立中国生态文明研究院、浙江生态文明干部学院、“两山”讲习所，编发中小学生态文明教材。湖州市始终坚持把生态文明教育作为干部必修课，在党校主体班次中科学设计生态文明教学模块，形成了“专题讲授＋现场教学＋调研研讨”三位一体的教学模式，使生态文明理念成为全市领导干部的共识。适应新形势，2017 年 10 月 29 日成立的浙江生态文明干部学院，是全国第一所专门以“生态文明”命名的干部学院。该院在组织结构上是由浙江省委组织部统筹指导、湖州市委负责建立，实行“省市共建、以市为主”的管理体制，与湖州市委党校形成“校院融合、共同发展”的办学格局，学院已成为党员干部接受生态文明教育、厚植生态文明理念、锤炼生态文明建设能力的重要阵地。以湖州市教育局为主导，牵头编写了《湖州——“两山”重要思想的实践样本》等地方教材，各县区也编制了地方本土教材，为传播“两山”理念、引导绿色发展提供了有益范本。全市党政干部参加生态文明教育培训的比例和学生环保教育普及率均达到 100%。

近年来，湖州市通过生态消费教育进家庭、进机关、进企业、进乡村、进学校、进社区等活动为载体，加强对广大群众的教育引导。例如，德清县 2010 年以来就通过市场监管局、消保委持续深入开展生态消费教育工作，先后设立全国首个“生态消费日”，发布全国首份“生态消费政府宣言”，成立了全国首个低碳消费与服务联盟、首个预付式消费诚信联盟，建立全国首个国民生态消费教育中心、首个生态消费教育实践基地，成立了老年大学生态消费教育学校，2014 年 12 月，德清县又设立了全国首个生态消费教育馆。通过生态消费教育，在全社会倡导了绿色节约文明新风，引导广大消费者转变消费观念、提高资源环境意识、践行生态消费方式，取得了阶段性成效。

第五节　筑牢四梁八柱，构建制度体系

生态文明建设不能搞突击行动，必须要有行之有效的制度来保

障。湖州从立法、标准、机制“三位一体”的角度，着力创新制度保障体系。

一、湖州生态文明“1+X”地方法规体系

2015年3月15日，十二届全国人大第三次会议通过了新修订的《立法法》，赋予设区的市地方立法权。2015年7月30日，浙江省十二届人大常委会第二十一次会议作出决定，包括湖州在内的五个设区的市人大及其常委会可以制定地方性法规。根据规定，湖州在城乡建设和管理、环境保护、历史文化保护三个方面拥有地方立法权。

获得地方立法权后，湖州市人大按照“地方立法讲管用”的原则，坚持问题导向、系统规划、地方特色，建立科学民主的立法机制，积极推进生态文明领域立法工作，将生态文明建设纳入法制化轨道。如今，湖州已形成生态文明“1+X”地方法规体系:“1”是指《湖州市生态文明先行示范区建设条例》(201607)，这是湖州首部实体性地方法规，是全国首部专门就生态文明先行示范区建设进行立法的地方法规，是湖州生态文明建设的“基本法”;“X”是指《湖州市市容和环境卫生管理条例》(201701)、《湖州市禁止销售燃放烟花爆竹规定》(201801)等生态文明各个领域的地方性法规。此外，湖州还将“电梯使用安全管理”“城乡河道治理”“美丽乡村建设”“历史文化街区保护”“物业管理”等纳入立法议程，不断完善地方法规体系。

在有序推进立法工作的同时，湖州高度重视并做细做实法规贯彻落实的配套工作。例如，为保障《湖州市生态文明先行示范区建设条例》顺利实施，市级相关部门出台了30多项配套规章制度，市人大加强执法检查，确保法定主体的权利义务落实到位，以最严格的制度、最严密的法治，为生态文明建设保驾护航。

二、湖州生态文明标准化建设“1171”行动

2015年6月，湖州市委办、市府办印发《湖州市生态文明先行示范区标准化建设方案》(以下简称《建设方案》)，明确湖州市生态文明先

行示范区标准化建设的目标是“全国领先”，主要任务是“1171”行动：构建一个体系（生态文明先行示范区标准体系），搭建一个平台（生态文明先行示范区标准信息服务平台），制定七类标准（空间布局、城乡融合、产业发展、资源利用、生态环境、生态文化、机制建设），建成一个示范（《生态文明先行示范区建设指南》）。

根据《建设方案》，结合湖州特色，湖州市重点在农村人居环境改善、水生态文明建设、绿色生态屏障建设、绿色出行系统建设、生态农业基地建设、节能环保产业基地建设、乡村旅游发展、工矿废弃地复垦利用、绿色生态城建设、竹林碳汇试验区建设等领域研究制定生态文明标准规范，并积极开展生态文明标准化试点。例如，积极推进区域生态文明标准化、城乡一体标准化、美丽乡村国家标准创新基地建设等三项省级改革试点任务，分别出台试点工作方案，做到“一试点一方案”；积极组织申报省级标准化试点项目七项、国家服务业标准化试点项目两项；大力推进安吉县“美丽乡村”全国农村综合改革标准化试点、长兴县“废铅酸蓄电池回收处理”国家循环经济标准化试点、德清县“城乡一体发展”省级标准化试点等工作。

经过努力，“1171”行动取得了重大进展：湖州发布了全国首个《生态文明标准体系编制指南》地方标准，在全国率先建立了包含七个子体系、26个方面、144个子类别、4858项标准的生态文明标准体系，建成了51个生态文明标准化示范点。2017年，湖州发布了两项国家标准（《绿色产品评价通则》和《企业和园区循环经济标准体系编制通则》）以及六项市级标准、《绿色矿山建设规范》等三项生态领域地方标准填补国内空白，湖州市质监局作为全国唯一的地级市质监局参与《国家生态文明发展规划》编制工作。2018年8月15日，湖州又正式发布全国首个《生态文明示范区建设指南》地方标准，并同步启动全国绿色产品认证试点工作，湖州生态文明标准化建设工作走在了全国前列。

三、湖州生态文明八大领域体制改革

2017年7月，浙江省委、省政府印发《浙江省生态文明体制改革总体方案》，提出到2020年，构建起由自然资源资产产权制度、国土空间开发保护制度、空间规划体系、资源总量管理和全面节约制度、资源有偿使用和生态补偿制度、环境治理体系、环境治理和生态保护市场体系、生态文明绩效评价考核和责任追究制度等八个领域构成的生态文明制度体系。

近年来，湖州以空间规划编制、环境资源利用、资源有偿使用和生态补偿、绩效评价考核和责任追究等为重点，积极推进生态文明体制改革。尤其是2014年以来，陆续出台了《关于加强环境保护司法联动机制的实施意见（试行）》（201412）、《中共湖州市委、湖州市人民政府关于大力推进“生态+”行动的实施意见》（201511）、《湖州市人民政府关于进一步深化改革提高环境资源利用水平的若干意见》（201511）、《湖州市促进公众参与生态文明建设办法（暂行）》（201512）、《关于开展湖州市自然资源资产负债表编制和领导干部自然资源资产离任审计试点的实施意见》（201603）、《湖州市自然资源资产保护与利用绩效考核评价暂行办法》（201611）、《湖州市领导干部自然资源资产离任审计暂行办法》（201611）、《湖州市党政领导干部生态环境损害责任追究实施办法（试行）》（201707）等制度。

具体来看，湖州积极推进市、县区环境功能区划编制；建立水源地保护生态补偿、矿产资源开发补偿、排污权有偿使用和交易等制度；扎实推进“区域环评+环境标准”改革；设立企业用能交易、碳排放交易等平台；建立环境行政执法与刑事司法衔接机制，在全省率先成立市、县区两级法院环境资源审判庭，推动环境行政非诉案件“裁执分离”。其中，根据《生态文明体制改革总体方案》《关于开展生态文明先行示范区建设（第一批）的通知》等要求，湖州生态文明体制改革还承担了“自然资源资产产权制度”“自然资源资产负债表编制”“领导干部自然资源资产离任审计”“生态文明建设考核评价制度”等重大改革试点任务，根据试点任务安排，湖州率先探索自然资源资产产权制度改革，在全国率先编制完成自然资源资产负债表，积极开展并顺利完成领导干部自然资源资产离任审计试点，在全国率先建立“绿色GDP”核算应用体系，总体上看，改革试点工作取得了较大进展。

四、湖州生态文明制度建设的特点

湖州市在着力推进立法、标准、体制“三位一体”制度体系建设过程中，积累了丰富的经验，为下一步深入推进生态文明制度建设打下了坚实的基础。

（1）注重动力机制构建。建立起激励相容的生态文明制度机制，不仅有益于国家、地区、部门，也有益于干部自身，有助于激发干部干事创业的热情。湖州将生态文明纳入县区实绩考核，权重占37%以上，安吉等县区根据乡镇主体功能定位实行差别化考核评价，调动了湖州各级干部参与生态文明制度建设的积极性。

（2）注重组织机制保障。为有效推进生态文明先行示范区建设，湖州市成立了高规格的生态文明先行示范区建设领导小组，统筹全市的生态文明建设。市人大牵头负责生态文明立法工作，健全市委领导、人大主导、政府协同、社会参与的立法工作格局。市质监局牵头负责生态文明标准制定工作，并注重发挥专业研究机构的作用。生态文明体制改革工作，市生态文明办统筹指导，市各职能部门参与其中，强化组织机制的保障作用。

（3）注重政策理论指导。制度建设大多属于专业化程度较高的工作，尤其是对一些需要跨部门和领域、需要创新突破的制度设计，政策理论指导就显得尤为重要。例如，市人大在生态文明立法工作中，着力增强人大委室立法专业力量，分批选送干部参加立法培训，发挥立法专家库作用，邀请省人大实时指导把脉，强化立法智力支撑。市质监局在生态文明标准制定工作中，加强与中国标准化研究院、浙江省标准化研究院、湖州师范学院（湖州市生态文明标准化研究中心）技术合作，联合开展10项生态文明标准技术审查。在湖州市自然资源资产负债表编制过程中，湖州市政府与中科院地理科学与资源研究所合作开展工作，充分利用国内外关于自然资源资产负债表编制的最新研究成果，并经领域内权威专家充分论证，创造性地运用了“实物与价值并重、数量与质量并重、存量和流量并重，加法和减法结合、分类与综合结合、科学与实用结合”的编制策略，具有重要的理论价值和示范意义。

第七章

中国传统生态智慧及其弘扬

中国传统文化孕育着丰富的生态文化，“中华民族向来尊重自然、热爱自然，绵延5000多年的中华文明孕育着丰富的生态文化”。[①]习近平总书记还强调要汲取中国古代生态智慧，“我们应该遵循天人合一、道法自然的理念，寻求永续发展之路。要倡导绿色、低碳、循环、可持续的生产生活方式，平衡推进2030年可持续发展议程，不断开拓生产发展、生活富裕、生态良好的文明发展道路”。[②]

中华民族以儒、释、道为核心的传统文化建构了认识自然、尊重自然、效法自然的“天人合一”思想，以此为基础演绎出相应的政治、经济、社会等思想，从自然之道引申出社会之道、人伦之道，从而构建了农业时代的生态文明思想。这些思想不仅是中华5000年文明史得以延续发展的道德基础，更是现代生态伦理学健康生长的历史养分和建设生态文明的无穷宝藏。

第一节　儒家的生态智慧

儒家生态智慧以“天人合一”思想为理论基础展开，先秦时期、两汉时期、宋明时期的儒家学者，结合时代的实践主题和人的内心需求，阐释了不同时期的儒家生态智慧，内容极其丰富。本章选取各个不同时期的经典著作或代表人物的生态思想，以期透视儒家的生态智慧。

一、先秦时期儒家的生态思想

先秦时期是中华文化由神秘的宗教式的“天帝”文化向理性的人文主义文化转型时期。在人与自然关系上，由恐惧自然的宗教崇拜转向认识自然、尊重自然、与自然和谐相处。通过赋予自然人文价值，再以自然的人文价值规训国家和社会，要求人与自然的人文价值相统一，从而形成了儒家的“天人合一”思想。这种思想蕴含着丰富的生态智慧，这

---

① 2018年5月18日至19日，习近平同志在全国生态环境保护大会上的重要讲话。

② 习近平：《共同构建人类命运共同体——在联合国日内瓦总部的演讲》，《人民日报》2017年1月20日。

些智慧集中在先秦儒家典籍中，本章选取《周易》《论语》《孟子》《荀子》几部典籍加以论述。

（一）《周易》的生态哲学思想

《周易》以“观物取像”的方法，将人置于天地之间加以考量，既探讨了天地的人文规律，又指出了人如何遵循天地自然规律，构建了人认识自然规律、应用自然规律并最终实现人与自然相统一的生态思想。

“天人合一”的有机整体生态自然观。《周易》把天地看作一个整体，《序卦传》说：“有天地，然后万物生焉。盈天地之间者，唯万物。”人是天地的一部分，《易传·系辞下传》明确提出为“易之为书也，广大悉备，有天道焉，有人道焉，有地道焉。兼三才而两之，故六，六者非它也，三才之道也”。这个整体是不断变化的，《系辞传》曰：“生生之谓易”，“易，穷则变，变则通，通则久。”宇宙整体不断变化、发展的原因是事物之间的有机整体联系，“是故，易有大极，是生两仪，两仪生四象，四象生八卦，八卦定吉凶，吉凶生大业”。古人以阴和阳的符号为爻，每三爻形成一卦，就出现了八卦。八卦分别是乾、坤、震、巽、坎、离、艮、兑，分别象征的物质是天、地、雷、风、水、火、山、泽。八卦又再次两两相重，出现了六十四卦。由太极到阴阳到八卦到六十四卦，既反映了事物之间的联系，又揭示了事物运动、变化、发展的规律，形成了有机整体的生态自然观。

“天人合德”的生态人文观。《易传·乾文言》首次提出“天人合德”思想，“夫‘大人’者，与天地合其德，与日月合其明，与四时合其序，与鬼神合其吉凶。先天而天弗违，后天而奉天时。天且弗违，而况于人乎！况于鬼神乎！”这句话是解释《周易》古经“乾”卦九五爻辞：“九五，飞龙在天，利见大人。”“天人合一”与“飞龙在天”与“利见大人”有什么关系呢？因为“天”与“人”之间存在“合其德”的关系，即“天人合德”，这样才能把天人关系有机统一起来，出现“乾”卦九五爻的“天人合一”景象。《易传·系辞上传》对“天人合德”思想作了充分的阐发：“极天下之赜者存乎卦，鼓天下之动者存乎辞：化而裁之存乎变，推而行之存乎通；神而明之存乎其人，默而成之，不言而信存乎德行。”这段文字由讲“卦”与“辞”、“通”与“变”的关系，推广到“人”与“天”的关系。“默而成之，不言而信”是先秦思想家对

“天”德的常用赞语。天不会说话，所以只能是“默”和“不言”的样子，但它可以通过“成”(通“诚”）和“信”这样的德行被人们感知到它的存在和运行规律。

“天人合德”要求人要效法天地的德行,《系辞传》曰:“天地变化，圣人效之。”《周易》古经《小畜》卦上九爻提出:“既雨既处，尚德载。”即该下雨的时候就下雨，该停雨的时候就停雨，这是因为人们有至高无上的道德能够载物（包容天下万物，既对人和万物都讲道德）的缘故。按《周易·象》的解释是“德积载也”，也就是人类效法大地“厚德载物”之“载”义，指人们积蓄了高尚的道德，可以容纳天下万物。这是现今所能见到的我国古代传世文献中最早提出的生态人文思想。

提倡节俭的生态消费观。《周易》强调以节俭来节约资源,《大有》卦的九四爻辞:“匪其彭，无咎。”其意是指：不奢侈就不会有过失。“彭”字既指饮食穿着太奢侈，也指居住豪华、大兴土木。“彭”必然会引发浪费，就会“有咎”，只有节俭才会“无咎”。《周易》还强调保护生态系统,《屯》卦六三爻辞说道:“即鹿无虞，唯入于林中，君子几不如舍，往吝。”“即”，意为追逐，“无虞”指没有经过虞人的允许，古代虞人是专门管理山泽资源的官员。这一句是保护动物资源的劝告辞。盲目追杀野鹿，误入虞人管辖的森林中，如果你真是君子的话，就见机行事，不如放弃追杀吧，再往前走就会有麻烦了。这是在苦口婆心地劝告猎人做“君子”，放弃一味盲目猎杀野生动物，服从虞人管理。其目的也是出于节用资源考虑，反对赶尽杀绝的行径。

（二）《论语》中的生态思想

《论语》系孔子弟子们将孔子的思想汇编而成。孔子继承了周朝的礼制思想，将周朝的神秘之“天”改造为自然之“天”，并赋予自然之天以伦理意义，形成了以“天命”之“仁”探讨自然和社会规律的生态伦理思想。整理《论语》的生态思想，主要有:“知命畏天”的生态伦理意识、“乐山乐水”的生态伦理情怀、“弋不射宿”的生态资源节用观。

孔子的生态意识体现于“知天命”“畏天命”的基本观念中。孔子的“天命”是指自然规律。《论语·阳货第十七》记载:“子曰:‘予欲无言。’子贡曰:‘子如不言，则小子何述焉？’子曰:‘天何言哉？四时行焉，百物生焉，天何言哉？’”孔子用八个字揭示了天命即“四时行焉，百物生焉”，这正是天地万物自然变化的规律。天命是客观存在的自然规律，不可抗拒，因此要敬畏天命，如四时变化、万物生长都有其自身的规律性，人们只有掌握它，春耕播种，才有金秋收成；人们只有适应它，热天降暑，冬日防寒，才能健康不病。如果违背天命，既不能搞好粮食生产，也难以保证人自身的健康成长，这无异于自取灭亡，所以君子必然要敬畏天命。孔子敬畏天命的思想还不仅仅是讲人们要按自然规律办事，而且还将“畏天命”与“君子”人格结合起来，体现了一种天人合一的生态伦理意识。将“畏天命”与否作为一条划分“君子”“小人”的分界线，要求君子卑以自牧，行事不能过头，维持人与自然的和谐和世界的安宁、和平。

孔子具有“乐山乐水”的生态伦理情怀。《论语·雍也第六》:“子曰：知者乐水，仁者乐山。知者动，仁者静。知者乐，仁者寿。”这是孔子赞美“知者”和“仁者”的一句话。在孔子看来，“知者”和“仁者”是有道德修养的人，相当于我们今天讲的“仁人志士”。孔子赞美仁人志士的修养功夫，实际上是为了鼓励他的学生和广大民众都来做这种“知者”和“仁者”。这种“知者”和“仁者”既快乐又长寿，正是人生所追求的目标和最高境界。

孔子还提出了如何培养“乐山乐水”的生态伦理情怀。首先要淡泊明志，有一种做圣贤君子“不改其乐”的人生志向。他说，“君子谋道不谋食”，颜回尽管生活十分困难，但因为做圣贤君子的人生志向明确，所以能身处“陋巷”而始终“不改其乐”。其次，要有“泛爱众而亲仁”的心理自觉，只有心中充满了仁爱之情，才会“乐山乐水”，爱护山山水水，对山中的鸟、水中的鱼才不会去赶尽杀绝，而是保持一种“鸟之将死，其鸣也哀”的同情心。再次，通过学习《诗》《乐》增强欣赏大自然的知识能力和审美意识，他说“《诗》可以兴，可以观… …多识于鸟兽草木之名”，又说“兴于《诗》… …成于《乐》”，认为学《诗》可以使想象力和观察力丰富，可以多认识一些鸟兽草木的名称；学《乐》可以提高修养，助人成就事业，两者皆有益于培养“乐山乐水”的生态伦理情怀。

“弋不射宿”的生态资源节用观。孔子对水中的鱼、山中的鸟都能持一种节用态度，反对乱捕滥杀。《论语·述而第七》说：“子钓而不纲，弋不射宿。”即是说孔子捕鱼用钓竿而不用网，用带生丝的箭射鸟却不射杀巢宿的鸟。孔子还把节俭作为自己的一种生活态度和生活方式。《论语·学而》指出：“君子食无求饱，居无求安”，强调君子的衣食住行只要满足基本的要求就可以了，不要追求奢侈，反对浪费，“耻恶衣恶食者”。类似的论述在《论语》中有许多，“礼，与其奢也，宁俭。丧，与其易也，宁戚。”“奢则不孙，俭则固。与其不孙也，宁固。”“以约失之者鲜矣。”。这充分说明了孔子不仅强调节俭，还把节俭作为君子修养的重要内容和自己遵守的生活规则。这些在农业社会对于保护生态资源、维护生态平衡具有重要意义。

（三）《孟子》的生态思想

孟子继承了孔子“泛爱众而亲仁”的伦理思想，并把这种仁爱思想推人及物，构建了“亲亲而仁民，仁民而爱物”的生态伦理思想，提出了“养心而寡欲”的生态主体修养观和“不违农时，谷不可胜食”的理想生态型社会。

“亲亲而仁民，仁民而爱物”的生态伦理思想。孟子认为恻隐之心是“仁”的内在心理依据。孟子指出：“君子之于禽兽也，见其生，不忍见其死；闻其声，不忍食其肉。是以君子远庖厨也”，君子见其生不忍见其死，闻其声不忍食其肉是对禽兽的恻隐之心。恻隐之心是“仁”的内在依据，而“仁”是恻隐之心的外在延伸，即“端”。“仁”是人的本质，“仁也者，人也”。孟子将“仁”的对象推广到整个自然界，提出了“亲亲而仁民，仁民而爱物”的思想，他说：“君子之于万物也，爱之而弗仁。于民也，仁之而弗亲。亲亲而仁民，仁民而爱物。”孟子强调仁民而爱物的伦理价值，在《孟子·梁惠王上》中他告诫齐宣王“推恩足以保四海，不推恩无以保妻子。古之人所以大过人者无他焉，善推其所为而已矣”。“仁民而爱物”则国家安定，否则就连自己的家人都无法保护好。

“养心而寡欲”的生态主体修养观。孟子认为自然物的生长是有规律的，“虽天下易生之物也，一日暴之，十日寒之，未有能生者也”。人必须尊重自然物的生长规律，“拱把之桐梓，人苟欲生之，皆知所以养之者”，只有这样，万物才会生长繁荣，否则万物将消失，“苟得其养，无物不长；苟失其养，无物不消”。这就意味着作为生态主体的人不能欲求过多，更不能无限制向自然索取，而应当限制欲望，做到“寡欲”。“养心莫善于寡欲。其为人也寡欲，虽有不存焉者，寡也；其为人多寡欲，虽有存焉者，寡也。”“寡欲”，一方面要遵守向自然索取的原则，“可以取，可以无取，取伤廉；可以与，可以无与，与伤惠；可以死，可以无死，死伤勇”；另一方面要倡导节俭，孟子曾告诫统治者要放弃奢侈浪费的行为，他说：“易其田畴，薄其税敛，民可使富也。食之以时，用之以礼，财不可胜用也！”孟子通过“寡欲”的主体修养减少生态主体对自然的过分索取，既尊重了自然规律，又保护了自然资源。

“不违农时，谷不可胜食”的理想生态型社会。孟子向人们描绘了儒家理想的生态社会：“不违农时，谷不可胜食也。数罟不入污池，鱼鳖不可胜食也。斧斤以时入山林，材木不可胜用也。谷与鱼鳖不可胜食，材木不可胜用，是使民养生丧死无憾也……五亩之宅，树之以桑，五十者可以衣帛矣。鸡豚狗彘之畜，无失其时，七十者可以食肉矣。百亩之田，勿夺其时，数口之家可以无饥矣，谨庠序之教，申之以孝悌之义，颁白者不负戴于道路矣。七十者衣帛食肉，黎民不饥不寒。”孟子生活在2000多年前的封建社会，向往的自然是小农经济社会。在这个理想社会里，农民耕种不违农时，不乱捕鱼，不乱伐树，粮食、鱼鳖和木材都用之不尽。每户人家有五亩的宅院，有百亩的耕地，家家食用自足，人无饥寒。在此基础上讲义修睦，人知礼义。衣食有着，礼义既修，社会呈现出一派老者衣帛食肉、黎民不饥不寒的富庶康乐景象。

（四）《荀子》的生态思想

作为先秦儒学的集大成者，荀子在继承前人天人关系的基础上形成了“天人之分”的思想，并以此为逻辑起点提出了内容丰富的生态思想。荀子生态思想的内容包括“天行有常”的自然规律论、“天人相参”的生态主体论、“制天命而用之”的生态方法论以及“圣人之制”的生态制度观。

“天行有常”的自然规律论。基于自然界（天）与人类存在本质区别的考虑，荀子认为“天”有自己的不以人的意志为转移的规律，在《荀子·天论》中指出：“天行有常，不为尧存，不为桀亡。应之以治则吉，应之以乱则凶。强本而节用，则天不能贫；养备而动时，则天不能病；循道而不贰，则天不能祸。故水旱不能使之饥，寒暑不能使人疾，妖怪未至而凶。受时与治世同，而殃祸与治世异，不可以怨天，其道然也。故明于天人之分，则可谓至人矣。”这里明确认为自然界的运行变化是有固定的规律的，它不会因为有尧这种好的帝王就存在，也不是因为有桀这种暴君就消亡。只有明白自然界与人类各有自己的职分，才可以称得上是一个高明人。值得注意的是，荀子提出人类社会出现的饥荒、殃祸、疾病“不可以怨天”，是由于“应之以乱”，没有处理好人与自然的关系造成的。荀子还在《荀子・不苟》中对“天行有常”作出了解释：“天不言而人推高焉，地不言而人推厚焉，四时不言而百姓期焉——夫此有常，以至其诚者也。”原来“天行有常”是通过这些事情显示出来的：上天不说话，人们却认为它处于最高；大地不说话，人们却认为它宽广无边；春夏秋冬四时不说话，老百姓却都能感知节气的变化。这些“不言”的事里包含着它们自身的规律，即“有常”。

“天人相参”的生态主体论。荀子并不主张“天人相分”，把天与人截然分开，而是主张“天人相参”，把天地人三者并存（“参”，同“叁”，指三者并立在一起而存在），并取向于“天人合一”即天与人之间互相联系，最终构成了一个“天有其时，地有其财，人有其治，夫是之谓能参”的天地人三者相互联系的生态系统。这个天地人生态系统，通过“天行有常”的“诚”（天德）和“人有其治”的“诚”（君子至德）统一起来，彼此之间相互作用，各自又有不同的分工。

“制天命而用之”的生态方法论。荀子所说的“制”并非制裁、决断之意，而是“制度”“法则”，告诫人们的本性和行为要遵循自然客观规律，而非征服主宰之意。“制天命而用之”是一种正确对待自然的方法论，强调在尊重和掌握自然规律的前提下，利用自然的规律为人类服务。“知其所为、知其所不为矣，则天地官而万物役矣。”否则就会受到自然的惩罚，“顺其类者谓之福，逆其类者谓之祸”。

“圣王之制”的生态制度观。荀子提出了“圣王之制”，他在《荀子・王制》中说道：“圣王之制也，草木荣华滋硕之时，则斧斤不入山林，不夭其生，不绝其长也；鼋、鼍、鱼……孕别之时，罔罟毒药不入泽，不夭其生，不绝其长也；春耕、夏耘、秋收、冬藏，四者不失时，故五谷不绝，而百姓有余食也；污池渊沼川泽，谨其时禁，故鱼鳖优多，而百姓有余用也：斩伐养长不失其时，故山林不童，而百姓有余材也。圣王之用也，……谓之圣人。”“圣人之制”是《王制》篇的核心，荀子期望采取“圣人之制”的措施保护自然资源，反对人为地破坏，一方面是出于其儒家仁爱的立场，另一方面是看到了实施可持续发展、保持资源不枯竭的极端重要性。他说：“节用御欲，收敛蓄藏以继之也，是于己长虑顾后，几不甚善矣哉。”即节约用度、抑制奢望，注意收藏、蓄积物资，以便保持供给不中断。只有从长远利益考虑，顾及日后，才是资源使用的长久之策。

二、两汉时期儒家的生态思想

两汉时期的儒家生态思想选取董仲舒为代表人物加以论述。董仲舒在继承儒家“天人合一”思想的基础上，提出了“人副天数”的生态伦理观、天人一体的生态和谐思想、推恩的生态保护观。

“人副天数”的生态伦理观。董仲舒以“天人合一”为核心和基础，借鉴《淮南子》天人比附的观点，提出了“人副天数”说。董仲舒认为，人的伦理来自于自然，所以应对自然讲伦理。他认为“天”即人，人即“天”的化身。“为生不能为人，为人者天也。人之人本于天，天亦人之曾祖父也，此人之所以上类天也。人之形体，化天数而成。人之血气，化天志而仁。人之德行，化天理而义。人之好恶，化天之暖清；人之喜怒，化天之寒暑。人之受命，化天之四时。人生有喜怒哀乐之答，春秋冬夏之类也。”[①] 在他看来，天地是以自身为模型创造了人。天是放大了的人，人是缩小了的天，天和人具有高度的一致性、相似性。依据人的命运和天地相连的关系，董仲舒提出了“行有伦理副天地”的生态伦理观。他说：“天地之符，阴阳之副，常设于身。身犹天也，数与之相参，故命与之相连也……行有伦理副天地也。此皆暗肤著身，与人俱生，比而偶之弇合。”董仲舒要求人的行为伦理要与天地相副，并明确地将儒家的伦理视野推广到天地之间，即认为道德伦理不仅存在于人际之间，也存在于人与天地生态系统之间，而且这种人与自然的生态伦理

① 苏舆：《春秋繁露义证》，中华书局 1992 年版。

关系与人类同时存在、同时发生，必须引起人类的高度重视。他强调：“是故事各顺于名，名各顺于天。天人之际，合而为一，同而通理，动而相益，顺而相受，谓之德道。”[①]

天人一体的生态和谐思想。董仲舒强调天、地、人三者是一个和谐的统一体，这种和谐关系不能破坏，否则就会有灾异产生。他说：“何为本？曰天、地、人，万物之本也。天生之，地养之，人成之……三者相为手足，合以成体，不可一无也。”[②]董仲舒的生态和谐思想还集中体现在他构建的理想社会蓝图：五帝三皇之治天下，不敢有君民之心，什一而税。教以爱，使以忠，敬长老，亲亲而尊尊，不夺民时，使民不过岁三日。民家给人足，无怨望愤怒之患，强弱之难，无谗贼妒疾（嫉）之人。民修德而美好，被发衔哺而游。不慕富贵，耻恶不犯，父不哭子，兄不哭弟，毒虫不螫，猛兽不搏，鸷虫不触。故天为之下甘露，朱草生，醴泉出，风雨时，嘉禾兴，凤凰、麒麟游于郊。囹圄空虚，画衣裳而民不犯。四夷传译而朝，民情至朴而不文。[③]董仲舒不仅构建了人与人和谐相处的理想社会，而且构建了人与自然和谐相处的理想社会。

推恩的生态保护观。董仲舒推广了孟子的“仁民爱物”思想，将“仁”从“爱人”扩展到“爱物”，董仲舒指出：“质（挚）于爱民以下，至于鸟兽昆虫莫不爱。不爱，奚足谓仁？仁者，爱人之名也。”“泛爱群生，不以喜怒赏罚，所以为仁也。”为做到爱护万物，董仲舒提出以天地间五种材料木、火、土、金、水的顺应与逆反情况来对万物“推恩”。他指出：“木者春，生之性，农之本也，劝农事，无夺民时……恩及草木则树木华美而朱草生，恩及鳞虫则鱼大为，鳣鲸不见，群龙下。如人君出入不时……咎及于木则茂木枯槁……咎及鳞虫则鱼不为，群龙深藏，鲸出见。火者夏……恩及于火则火顺人而甘露降，恩及羽虫则飞鸟大为……咎及于火则大旱……咎及羽虫则飞鸟不为……土者夏中……金者秋……水者冬……则龟深藏。”董仲舒强调把恩惠施及动物、草木等，这是保护资源、保护万物的生态保护思想。

---

① 苏舆:《春秋繁露义证》，中华书局 1992 年版。
② 苏舆:《春秋繁露义证》，中华书局 1992 年版。
③ 苏舆:《春秋繁露义证》，中华书局 1992 年版。

第二节　道家的生态智慧

道家以“道”为宗，认为“道”是产生的根源和存在的依据，“道”是自然无为的，人作为“道”的产物，应效法“道”的自然无为，与“道”合一，回归天真质朴的自然状态，道家构建了以自然无为为核心的生态思想。本章选取了老子和庄子的生态思想加以阐释，以期揭示道家的生态智慧。

一、老子的生态思想

作为道家创始人的老子，以自然之“道”为宗，演绎出了“天人合道”的整体自然观、道法自然的自然规律观、知足知止的生态节用观和小国寡民的生态理想国。

“天人合道”的整体自然观。老子创造了以“道”为核心的哲学体系，把“道”作为宇宙间一切自然之物的最大共性和最初本源，万物归根到底是由“道”产生的，“道生一,一生二,二生三,三生万物”。老子认为，人以及万物都源出于自然之“道”而得到统一。老子还指出“一”在自然中的作用，“昔之得一者，天得一以清，地得一以宁，神得一以灵，谷得一以盈，万物得一以生，侯王得一以为天下正”，“圣一抱一为天下式”。老子通过“道”与“一”的论述，强调了人与自然的统一性，揭示出人与自然是一个统一的整体。

道法自然的自然规律观。“道”是万物的本源，“道”的规律是怎样的呢？老子指出“人法地，地法天，天法道，道法自然”，自然是事物本身所具有的规律，“道”创生万物之后，让万物依据自己的规律运行，“道”顺应万物的规律。万物的规律不以任何外在意志为转移，老子指出“天之道，不争而善胜，不言而善应，不召而自来”。因而要尊重万物的规律，做到“尊道贵德”、自然无为，老子指出：“道生之，而德畜之，物形之，势成之，是以万物莫不尊道而贵德。道之尊，德之贵，夫莫之命而常自然。故道生之，德畜之，长之育之，亭之毒之，养之覆之。生而不有，为而不恃，长而不宰。是谓玄德。”

知足知止的生态节用观。人类对自然界的占有、征服，主要源于人类自身欲望的极度膨胀，源于人类的贪欲与不知足。老子指出：“五色令人目盲；五音令人耳聋；五味令人口爽；驰骋畋猎，令人心发狂；难得之货，令人行妨。”为此，老子提出，人类要节俭，节约资源，“是以圣人去甚，去奢，去泰。”“我有三宝，持而保之。一曰慈，二曰俭，三曰不敢为天下先。”“民之饥，以其上食税之多，是以饥。民之难治，以其上之有为，是以难治。”人类还要学会“知足”，老子说：“祸莫大于不知足，咎莫大于欲得。”“知足不辱”，“知足”者不会陷于屈辱。又讲：“知足者富”，懂得“知足”，才是一个富人。还要学会“知止”，“知止”即知人的认识以至于人的能力、人的行为的界限、限度。老子说：“知止不殆。”又说：“知止可以不殆。”

小国寡民的生态理想国。老子勾画了一个生态理想国：“小国寡民，使民有什伯之器而不用，使民重死而不远徙。虽有舟舆，无所乘之。虽有甲兵，无所陈之。使民复结绳而用之。甘其食，美其服，安其居，乐其俗。邻国相望，鸡犬之声相闻，民至老死不相往来。”这是一个人与人、人与自然和谐相处的理想社会。

二、《庄子》的生态思想

庄子继承并深化了老子的思想，提出了彻底放弃人为、完全皈依自然的道家自由思想。庄子的生态思想包括三个方面：“天与人一”的生态整体观、“物无贵贱”的万物平等观、“顺物自然”的生态规律观、“至德之世”的生态理想。

“人与天一”的生态整体观。“人与天一”强调人与自然的相互融合。庄子认为，“天”与“人”在本质上是融合为一的，“天”只有有了人的生存参与才成其为“天”，人也只有在“天”之原始境域中才能展开其本真生存。所以“人与天一也”“天地与我并生，而万物与我为一”。庄子认为，自然是一个不能分割的整体，人也包含其中，物我相互泯灭，万物相互蕴含。他说，“天地一指也，万物一马也”“天地虽大，其化均也：万物虽多，其治一也”。“人与天一”的观念还强调人与自然环境的相互依存。庄子云：“夫函车之兽，介而离山，则不免于网罟之患；吞舟之鱼，砀而失水，则蚁能苦之。”意思是说，那只能含车的巨兽，离开了生活的山野，就免不了网罪的灾祸；口能吞舟的大鱼，被波涛荡出了水流，小小的蚂蚁也能使之困苦不堪。万物都离不开自然环境，人类也离不开自然的怀抱。“人与天一”的思想重视自然界中客观存在的食物链，“民食刍豢，麋鹿食荐，蝍甘带，鸱鸦嗜鼠”。人吃肉类，麋鹿食草，蜈蚣吃小蛇，猫头鹰和乌鸦吃老鼠。人处于食物链的顶端，从属于整个生态体系中的一个环节。

“物无贵贱”的万物平等观。人与天是相互统一、相互融合的，人类作为万物一员本身并没有高于或优于其他物类的存在身份或特殊价值特性，两者在价值上是完全平等的，这样，庄子从“人与天一”自然推出“物无贵贱”。庄子认为人类并不比其他物类高贵或低贱，万物的差异不在于贵贱，而在于“道之所以，德不能同”，正由于此，才“有人之形，故群于人”。茫茫宇宙，人与天地万物同属于物，“号物之数谓之万，人处一焉；人卒九州，谷食之所生，舟车之所通，人处一焉；此其比万物也，不似豪末之在于马体乎？”这就是说，物类号称万种之多，人不过是其中之一；众人聚集于九州，粮食在此生长，车船在此通行，人不过是其中一员；拿人跟万物相比，不正像毫毛在马身上吗？因此，庄子认为，“以道观之，物无贵贱”。从道的角度来看，万物都是道的产物，所有物类同本同根同原同质，并没有贵贱之分。

“顺物自然”的生态规律观。“顺物自然”观点强调尊重客观规律，顺应事物本性。庄子说：“为事逆之则败，顺之则成”。因此，必须“顺之以天理，应之以自然”。庄子看来，“顺物自然”就是遵循自然规律的客观需要。庄子认为：“天下有常然。常然者，曲者不以钩，直者不以绳，圆者不以规，方者不以矩，附离不以胶漆，约束不以缠索。故天下诱然皆生，而不知其所以生；同焉皆得，而不知其所得也”。常然即正常状态，相当于自然规律或事物本性。又说道，“则天地固有常矣，日月固有明矣，星辰固有列矣，禽兽固有群矣，树木固有立矣。”自然法则是客观存在的，因此凡事应循自然之理。“天地有大美而不言，四时有明法而不议，万物有成理而不说。圣人者，原天地之美而达万物之理也。”

此外，“顺物自然”是尊重事物差异的要求。庄子认为万物各有其性、各有其用，不能用一把尺子量到底，只能任其本性、用其所长。诚如“梁丽可以冲城，而不可以窒穴，言殊器也：骐骥骅骝，一日而驰千里，捕鼠不如狸狌，言殊技也：鸱鸺夜撮蚤，察毫末，昼出目真目而不见丘山，言殊性也”。这就说明事物不同，其器用、性能和技能也不同。事实上，人与泥鳅、猿猴等其他物类也是不同的，“民湿寝则腰疾偏死，鳅然乎哉？木处则惴恂惧，猿猴然乎哉？”不同的事物存在千差万别，即使是同一类事物，其间也有分别，“有能与不能者，其才固有巨小也”。如同样是鸡，“越鸡不能伏鹄卵，鲁鸡固能矣。”

庄子特别强调“顺物自然”，并将其提升到治国的高度，认为“顺物自然而容私焉，则天一治也”。在庄子看来，一切事物都应当按照自然本性而存在生长，治理就是保护事物循其本性，用不着有所作为，有作为的治理反而残害了事物的本性、背离了事物的本真。对此，庄子举了几个例子来说明，比如，“昔者海鸟止于鲁郊，鲁侯御而觞之于庙，奏《九韶》以为乐，具太牢以为膳。鸟乃眩视忧悲，不敢食一脔，不敢饮一杯，三日而死。此以己养养鸟也，非以鸟养养鸟也”。又如，“马，蹄可以践霜雪，毛可以御风寒，齿乞草饮水，翘足而陆，此马之真性也，虽有义台、路寝，无所用之。及至伯乐，曰：‘我善治马’。烧之，剔之，刻之，雒之。连之以羁絷，编之以皂栈，马之死者十二三矣。饥之，渴之，驰之，骤之，整之，齐之，前有橛饰之患，而后有鞭策之威，而马之死者已过半矣”。又如“凫胫虽短，续之则忧：鹤胫虽长，断之则悲”。

“至德之世”的生态理想。庄子从多个角度勾画理想的生态世界，人与禽兽相居的至德之世：“至德之世，其行填填，其视颠颠。当是时也，山无蹊隧，泽无舟梁。万物群生，连属其乡；禽兽成群，草木遂长。是故禽兽可系羁而游，乌鹊之巢可攀援而窥。夫至德之世，同与禽兽居，族与万物并。”没有功利、人与人自然相处的世界，“至德之世，不尚贤，不使能，上如标枝，民如野鹿，端正而不知以为义，相爱而不知以为仁，实而不知以为忠，当而不知以为信。”人与自然和谐相处的社会，“子独不知至德之世乎？……当是时也，民结绳而用之，甘其食，美其服，乐其俗，安其居，邻国相望，鸡狗之音相闻，民至老死而不相往来。若此之时，则至治已。”

第三节　佛教的生态智慧

佛教典籍诸多，其中蕴含的生态思想极其丰富，不能一一阐释，本章节依据佛教主要思想，将其生态思想概括为四个重要内容：缘起性空的生态整体自然观、万物平等的生态价值观、节欲慈悲的生态保护观、追求净土的生态理想。

缘起性空的生态整体自然观。佛教提出了宇宙万物（众生）皆由因缘和合而成“一合相”的缘起论，认为事物的存在与发展皆有着内在的因果关系，整个世界都处于一个因果网似的相互联系的整体之中。因而，整个人生和宇宙过程的一切现象是由多种原因和条件和合而生的，一切事物都是相互依存、互为条件，而不是孤立地存在。一切生命都是自然界的有机组成部分，既是其自身，同时又包含其他万物，只有相互依存，生命才能存在。

众生平等的生态价值观。中国佛教中的华严宗、天台宗和禅宗等佛教宗派都承认，一切众生都具佛性。佛与众生，由性具见平等，而且禅宗不仅肯定有情的众生具有佛性，还承认无情的草木等低级生命也有佛性，所谓“青青翠竹，尽是法身；郁郁黄花，无非般若”，认为大自然的一草一木，充满着生趣，都具有自己的内在价值，值得人们去珍爱。承认有情的众生和无情的花草都具有自己的内在价值，这显然不同于人类中心主义的价值观。

佛教的“平等”思想，为我们确立了“尊重生命、敬畏生命”的生命价值原则。“平等”观念是佛教的一个基本理论之一。佛教“众生平等”的思想是指“有情众生”之间的平等，而湛然在《金刚錍》中系统论证了“无情有性”说，认为草木瓦石、山河大地等虽是“无情众生”，但却也有佛性。而在禅宗的觉悟境界里，也有“郁郁黄花无非般若，青青翠竹尽是法身”之说。这将平等的观念拓宽到了天地万物的范围，即人类与自然、与周围的环境是平等的，说明要最终维护生态的平衡，就必须也要顾及非生命的自然环境之物。“众生平等”的思想赋予每一个生命自身的存在价值，确立了尊重生命的伦理价值，有助于培养一种“生命共同体”的共生生态的概念。

节欲慈悲的生态保护观。从尊重生命的价值出发，佛教提出了一系列戒律，其中有“八戒”“十戒”之说，要求佛教徒“不杀生”“放生”和“吃素”，反对任意伤害生命。由于佛教要求破除人类中心主义的“迷妄”(阿部正雄语）和对事物包括对生命的执着，以“无我”的胸怀应对大千世界，这就从精神上彻底破除了人类自身的优越感和征服自然的统治欲。“戒杀”与“放生”“护生”“素食”之间是一种相互联系、互为条件、相互补充的关系，它们不仅能够培养人们慈悲向善的爱心和尊重生命、敬畏生命的文化精神，也在客观上有效地保护了生物的多样性与生态的平衡。同时，佛教也倡导一种节俭惜福、少欲知足、勤俭理财简朴的生活观，由此创造出一种符合生态理念的生活方式。慈悲就是对他人与其他生物的关怀。这是因为万事万物对人有恩，人要学会感恩，学会怜悯、爱护众生即一切生物，即佛教倡导的“上报三重恩，下济四途苦”。因此要求把所有生命的痛苦当作自己的痛苦来体验，把所有生命生存的环境当作自己生存的环境来感受。只有这样，才能产生普度众生脱离苦海的慈悲行动。佛教慈悲为怀的态度落实到人的行动上，就是让我们真正关爱大自然，善待众生。

追求净土的生态理想。佛教对净土的描绘体现了佛教的生态理想。净土，又称清净国土、佛刹、佛国等，是佛的居所，也是大乘佛教徒追求的清净处所，是佛教的理想国。净土的种类很多，其中影响最大、最有代表性的，是阿弥陀佛净土。湛然说“诸教所赞，多在弥陀”。阿弥陀佛净土，又称西方极乐世界，是大乘佛教徒向往的理想国土的典型，包含了佛教徒对理想生态的设定。极乐世界就是无苦有乐的世界。《阿弥陀经》说:“彼土何故名为极乐其国众生，无有众苦，但受诸乐，故名极乐。”极乐世界有七个方面的内容：充满秩序，井井有条；有丰富的优质水；有丰富的树木鲜花；有优美的音乐；有增益身心健康的花雨；有丰富奇妙多样的鸟类；有美妙的空气与和风吹习。从这些内容可以看出，极乐世界是给众生的感官和精神都能带来至高无上快感的世界，佛教徒以此作为努力的方向。

第四节　传承与弘扬中国传统生态智慧的途径

中国古代生态伦理文明作为中华传统农业文明时代的一个典型的形态，保留了人与自然和睦相处的思想样本，与近代工业文明以来天人对抗状态的思想观点形成鲜明对比。人类要转变近代以来征服自然的传统，重塑人与自然的和谐关系，可从中国古代生态伦理文明中寻找宝贵的思想资源。要深入发掘中国古代生态文明的思维方式、价值目标、行为模式、制度规范等，取其精华，进行创造性转化和创新性发展，有效传承和弘扬中国传统生态智慧，为构建现代生态文明提供传统生态智慧的启迪。

一、深刻把握中国传统生态文明的特点

传承和弘扬中国传统生态智慧，必须深刻把握中国传统生态文明的特点，中国传统生态文明有三个主要特点。

第一，中国传统生态文明强调人与自然的统一性。中国古代生态思想从天人整体观出发，将人道与天道贯通于一体，儒家以人与“天地万物一体”为说，道家以“天地与我并生，而万物与我为一”为宗，佛家以“法界缘起”“无碍”为旨，都是将天地万物和人类看作一个整体。中国古代的这种整体论哲学被概括为“天人合一”思想，是生态文明思想的逻辑起点和核心内容。这是一种强调人类与天地万物同源、人类与自己生存环境一体的生态智慧。

第二，中国传统生态文明强调人与自然的和谐共生。和谐共生是传统生态文明的价值追求。和谐是指事物间的联系达到理想的适度状态，“无过无不及”；共生是指事物在相互联系、相互依存中共同生长、共同发展，“万物并育而不相害，道并行而不相悖”。和谐共生的方法是“和实生物”，史伯说：“夫和实生物，同则不继。”事物只有在相互联系中才能存在和发展，“和实”表明事物之间的联系达到恰当的状态，“生物”是事物保持生生不息、持续发展的状态，“生物”是“和实”的结果。传统生态智慧强调人要尊重自然规律，消解人的主体欲望，做到与自然万

物和谐共生。

第三，中国传统生态文明强调万物平等。儒家孟子将孔子的仁爱思想加以发挥，明确提出“仁民而爱物”，主张把原本用于人类社会的人际道德原则和道德情感扩大到天地万物之中。张载在《西铭》中提出“民吾同胞，物吾与也”，强调万物与人的平等性，王阳明在《传习录》中明确地说：“仁者以天地万物为一体。使有一物失所，便是吾仁有未尽处。”把万物作为平等关怀的对象。道家从“道”普遍流行的角度论证万物之间的平等性：“物无贵贱”“道通为一”“万物皆一”。道家认为，之所以应该平等地尊重所有的生命和自然物，在于它们与人类一样都是为道所创生，因而与人类具有相同的价值尊严。人不仅应该尊重自己的生命，也应该尊重他人和动植物的生命，维护万物的存在。佛家从佛性的内在性、万物都能成佛的角度承认了万物的平等性，佛家强调“无情有性”，“有情、无情，皆是佛子”，其意是指包括生物生命在内的所有万物在佛性面前都是平等的。

二、继承并弘扬“天人合一”的生态世界观

“天人合一”是中国传统生态世界观的高度概括和集中体现，其内涵是把人与自然视为一个有机的整体，要求人类要顺应自然、保护自然、尊重自然，实现人与自然的和谐发展。

以儒、释、道为核心的传统文明对“天人合一”思想都作了详尽论述。《周易》是最早表述“天人合一”思想的著作，《说卦传》指出：“立天之道曰阴与阳，立地之道曰柔与刚，立人之道曰仁与义。兼三才而两之，故《易》六画而成卦。”《文言传》则总结为：“夫大人者，与天地合其德，与日月合其明，与四时合其序，与鬼神合其吉凶。先天而天弗违，后天而奉天时。”《周易》描述了一个“天人合一”的世界。儒家主张“赞天地之化育”，将人际交往的“仁”扩大到协助天地化育万物，孔子的“钓而不纲，弋不射宿”、孟子的“仁民爱物”、张载的“民胞物与”等，都是将仁爱扩展到万物的“天人合一”思想。

道家则从“道”的角度阐释“天人合一”思想。老子提出：“人法

地，地法天，天法道，道法自然。”庄子则进而强调：“天地与我并生，而万物与我为一。”道教经典《太平经》指出“天、地、人本同一元气，分为三体”。佛教从人与万物皆具佛性论证“众生平等”“依正不二”，说明人与万物的互通性、相合性，同样在阐释“天人合一”的生态世界观。

从构建现代生态文明的角度看，“天人合一”的生态世界观摒弃了人类中心主义，克服了工业社会的主客二分思想，强调了自然对人类的价值和人类对自然的保护责任。继承并弘扬“天人合一”的生态世界观，能够克服机械论世界观引发的征服世界、改造世界的错误思想和做法，有效提升现代人对自然的主体责任，为构建现代生态文明指明方向。正如习近平总书记所指出的：“人与自然是生命共同体，人类必须尊重自然、顺应自然、保护自然。”[①]

三、追求“和谐共生”的生态社会理想

追求“和谐共生”的生态社会，将“治人”与“事天”相结合，实现人与自然的和谐统一，是中国传统生态思想的基本目标、中国传统文化中生态思想的核心。

儒家用人道来塑造天道，极力使天道符合自己所追求的人道理想，同时又以伦理化的天道来论证人道。为了说明仁义礼乐制度的当然性与合理性，儒家把万物的自然成长过程、天地生物的过程与仁义理智联系在一起。根据儒家的天道与人道贯通的逻辑，在人类社会中施行的仁义等伦理原则，在自然秩序中也是连续的和一致的，由此而有人际道德向自然领域的扩展。这种扩展是以道德主体与道德对象之间的亲密程度来构成的等级体系，即“亲亲而仁民，仁民而爱物”。由双亲而及禽兽，由禽兽而及草木，由草木而及瓦石等。随着道德对象范围的逐步扩大，伦理规范不仅要调节人类社会领域，也要调节自然生态领域，使自然万物在自然体系中按照自己的不同的差别和地位而存在，并维护这种由自

① 中共中央宣传部：《习近平新时代中国特色社会主义思想三十讲》，学习出版社 2018 年版，第 243 页。

然物的多样性组成的和谐体系。孟子提出“不违农时，谷不可胜食”的理想生态型社会，荀子提出了“圣王之制”的社会理想。

道家以天道说明人道。道家认为，道的永恒的自然运行，生成天地万物的宇宙秩序和人类秩序。天地万物和谐完美的秩序都是道的自然生成、无为自化的结果。人是万物中平等的一员，人类社会的秩序应该效法天（地）之道而自然运行不妄，而且人群秩序本身即在天地秩序之中，“治人”与“事天”是同样的事情。人类社会的治理原则是天道的自然无为原则，对待人类的伦理原则源自对待自然的原则。老子提出“小国寡民”的社会理想，庄子则提出“至德之世”的生态社会理想。

中国传统生态思想在论及人类社会治理时，将自然纳入社会治理范围，以制度化的方式，构建生态社会理想，最终实现人与自然的和谐共生。中国传统生态智慧对中国具体的生态文明建设有重要的启发。

现代生态文明要追求理想的生态社会，习近平总书记在党的十九大报告中提出了建设“美丽中国”的生态社会理想：加快生态文明体制改革，建设美丽中国。我们要建设的现代化是人与自然和谐共生的现代化，既要创造更多物质财富和精神财富以满足人民日益增长的美好生活需要，也要提供更多优质生态产品以满足人民日益增长的优美生态环境需要。必须坚持节约优先、保护优先、自然恢复为主的方针，形成节约资源和保护环境的空间格局、产业结构、生产方式、生活方式，还自然以宁静、和谐、美丽。

四、倡导节欲俭用的生活观

人类的欲望膨胀是人类向自然无限索取、破坏自然生态的主体原因，中国传统生态思想都倡导节欲俭用的生活观，通过降低人的欲望，减少对自然的索取，从源头上防止对自然的破坏。

儒家从“仁”出发，反对人的欲望膨胀。孔子提出“克己复礼”，孟子提出“寡欲”说，荀子提出“节欲”说，宋明理学提出“灭欲”说，都是力图通过对人的欲望限制，减少对生活的索取，回归人的“仁”的本质。道家从“道”的自然、朴素出发，指出人要效法“道”，减少欲望，回归质朴状态，“是以圣人去甚，去奢，去泰”。“我有三宝，持而保之。一曰慈，二曰俭，三曰不敢为天下先。”道家还要求“知足”“知止”。佛家要求人要节欲俭用，“戒杀”、“素食”、持守戒律，以求明心见性，寻找和回归人的本质，破除人类欲望造成的人生迷惘。

节欲俭用的生活观对今天的生活观有重要的启示。随着工业社会的发展，人类从自然获取物质财富的能力和速度大大提升，出现了为消费而消费、为过分享受而过度消费的消费主义现象，这些将造成自然资源浪费、人的本质和人的生活异化的后果。倡导中国传统的节欲俭用的生活观，能够为克服消费主义的危害提供有效的路径。

构建现代生态文明更需要倡导节欲俭用。习近平总书记在党的十九大报告中指出，倡导简约适度、绿色低碳的生活方式，反对奢侈浪费和不合理消费，开展创建节约型机关、绿色家庭、绿色学校、绿色社区和绿色出行等行动。

五、践行“以道驭技”的生态技术观

技术是人类征服自然、改造自然以获取物质财富的手段，技术在扩大人获取物质财富能力的同时，也对自然造成越来越多的伤害。如何正确处理人、技术、自然之间的关系，成了生态文明必须解决的问题。

中国传统生态思想提出了“以道驭技”的技术观。在古代“技”“艺”并列，各种实用的以至艺术的器物（如陶器、青铜器等）的制作技巧统称为“技”或“技艺”。在“道”“技”的关系上，强调“好于道”则“进于技”，即技术的应用必须符合“道”的原则，这个原则在儒家即为“仁”，孔子指出“志于道，据以德，依于仁，游于艺”；这个原则在道家即是“自然”，老子从自然主义宇宙论推导出人类在宇宙中的合法位置和人类的理性行为，并据此分析了人类的技术行为。[①]《道德经》一书不少章节论及古代机械、工程、技术，站在宇宙论的高度和角度探讨人类的技术问题，如“使有什伯之器而不用”“邦之利器不可以示人”。庄子“道”对“技”的主宰性，“通于天地者德也，行于万物者

---

① 王希坤：《技术自然主义：老子对技术异化的批判与超越》，《自然辩证法研究》2012年第2期。

道也，上治人者事也，能有所艺者技也。技兼于事，事兼于义，义兼于德，德兼于道，道兼于天”。庄子还通过庖丁解牛、轮扁斫轮、佝偻承蜩、运斤成风、大马捶钩、津人操舟等故事，只有“进于道”的技术才会对人和自然都有益。“以道驭技”的实质是尊重自然规律（即“道”），技术的使用不应只满足人的欲望而不顾及自然规律，以致破坏自然生态而违背“道”。

“以道驭技”的生态技术观为构建现代生态文明提供了启示。现代技术使人类有比其他物种更大的能力去改变环境，同时也不可避免地加速了资源的消耗、物种的灭绝和污染物的排放。技术发展是造成现代环境资源、生态平衡危机的重要原因。技术的发展和应用必须加以限制，技术的发展和应用必须以尊重自然和人类伦理为前提，绝不能让技术沦为满足人类欲望的工具。继承和弘扬“以道驭技”的生态技术观，让技术成为人类认识自然、尊重自然，构建人与自然和谐共生的有力助手。

新发展理念倡导的绿色发展，就是以生态价值规范和转变技术的发展方式，让人、技术、资源协调发展，实现绿色生产，是“以道驭技”的现代延伸。习近平总书记在党的十九大报告中指出，加快建立绿色生产和消费的法律制度和政策导向，建立健全绿色低碳循环发展的经济体系。构建市场导向的绿色技术创新体系，发展绿色金融，壮大节能环保产业、清洁生产产业、清洁能源产业。推进能源生产和消费革命，构建清洁低碳、安全高效的能源体系。推进资源全面节约和循环利用，实施国家节水行动，降低能耗、物耗，实现生产系统和生活系统循环链接。

第八章

国外生态治理的经验做法与现实借鉴

18 世纪伊始，西方社会进入以工业化为标志的现代化阶段，在实现经济腾飞的同时，也付出了沉重的环境代价。西方在环境治理和生态保护问题上走过的弯路，我们必须引以为戒；而西方就此做出的改变和应对，也是我们可以吸收借鉴的对象。正如习近平总书记所说：“随着工业化的推进，人们对发展的认识也不断深化，产生了许多新的发展思想和发展理念，发展的内涵越来越充实。”[①] 人类越来越清晰地意识到，人类如何看待发展，人们如何认识环境，就是如何对待自己。

第一节　国外生态治理的经验做法

生态文明是指人类在经济社会活动中，遵循自然法则规律、经济发展规律、社会发展规律和人的发展规律，积极改善和优化人与自然、人与人、人与社会之间的关系，为实现经济社会的可持续发展所做的全部努力和所取得的全部成果。[②] 遵循规律、优化关系、可持续发展，是生态文明观的核心要义。这种生态文明观的确立并非一蹴而就，而是人类实践发展到一定阶段的产物。一方面，人类的生产实践决定了人的行为和思维的全部内容。“劳动作为使用价值的创造者，作为有用劳动，是不依一切社会形式为转移的人类生存条件，是人和自然之间的物质变换，即人类生活得以实现的永恒的必然性。”[③] 借由物质性生产劳动，人与自然之间的关系最先发生了变化，同时，由于这种“人化自然”的过程是在社会协作的基础上展开的，因而，人与自然关系的变动必然带来人与人、人与社会之间关系的变动。一个社会的观念原则、规范体系、组织系统和物质设备无一不受到物质生产力的约束。另一方面，人对实践后果的反思也会促使人的观念和行为发生变化。“环境的改变和人的活动或自我改变的一致，只能被看作是并合理地理解为革命的实践。”[④] 人

---

① 习近平:《干在实处　走在前列——推进浙江新发展的思想与实践》，中共中央党校出版社 2006 年版，第 19 页。

② 参见沈满洪、程华、陆根尧等:《生态文明建设与区域经济协调发展战略研究》，科学出版社 2012 年版，第 4 页。

③ 马克思:《资本论》第 1 卷，人民出版社 1972 年版，第 56 页。

④ 《马克思恩格斯选集》第 1 卷，人民出版社 1995 年版，第 55 页。

类借助劳动实现的满足自身不断需要的生产活动不会停止，但是人类对于人与自然关系的理解却随着时代的变动而具有新的内涵，总体上呈现出一种从人对自然界的“纯动物式的意识”的掠夺式发展迈向一种追求“人与自然的统一性”的可持续发展的趋势。

结合西方现代化发展的进程，我们可以清晰地看到，直到20世纪中叶，生态文明与可持续发展问题才开始受到人们的普遍关注，西方的生态文明建设走的是一条先污染—再反思—后治理的路径。

一、从生态启蒙到生态治理

农业文明时期，人类主要利用简单的生产工具改造自然以获取生存所必需的资料，人类顺时而动、应时而为，与自然界保持一种和谐共生的关系。工业革命以后，人类的生产方式发生了根本性的变革，新技术、新发明、新手段的运用，极大地拓展了人类改变自然的能力，本质上由资本驱动的生产使得人类对自然界的索取也变得贪婪和无度。在传统工业化模式的影响下，各国均以追求GDP增长为工业发展的主要目的，以最大限度地开发和利用自然资源为手段换取最大的经济利益。粗放型的发展模式在短期内形成了财富的迅速聚集，带来了物质文明的极大充裕和生活水平的显著改善，但是对资源的无节制的利用也产生了一系列严重的生态问题，甚至对人类自身的生存构成了威胁。20世纪初接连发生的“八大公害”事件表明，人类对自然的恶性掠夺所引发的环境污染、生态失衡，正在以一种人类无以反抗的方式反噬人类本身，一种普遍的“生存危机感”在西方世界蔓延，环境问题首先在西方，成为全社会普遍关注的焦点，这也是引发20世纪60年代西方出现的数以千万计的人们走上街头表达环保诉求，要求政府采取有力措施的环保社会运动的根本动因。

人类的生态文明意识由朦胧走向清晰，学者发挥的作用不可或缺。以《寂静的春天》为标志，民众的普遍危机感开始转化为一种理论思考，而理论的推行最终促成了对可持续发展理念的践行。1962年，美国海洋生物学家蕾切尔·卡逊经过对杀虫剂危害的长期追踪研究，就农药对环境和人自身的危害作出了系统分析，她在书中向人们呼吁，自然的平衡是人类生存的主要力量，而一味地追求控制自然的观念是人类妄自尊大的表现。人对自然的理解应该“是基于对话的有机体及其所依赖的整个生命世界结构的理解”[①]，而傲慢的人类中心主义只会导向一种人的自我毁灭。更重要的是，它深刻揭露了在私有制基础上的社会化大生产背后，资本、官僚和学术与媒体之间的一种共谋关系，杀虫剂问题不单纯是个环境问题，根本上，它是个政治问题，因而清除污染最重要的是澄清政治。《寂静的春天》唤起了大众对环境问题的高度重视，同时也引发了对环境问题产生根源的深入探寻，越来越多的学者开始质疑传统的“以增长为主体的发展经济学”。20世纪70年代以后，以罗马俱乐部发表的《增长的极限》为标志，寻找新的发展理念和发展方式成为共识。到20世纪八九十年代，人类发展观发生了重大改变，“可持续发展观”被明确提出并受到公众的普遍接受，它主张人类要从人与自然的和谐角度看待发展，在发展经济的同时需兼顾生态效益，应考虑资源环境的承载能力及其超限之后对人类造成的负面影响。1987年，联合国世界环境与发展委员会发表了《我们共同的未来》报告，反思和否定了传统的发展方式，首次对可持续发展观作出了阐明。1972年召开的联合国人类环境会议通过了《人类环境宣言》，并提出将每年的6月5日定为“世界环境日”。次年1月，联合国环境规划署正式成立。至此，国际环境治理体系开始建立，各发达国家纷纷把生态治理提上重要日程。

二、近年来国外生态治理经验

（一）德国：调整产业结构，标准化倒逼革新，推进整体生态理念

德国曾经是20世纪环境污染最为严重的国家之一。受到战争和传统工业的双重影响，莱茵河黑臭严重、鱼虾绝迹，位于其上游的鲁尔工业区雾霾严重，长期生活在污染地区的居民不同程度地出现了呼吸道痉挛，白血病、癌症及其他血液病的发病率也明显上升，人们的生活和健

① 〔美〕蕾切尔·卡逊著，吕瑞兰、李长生译:《寂静的春天》，吉林人民出版社1997年版，第245页。

康受到了极大的威胁。自20世纪60年代以来，德国历届政府都将生态治理问题作为民生的优先领域。经过数十年的努力，德国的生态环境已经发生了根本性的转变，其生态治理经验如今已成为多国学习借鉴的对象。

首先，调整产业结构，大力发展高新技术产业和现代服务业，从源头处遏制新的污染。20世纪60年代，鲁尔工业区着手调整产业结构与布局，对那些生产成本高、机械化水平低、生产效率差的煤矿企业进行关、停、并、转，并将采煤业集中到盈利多和机械化水平高的大型企业中去，调整产品结构和提高产品技术含量。与此同时，积极吸引外来资金和技术，通过提供经济和技术援助，大力扶植新兴产业。如鲁尔工业区所在地的北威斯特法伦州制定了特殊的政策吸引外来资金，如凡是信息技术等新兴产业到北威州落户，将给予大型企业投资者28%、小型企业投资者18%的经济补贴。

其次，政府主导进行污染地的生态修复，解决遗留下来的土地破坏和环境污染问题。由州政府投资设立环境保护机构，颁布环境保护法律，并统一规划，花大力气修复环境。具体而言，从对空气污染的治理、对污染水体的修复和雨水的利用、对煤矿山的改造、建立自然保护区、恢复植被和群落环境[①]、对太阳能等新能源的利用等与生态环境密切相关的方面入手，结合生产活动的各个环节与自然环境的自身特性，订立相关法律或执行标准。德国在制定空气净化法律法规方面主要有3个里程碑，分别是1974年的《联邦污染防治法》、1979年的《关于远距离跨境大气污染的日内瓦条约》和1999年的《哥德堡协议》。目前德国及各地已出台8000多部环境保护相关法规，比如针对雾霾问题，1962年鲁尔区雾灾之后，北威州制定了德国第一个雾霾条例。20世纪70年代，各州纷纷出台雾霾管制条例，并建立了三级预警机制。

在规范标准化的基础上，强化执法力度，提高生态破坏者的成本。比如，德国通过卫星、飞机、雷达、地面和水下传感系统，建立了遍布全国的生态环境监测体系，对德国气候变化、土壤状况、空气质量、降水量、水域治理、污水处理和下水道系统等进行实时监测。[②]联邦环境

---

① 参见刘伯英、陈挥：《走在生态复兴的前沿——德国鲁尔工业区的生态措施》，《城市环境设计》2007年第5期。

② 参见《2010年中国行业年度报告系列之环保》，http: //www.cei.gov.cn/ .

部相关网站上可查询到各地区甚至某企业的排放信息，这些信息是公开的，同时接受公众监督。一旦认定是企业所造成的环境问题，公民有权要求相关机构对企业进行调查，敦促其限时改进更新技术和设备，限期不改的企业还面临停业的危险，甚至负责人还须承担相应的法律责任。2008 年初，科恩大学研究机构通过新技术检测到鲁尔河中出现欧盟法律中明文禁止的化学物质 PFT，直接导致北威州环境部长辞职以及使用 PFT 的企业主入狱。[①]

再次，在生态环境的治理上，积极推行整体性的生态理念。一是展开国际间的合作，目前欧盟内部包括德国、法国、瑞士、荷兰、卢森堡等国已组建成立“保护莱茵河国际委员会”，联合周边国家制定统一的环境治理政策，进行跨国治理。实施生态治水计划、总体规划以及法律法规要求各国分头认真实施，费用各国分担。二是实施整体性生态规划，注重莱茵河大生态系统治理的理念，对城市、农村和社区以及森林、湖泊协同治理，大力投入资金进行动植物保护栖息地建设，针对河流中的城市生活药品残留物进行监测、过滤，改变工业化时期对河道截弯取直等反生态改造，恢复其自然弯曲原貌等。[②] 三是培育公众环保意识，激发社会活力，以共同体精神培育政府、企业、社会公众、学校、家庭等多元主体参与的生态治理共同体。比如提出了“让大马哈鱼重返莱茵河”“到莱茵河洗澡”等有利于形成由政府、企业、公众共同参与莱茵河治理的具体目标。

（二）日本：协同共治，提升生态治理水平

不少发达国家在其经济高度发展的时期，都出现过或多或少的环境污染问题。在众多先污染后治理的案例中，日本无疑提供了生态治理的范本。二战后，日本为了恢复战争带来的国土荒芜和产业破坏，开始片面发展经济。在经济高速发展的 20 世纪 50—70 年代，接连发生了严重的环境损害，世界环境污染最著名的“八大公害”事件中，有四件发生在该时期的日本。由工业生产活动所集中排出的有毒有害物质，不仅极大地损害了民众的健康与生命，也引发了尖锐的社会和政治问题。在受害者漫长的诉讼过程中，公司、政府和民众间的冲突愈演愈烈。

---

① 刘仁胜:《德国生态治理及其对中国的启示》,《红旗文稿》2008 年第 20 期。

② 方世南:《德国生态治理经验及其对我国的启迪》,《鄱阳湖学刊》2016 年第 1 期。

在舆论压力和民间日益高涨的环保运动的压力下，日本政府下定决心解决企业不当排污所造成的环境问题，分污染防治、环境修复和环境建设三个阶段，颁布了《公害对策基本法》和《自然环境保全法》《环境基本法》《建设循环性社会基本法》等环境基本法，并以《公害控制法》《自然环境保全法》以及《生活环境整治法》等为重点，构建出完整的环境法律体系，明确了国家、地方公共团体、企业以及国民在环境保护中的权责边界。

除了健全环保法律机制，日本提升生态治理水平的一个很重要的方面，就是注重引导公众的参与。首先，保障公民环境权益，充分发挥媒体和公众的监督力量。日本民众对于环保问题的关注，来源于对“公害”问题的切身感受，也离不开政府政策层面的鼓励和支持。日本环境法中有一项私人污染防治协议，规定了较法律更为严格的排放标准，对污染行为实行严格的责任制，在发挥公众监督、防止某些利益群体为了一己私利破坏生态环境方面起到了至关重要的作用。并且，一旦出现环境问题，当地行政主要官员也会受到议会的问责，还会面临舆论的强大压力，涉事的企业和官员将会被追究法律责任。

其次，多维度开展环境教育，树立民众的环保主人翁意识。日本政府从家庭教育、学校教育和社会宣传教育三个层面，从环保意识的树立、环保知识的习得、环保态度的培育、环保技能的培养、环保评估能力的提升、环保参与度的加强等各个环节入手，强化公众的环保责任意识。比如从小学开始，日本就对学生进行如何节水、节电的环保教育。早在1965年，日本就出台了在学校推进环保教育的《学习指导要领》，分年级、分阶段地详细规定有关环境教育的方法和内容，并根据时代和实际情况的变化多次进行了修改。1993年11月，日本国会又通过了《环境基本法》第25条，对于保护环境的教育、学习做了专门规定。[①] 比如在与百姓生活密切相关的垃圾分类问题上，2005年，日本横滨市进一步细化了垃圾分类标准，从原来的五类增加到十类，具体条款达518项之多。不定点定时投放垃圾的居民将会面临高额的处罚。德岛县上胜町不仅出台了更为细致的垃圾分类规定，还于2013年通过了“零浪费宣言”，

① 参见《2010中国行业年度报告系列之环保》，http: //www.cei.gov.cn/.

提出在2020年之前使上胜町实现零垃圾排放，尽最大努力消除焚烧和填埋的垃圾，建设成为“不会产生垃圾的社会”。[①] 多管齐下，使得民众对环保的要求转变为自觉的行动。

再次，实现政府—企业—民众协作共治，提升生态治理水平。生态治理实际上是个政府—市场和社会之间利益博弈的过程，单凭某一个主体无法保证经济效益与社会效益的良性循环，有效社会参与才是生态治理能够取得成效的关键。一方面，日本政府不仅制定了严格的排放标准，对不执行环保标准的企业进行处罚或追责，而且也非常重视发展环保产业。各级政府通过设立生态园区、产业园区，配套免税、贷款等的政策扶持，促进环保产业迅速发展。比如在北九州的环保产业园区，从教育基础研究，到技术验证研究，再到企业化运作，都得到政府有力支持。另一方面，日本宪法中规定了国民主权原理，也确保了地方自治制度受到宪法的制度性保障，使得某些支持环保运动的人士有可能在行政长官的选举中胜出，推行比国家标准更为严格的环境保护措施。据统计，20世纪60年代至80年代，这些以环保为目的的地方“自治体”占到日本全国“自治体”的1/3。并且，日本政府也会向“日本环境协会”“日本清洁中心”等民间团体提供资助，协助政府进行环保的宣传和管理。在这样的政策导向和民意影响下，环保不仅是政府的要求，也体现为市场的需求。如果一个企业在生产过程中不考量环保的市场诉求，其产品就难得到民众的认同。许多企业因此不得不转变经营方式，从被迫遵循法律法规到主动加强环境保护，因为环境保护问题不仅关乎民生，也决定了企业的生死存亡。1999年以来，专门计算污染排放值的“环境会计”制度在日本企业中迅速普及，实现“零排放”的企业越来越多。

目前，日本致力于构建“循环型经济社会”，这将导致产业结构的重大变革和科学技术发展方向的转变，并给经济带来新的增长点，创造新的市场。日本通产省估计，到2010年，与环境有关的市场规模将从现在的15万亿日元增加到37万亿日元，就业人数会从现在的64万人增加到140万人。日本经济计划厅预测，到2020年，环境产业将是日

---

① 李懿、解轶鹏、石玉:《国外生态治理体系的建构模式探析》,《国家治理》2017年第27期。

本经济增长的重要支柱之一。重视环保已经成为日本举国上下共同关心的大问题。

（三）英国：以严格生态环境立法为切入点，走绿色发展之路

1952 年 12 月的“伦敦烟雾事件”震惊世界，但这绝非偶然。从 19 世纪初到 20 世纪中期，伦敦就已经发生过多起空气污染案例，最早甚至可追溯至 1813 年。随着工业化进程的加速，大量化石燃料的消耗量不断增加，大气污染的状况难以遏制，甚至在“烟雾事件”之后的 1956 年、1957 年和 1962 年等，伦敦又连续发生了多达 12 次严重的烟雾事件。然而，时至今日，伦敦空气质量和生活环境大幅改善，这从根本上得益于英国政府多措并举、重典治霾的系统谋划与推进。

1954 年，伦敦通过治理污染特别法案。1956 年，《清洁空气法案》成为全国通行法律。这些法令提出禁止黑烟排放、升高烟囱高度、建立无烟区等措施，并且在控制机动车数量、调整能源结构等方面做出了很多努力。[①]1974 年政府又出台“空气污染控制法案”，规定工业燃料含硫上限等硬性标准。其中，大范围地划定烟尘控制区是伦敦政府采取的一项核心措施。由于“伦敦烟雾事件”的主因是来自城区的家庭燃煤，而在城区设立和扩大烟尘控制区，要求在改造控制区内所有的燃煤壁炉为燃油或燃气壁炉，或以无烟燃料替代，可以有效控制城区烟尘的产生和排放。在壁炉改造过程中，英国政府承担 70% 的改造成本，而未按要求执行的个人将会被处以 10 ~ 100 英镑不等的罚款乃至最高 3 个月的监禁。从 1958 年到 1978 年的 20 年间，伦敦的颗粒物年均浓度降幅超过 90%，二氧化硫年均浓度降幅超过 80%，大气污染治理成效显著。[②]

在此之后，英国政府又逐步将工作的内容拓展到了对其他废气的治理上，《汽车燃料法》（1981 年）、《空气质量标准》（1989 年）、《环境保护法》（1990 年）、《道路车辆监管法》（1991 年）、《清洁空气法》（1993 年修订）、《环境法》（1995 年）、《大伦敦政府法案》（1999）、《污染预防和控制法案》（1999 年）及《气候变化法案》（2008）等一系列空气污染防控法案的出台，从废气产生的源头处入手，制定明确的处罚措施，以

---

① 李松林:《预算与重罚齐用 英国人靠“钱”治霾》,《世界博览》2016 年第 2 期。

② 白云峰、易鹏、杜少中、王莹等:《中国经济可持续发展的能源战略方向——煤炭清洁利用》, 2014 年盘古智库课题报告。

控制伦敦的大气污染。比如围绕着治理机动车污染问题，一方面，英国政府多次修订完善《清洁空气法案》，增加机动车尾气排放的规定，要求所有新车都必须加装净化装置以减少氮氧化物排放。另一方面，早在 2003 年，伦敦市政府开始对进入市中心的私家车征收“拥堵费”，以此来改善公交系统发展。

以严格的生态环境立法和执法为切入点，在加快实施大气环境治理战略的基础上，英国政府致力于将生态治理的成果转化为现实生产力，积极推进战略性新兴产业发展计划，走绿色发展道路。2003 年，英国首次正式提出低碳经济概念，并将建立低碳社会提升为基本国策。2009 年，英国发布“低碳工业战略”，重点布局建筑、电力、交通与重工业等领域。在利用气候变化税、排放贸易机制等政策工具及低碳交通、“清洁煤炭”、碳预算等计划的基础上，英国政府充分发挥各种政策工具与计划的特色，组成相互联系、相互作用的有机政策计划体系，低碳技术研发推广计划得到社会各界的广泛认同，已初步形成以市场为基础，以政府为主导，以全体企业、公共部门和居民为主体的“低碳经济”互动体系，促进低碳经济转型，促进可再生能源的发展。[①] 经过多年努力，2013 年，英国有 46 万人在低碳部门工作，预计 2020 年该数字将达到 120 万。

总体上，英国的生态治理走的是“立法为主，补贴为辅，全面推进，最终建立低碳社会”的模式，严格立法、规范执法、制度先行，促进了生产模式和消费模式的改变。一方面，积极引导公众，将公众对环保问题的关注转化为对相关政策的支持和自觉执行；另一方面，也引进和鼓励更多的私有企业投入绿色经济领域，发挥市场的力量，助力英国的绿色经济转型，最终形成经济利益与生态效益之间的良性循环。

（四）美国：健全环保法律体系，构建多元协同的生态治理模式

同中国一样，美国是个幅员辽阔、地势与气候类型多样的国家，生态问题的治理尤为复杂。一方面，生态系统具有系统性和整体性；另一方面，生态治理的行政权限被分割为多个部门享有，受到对各部门自身

① 参考中国科学技术信息研究所：《英国伦敦雾霾治理措施与启示》，http: //scitech.people.com.cn/n/2014/0303/c376843-24514293.html.

利益的关切，集体共识的达成显得困难重重。如何实现生态的“府际或州际合作”一直是美国联邦政府和州政府极为关切的问题，在实践中形成了诸多较为有效的治理方式与经验。

以先进的环境立法理念为基础，健全环保法律体系。美国目前已经形成涵盖几乎所有生态领域的、由多立法主体、多层级构成的环境法律体系格局。从某种程度上说，美国的生态环境保护历史就是一部环保法制史，美国生态环境保护的一切工作都是围绕着完善环保法律体系展开的。美国生态环境保护立法遵循三大基本原则：第一，为所有的联邦机构规定了特别职责；第二，创设对私人企业的生产和生产过程所产生的污染处置加以管理的污染规制体系；第三，颁布对某些特殊性质的地域、植物、动物加以特殊保护的法规。美国联邦、州、区域和地方政府都可以制定本辖区的环境保护政策目标，但是下一级政府制定的规定只能比上一级政府制定的规定更加严格，同时四级政府之间相互合作，共同制定规则并监督实施，以确保实现环境保护目标。美国的环境保护政策还规定，非政府组织、公众和媒体可以对环境保护目标实现情况进行监督，并可以对失职行为提出诉讼或弹劾。①

除了传统的政府治理以外，美国政府还倚重多方主体，构建多元协同的生态治理模式。比如建立州际合作机制。20 世纪 70 年代以前，美国治理空气污染的努力都是“各人自扫门前雪”，处于各地自发性和零星的状态。1970 年 12 月，时任总统尼克松整合政府各部门的环保职权，建立了“美国国家环保局”，开启“全国上下一盘棋”的合力治理空气污染模式。同时，美国的宪法赋予各州可以“永久性”地使用州际协议来化解州际争端。美国国家环保署制定的全美空气质量标准只是一个最低标准，各州可以制定更加严格的空气质量标准。《清洁空气法案》提出的具体做法是，每个州因地制宜制定“州执行计划”，阐明地方层面、州层面和联邦层面的具体行动，如何控制排放，以达到全美空气质量标准。州执行计划提交给国家环保局审核，环保局具有批准或者否决权，比如 102（a）规定：鼓励各州之间通过确定州际契约或州际协定就大气的污染和防治展开合作。102（c）指出，在不与联邦法令或者条约相违

---

① 〔澳〕巴克利著，杨桂华等译:《生态旅游案例研究》，南开大学出版社 2004 年版，第 42 页。

背的前提下，国会认可州与州之间达成的州际大气治理契约或协议。[1]自20世纪90年代开始，美国地方政府间开展了垃圾处理、环境污染治理和生态保护与恢复等方面的协作。

又如，鼓励公众参与。美国的法律对公众参与环保作了明确的规定，充分保障公众对环境保护的知情权、监督权和参与权。美国的环境保护，在各级政府部门、专家系统和科研部门之外，还有一个规模极大的公众参与群体，与政府、专家组成三支互为补充的力量。这个群体组织数量众多、宗旨各异，有的是按地区组织的，有的是针对某一具体问题组织的，如保护本地区的湿地、保护某一种动物或某一片树林。

再如，注重运用市场方式进行生态治理。以科罗拉多河流域的公私合作为例，科罗拉多河是典型的州际河流，需满足7个州的用水需求，在州际协议“治理失灵”的情况下，20世纪90年代末，联邦内务部颁布了《科罗拉多河规则》，明确了各州的用水权份额。之后成立了专门组织进行市场化与行政治理的协调统筹。这样使得流域各个利益主体参与到治理之中，用水权实现了在各州之间的有效流转。

事实上，协同治理模式不仅被运用于在美国占主导地位的水资源规划过程，而且也成为美国规划和管理国土资源的主要形式，这一模式为解决日趋复杂的公共问题提供了良好的借鉴。

第二节　国外生态治理的现实借鉴

德国、日本、英国、美国等发达国家的生态治理走的是一条污染倒逼治理的道路，单纯由资本的无限扩张欲望驱动的发展模式，必然是短视而又急功近利的，发展只有兼顾多方利益，汇集多方力量的共同参与，才能最终调整欲望回落至合理的区间。环境问题不是一个独立的问题，而是涉及政治、经济和社会的综合性问题。在各国生态治理的过程中，政治与资本、社会与资本之间一直存在着一种博弈关系。实际上，也正是依靠政府与公众的制衡作用，才能对资本的盲目扩张形成某

---

① 郭永园:《美国州际生态治理对我国跨区域生态治理的启示》,《中国环境管理》2018年第1期。

种牵制。概括而言，上述四国在加强生态环境保护方面存在着一些共性的做法，如由政府主导完善法律法规体系，增强其可操作性；加强对民众的环保意识的培育，激发其内生动力；鼓励发展绿色经济，实现经济和生态之间的良性互动；以环保科技创新为驱动力提升环保产业的竞争力等。

我国作为发展中国家，人口数量庞大，解决发展的不充分问题仍然任重而道远，同时，在此前工业化的过程中，由于过度依赖消耗能源的粗放型发展方式，经济发展与资源、环境生态之间不平衡的状况日益凸显，经济的快速发展是以资源的大量消耗、生态环境的恶化为代价的，已远远超出了环境的承载能力。如由工业污染排放、汽车尾气排放，城市主要生活污染排放、建筑扬尘、灰尘、悬浮物的沉积等多种因素共同造成的雾霾天气，已成为近几年公众迫切关注的问题。另外，中国水资源总量在世界排名靠前，但人均占有量达不到世界平均水平，特别是北方地区水资源严重缺乏。近年来的沙尘暴、土地沙化问题也日趋成为社会各界关注的焦点。

党的十八大以来，全国各省市地区以科学发展观为统领，牢固树立“绿水青山就是金山银山”这一现代生态文明观，积极推进“环境换取增长”向“环境优化增长”的转变，在这一转变过程中，积极吸收借鉴西方生态治理的思路和举措，有助于全面推进国家生态治理体系和治理能力现代化。党的十八大将生态文明建设纳入中国特色社会主义事业“五位一体”总体布局，党的十八届三中全会将推进国家治理体系和治理能力现代化作为全面深化改革的总目标，这意味着推进生态治理现代化有两重战略意义：一是有助于改善生态环境状况，促进经济社会系统与生态系统协同发展，实现人与自然和谐共存；二是有利于推进生态文明建设领域的国家治理体系和治理能力现代化。[①] 可以说，生态治理现代化是国家治理现代化的重要环节。

首先，生态治理的主体是多元的，生态治理的模式从根本上体现为政府—市场—社会的多中心治理模式。生态治理涉及方方面面，不仅要求政府部门间、政府间的整体性运作，涵盖了央地间的“上下合作”、

① 吴平:《构建多元协同的生态治理模式》,《中国经济时报》2016 年 9 月 14 日。

中央或地方同级政府之间的"水平合作"、同一政府不同部门之间的"左右合作"等关系，而且也要求政府同企业和社会之间保持一种"内外合作"关系。有学者指出，治理意味着一系列来自政府但不限于政府的社会公共机构和行为者；治理意味着在社会和经济问题寻求解决方案的过程中存在界限和责任方面的模糊性；治理明确肯定了在涉及集体行为的各个社会公共机构之间存在着权力依赖；治理意味着参与者最终将形成一个自主网络；治理意味着办好事情的能力并不限于政府权力，不限于政府发号施令或运用权威。[①] 由于生态环境具有整体性，这就要求改变传统的政府单一治理模式，积极利用市场主体及培育各类社会组织，鼓励非政府力量参与到生态共治之中，最大限度地维护和增进公民利益，形成政府、企业、社会组织和公众等多元化权利主体治理体系。政府要更加明确自身的职责和权力范围，从全能政府转化为有限政府，将治理权利和工具分配到公众、社会组织等主体中。

其次，区分各主体的生态职能，实现优势互补。尽管治理体现为各领域间的权责边界趋于模糊的过程，各种"跨界"协作标志着全新的治理时代的来临，但是政府、市场和社会三者在生态治理过程中承担的职能显然是有明显区别的，政府无疑在其中发挥着主导作用。随着国家的政治功能趋向于弱化，国家的社会职能将进一步加强，公共事务的复杂性对政府提升加强顶层设计和总体协调的能力提出了更高的要求。在现代社会运行中，政府在组织生态治理方面具有重要优势，主要是制定政策、信息整合公开、筹集各方资源等方面。[②] 同时，结合上述四国的经验做法，政府在健全法律体系、优化管理机构、完善协调机制等方面皆发挥着不可替代的作用。以法律体系的构建为例，比如实行联邦制的美国，自 20 世纪 60 年代至今，已构建起完备的多立法主体、多层级构成的环境法律体系。从美国联邦环境法规体系上看，上层是兼有纲领性和可操作性的《国家环境政策法》，体系下层包括"污染控制"和"资源保护"两大类法律法规体系，再就不同的治理对象出台相应的规范和细则。这些法律法规为生态环境治理提供了重要依据。又如德国，将标准

① 〔英〕格里·斯托克，华夏风译：《作为理论的治理：五个论点》，《国际社会科学杂志（中文版）》1999 年第 1 期。

② 王莹：《国外生态治理实践及其经验借鉴》，《国家治理》2017 年第 24 期。

化视为生态治理的圭臬，企业不会随时“根据实际情况”灵活机动地处理，政府部门也不会随心所欲地行使自由裁量权，使得任何行为都有据可依。

相较而言，从立法方面看，我国还没有一部专门的生态治理机构组织法来厘清和界定生态治理体系中各治理主体的关系，明确国家生态治理机构设置、职能权限、职责分工、利益分配等事项。环境保护法只是原则性地规定了地方政府对辖区环境质量负责，没有明确规定政府各部门如何履责并进行监管。现行的环境资源法律主要以公民、法人和其他组织为调整对象，很少对政府行为进行规范和约束。这些空白亟须填补。此外，还需加快生态补偿立法，将生态环境资源开发与管理、生态环境建设、资金投入与补偿的方针政策等内容纳入法律规范。从司法方面看，需要研究环境司法在国家治理中的定位与落实问题，探索建立生态保护警察和检察官等制度，为生态保护执法工作提供强有力的司法保障。①

就社会主体的功能而言，公众与社会组织是生态治理中最广泛、最基础的实践主体和力量源泉。生态环境与每一个人的生存和发展密切相关，只有获得最大多数公众的认同和支持，才能最终取得广泛而持久的成效。作为生态环境利益的直接相关者，个人可以直接或者间接地对企业的生态破坏行为进行监督，以媒介和政府为渠道，表达合理的环保诉求。完善公众参与机制，提高专业人才的话语权和影响力，保障公众对生态治理的知情权和参与权。同时，积极依托社会组织等平台，整合个体的力量，共同防治生态破坏行为。从国外生态治理的经验来看，提倡和培育以 NGO、NPO 为代表的公益性社会组织，是生态治理的必然要求。欧美国家 NGO、NPO 数量众多、规模不等、宗旨各异，通过其自身优势，在生态环境保护中发挥着不可替代的作用，成为政府力量的有效补充。大型组织如大自然保护协会（TNC）是国际上最大的非营利性的自然环境保护组织之一，管护着全球超过 50 万平方千米的 1600 多个自然保护区，8000 千米长的河流以及 100 多个海洋保护区。自 1998 年进入中国以来，TNC 和中国政府广泛合作，引入国家公园概念，进行国

① 李晓西:《完善生态治理需要协同共治》,《人民日报》2015 年 5 月 19 日。

家公园探索示范；吸引社会资金进行碳汇造林，缓解和应对气候变化。这类活跃在我国的专业社会组织在引入先进国际理念和方法、创新保护模式、吸引和带动民间资本投入环境保护、提升国内社会组织的能力水平方面发挥了积极的作用。应该发挥市场机制，通过政府购买公共服务等多种方式鼓励社会组织主动参与生态环境治理，形成多元化的投资模式和治理主体。

对于市场主体而言，经济效益而非生态效益，是其首要的关注点。如何将两者结合起来，寻找经济增长与环境保护平衡点，成了各国政府共同关注的议题。以 20 世纪 70 年代，美国学者 W. 爱布瑞克提出的生态农业概念为标志，以绿色消费、绿色生活、绿色制造、绿色产业、绿色经济等为表现的“绿色现代化”已经成为全球发展的新趋势。除了把低碳经济上升为基本国策的英国以外，各国都在积极寻求产业结构转型，比如美国政府大力推行绿色农业和生态工业，决心把“可持续发展的美国带入 21 世纪”；日本政府指定和实施以“21 世纪新地球”为主题的绿化地球百年行动计划；欧盟增加对环保研究和环保技术、环保产业等方面的投入，在税收、借贷、出口政策上扶持绿色产品的生产。在政府层面相应的政策配套、资金和技术支持的条件下，在民意实际走向的影响下，市场的理念也发生了深刻的变化，生态领域的科技创新日益成为市场的主动选择。在市场经济条件下，市场能够通过提出新问题、提供新机会、创造新利润实现对绿色技术创新的拉动作用。比如在德国，企业一直处于创新活动的主导地位，高等院校的人才培养要围绕企业对于科技人才的需求。在日本，几乎所有大中型企业都有自己的研发机构，与高等院校和科研院所开展了广泛的合作，大大促进了科研成果的转化。美国、英国、德国、日本等国纷纷建立了比较完善的资本市场制度和风险投资制度，营造了良好的金融环境，在一定程度上规避了绿色技术创新风险，推动了绿色技术创新。

再次，构建生态治理协同机制，实现经济效益、社会效益与生态效益相统一。生态治理现代化是国家治理体系和治理能力现代化的题中应有之义。生态治理的现代化模式，究其根本，表现为一种政府主导之下，遵循市场原则、强化社会监督的集体行动。政府、市场、社会之间的协同共治，是生态治理的必由之路。第一，协同治理指的是仅凭单个政府部门，或者单个组织而无法解决的公共难题，须借由政府、企业、社会团体、公众等多方参与的共商、共建、共享、共赢才能实现最终决策的治理模式。第二，协同治理最大的特点是以共识为导向。协同治理不同于上行下达的官僚层级制，也不同于主要由专家给出决策意见的咨询制，协同治理的目标是在协调多方利益的前提下，众多的参与者之间能够达成共识。相比于官僚层级命令或多数投票制，协商过程的决策过程是更为精细化的，因而也更为耗时。但一旦共识达成，决策的执行过程则是更为顺利和迅速的。第三，协同治理的决策过程是集体的、平等的。并没有哪一方能够依靠权威，自动地拥有话语权。协同治理更多地体现为一种“摆事实，讲道理”的论理过程，而不是单纯地一方压倒另一方。

有学者指出，为了发挥社会各方面力量在生态治理中的作用，首先应建立利益相关方协商机制。出台一项环保新政策、新建一个工程项目，都需要与利益相关方进行对话协商。这种对话协商短期内可能不利于快速推进发展，但有利于防止损害生态环境的工程上马，有利于社会各界对项目建设的监督，有利于促进公共项目建设科学化，从长远看有利于社会和谐和可持续发展。其次应鼓励和支持企业履行社会责任并形成相关制度。企业是生态治理的重要主体。在工业化过程中，应把企业对生态环境的影响降到最低。再次应建立全民参与生态治理的监督机制。重视发挥各类行业组织、公益组织、环保非政府组织以及民众的作用。在现实生活中可以看到，一些企业超标排污，有可能应付或化解政府部门的压力，但承受不了政府与民众联合起来的压力。①

因而，要实现经济生态化和生态经济化的总体目标，“只有以科学发展观为统领，贯彻落实好环保优先政策，走科技先导型、资源节约型、环境友好型的发展之路，才能实现由‘环境换取增长’向‘环境优化增长’的转变，由经济发展与环境保护的‘两难’向两者协调发展 的‘双赢’的转变；才能真正做到经济建设与生态建设同步推进，产业竞争力与环境竞争力一起提升，物质文明与生态文明共同发展；才能既培育好‘金山银山’……又保护好‘绿水青山’……”②

---

① 李晓西：《完善生态治理需要协同共治》，《人民日报》2015 年 5 月 19 日。

② 习近平：《之江新语》，浙江人民出版社 2007 年版，第 223—224 页。

附　录

践行“两山”重要思想、全力推动绿色发展的典型范例

安吉余村：“两山”理念与小村蝶变

余村——“两山”理念的诞生地。这个只有280户、1045人的小山村，以实际行动谱写了“绿水青山就是金山银山”的美丽画卷，正在上演着绿色经济转型的美丽蝶变。如果用一句话来形容这景象，“绿水青山路，幸福余村人”——余村文化礼堂出口处映入眼帘的这句话最为合适不过。

一、绿色浙江：告别彷徨之痛

余村位于安吉县天荒坪镇西侧，因境内天目山余脉余岭及余村坞而得名，村域面积4.86平方千米，其中山林面积6000余亩，是典型的“八山一水一分田”，小村三面青山环绕，有着优质的石灰岩资源。20世纪80年代，在“靠山吃山”的传统观念支配下，余村人先后建起了石灰窑，办起了水泥厂，红红火火的“矿山经济”带动了全村发展，村集体经济曾一度达到300多万元，余村成为安吉县的首富村。全村280户家庭一半以上在矿区务工，石矿也成了全村人致富的“命根子”。

然而，这一切都是以牺牲环境为代价的。在追寻小村经济发展的路上，炮声隆隆、粉尘蔽日的环境成为余村人挥之不去的困扰。由于常年笼罩在烟尘中，山上的竹林变黄了，竹笋也减产了，连千百年的银杏树也开始不结果了。村民们不敢开窗、无处晾衣，甚至还因生产事故致死致残。曾在矿区开拖拉机的村民俞金宝回忆说，当时一进矿区就提心吊胆，害怕“天上掉下块石头”。短短几年内因为安全事故先后死了5名矿工。污染的代价、逝去的生命，让石矿成为村民难以割舍的痛。硬着头皮继续下去，环境怎么办？村民安全怎么办？关掉石矿将来又怎么发展？“成长的烦恼”和“制约之痛”交织，余村人陷入了沉思和迷茫。

2002年12月18日，时任浙江省委书记的习近平同志主持召开省委十一届二次全体（扩大）会议。他提出“以建设生态省为重要载体和突破口，加快建设‘绿色浙江’，努力实现人口、资源、环境协调发展”。1个月后，在习近平同志的直接推动下，浙江成为继海南、吉林、黑龙江、福建之后，全国第5个生态省建设试点省。余村多年的犹豫也在这一年有了定论。2003年，在省委、省政府提出建设生态省战略的大背景下，安吉县规划创建全国第一个生态县。余村人痛定思痛，相继关停了矿山和水泥厂，开始封山护林、保护环境，彻底告别“矿山经济”。

二、“两山”理念：捧回金山银山

矿山关停，余村的村集体收入一下子断崖式锐减到20多万元，不足原来的1/10，全村人几乎半数村民“失业”。一心要走出一条发展新路子的余村人，徘徊在十字路口。2005年8月15日，余村迎来了一个历史性的时刻。这一天，时任浙江省委书记习近平同志第二次走进安吉，到余村调研民主法治建设工作。当听到余村通过民主决策关停矿山时，习近平给予了高度评价，他指出：“余村人下决心关停矿山，是高明之举，我们过去讲既要绿水青山，也要金山银山，其实绿水青山就是金山银山……我们要处理好人与人的和谐，人与自然的和谐，不要以环境为代价去推动经济增长，当熊掌和鱼不可兼得的时候，要知道放弃，要学会选择。”

绿水青山就是金山银山！这一发展新理念为余村指明了方向。余村现任村支书潘文革说，从那以后，村民们更加坚定了走“养山用山”道路的决心。村里也重新编制了发展规划，系统分析了余村资源现状、发展空间，开创性地将余村村域依势划分为生态旅游区、生态居住区、生态工业区三块独立空间。同时，对周围广袤的山野林地予以严格控制保护，有效地将村民生活、生产与发展的空间作了合理布局和规划。

10多年来，余村先后投入了几千万元用于基础设施建设和环境提升，绿水青山恢复了生机、绽放了魅力。在安吉县和余村村委的引导下，村民开始发展休闲产业，余村走上了发展绿色经济转型之路，全村休闲产业逐渐壮大，农家乐迅速发展，乡村旅游蓬勃发展。曾在矿山开拖拉机的潘春林就是余村经济转型的典型缩影，他大胆借了几十万元，在余村最早办起了农家乐，如今他经营的农家乐客房已达150间，还创办了一家旅行社。10多年来，余村通过全力提升景区、漂流、水库、园区品位，一大批企业主转型发展休闲产业，已形成了河道漂流、户外拓展、休闲会务、登山垂钓、果蔬采摘、农事体验等休闲旅游产业链。余村从事旅游业的村民从最早的28人增加到400余人。2016年，余村成功创建国家级 3A 景区，全年游客超过 30 万人次，全村经济总收入 2.52 亿元，村民人均可支配收入 35895 元。理论的引领、实践的坚持，使余村的绿水青山又捧回了金山银山。

三、绿色圣火：形成燎原之势

如今余村已然成为践行“两山”理念的样板地、模范生。余村的美丽乡村建设、生态文明建设、民主法治建设等工作都走在浙江省乃至全国前列，先后荣获全国民主法治示范村、全国美丽宜居示范村、全国创建文明村镇工作先进单位、浙江省首批全面小康建设示范村、省级文明村、省级特色旅游村、省级农家乐特色村、省级绿化示范村、省级生态文明教育基地、省级生态文化基地、安吉县首批美丽乡村精品村、美丽乡村精品示范村等荣誉称号。每天，这里人来人往，热闹异常。一批又一批的参观者从全国各地纷至沓来，感受着余村令人惊叹的美丽蝶变。每到这里，人们都会在村口那个镌刻着“绿水青山就是金山银山”的大石碑面前驻足瞻仰，这既是他们发自内心的拥护，更表达着践行“两山”重要思想的坚定决心。

“绿水青山就是金山银山”，这团诞生于余村的“星星之火”，已在全国形成燎原之势。“两山”理念更成为指导各地绿色发展的行动指南，“由黑转绿”的发展喜势在神州大地蔓延开来。“两山”理念正深刻影响着经济社会发展的方方面面，成为越来越多人自觉自愿的共识。如今，“绿水青山就是金山银山”的理念写进了习近平新时代中国特色社会主义思想，写进了《中国共产党章程（修正案）》，这标志着从余村诞生的发展理念成为了全党的行动纲领，正指引着我们迈上建设美丽中国的新征程。“余村将以十九大精神为指引，继续抓好生态文明建设，继续坚持绿色发展理念，继续壮大村集体经济，让绿水青山源源不断地变成金山银山。”潘文革说。

天蓝、地绿、水净的家园，是我们的梦想；永续发展的美好未来，是我们的追求。在新时代的发展蓝图上，哪里拥有绿水青山，哪里就是未来的发展高地。站在时代的新起点，担负时代的新使命，余村将重新出发。

安吉鲁家村：公司＋村＋家庭农场

——乡村智变的安吉“鲁家模式”

鲁家村，属于安吉县递铺街道，总面积16.7平方千米，辖13个自然村，人口2200人。2011年，新当选的鲁家村班子到任时，村账户仅有6000元，负债却高达150余万元。2013年，中央一号文件提出，鼓励和支持承包土地向专业大户、家庭农场、农民合作社流转，发展多种形式的适度规模经营。这是中央首次提出家庭农场概念，也为鲁家的发展迎来了黄金期。这一年，经县政府批准，鲁家开始了中国美丽乡村精品示范村创建工作，同时，也开始了家庭农场的探索之路。对于如何发展家庭农场，村支书朱仁斌带班多次外出考察，经村委班子多番探讨，提出了“未来鲁家农场之花”的发展思路，并引入第三方经营平台，成立了鲁家美丽乡村经营公司，迈出了发展家庭农场的第一步。

2015年，鲁家村提出了打造“安吉唯一的家庭农场集聚区和示范区”的思路，致力于将一产“连接”三产，并由村经济合作社和安吉浙北灵峰旅游有限公司合资创办了安吉乡土农业发展有限公司，形成了“公司＋村＋家庭农场”经营模式，摆脱了以往单一的初级农业收入，依托家庭农场的建设，乡村旅游的发展，促成“三农”联动，实现了三方和谐共建共赢。为了串联起特色各异的家庭农场，鲁家村还特别设计建设了一条长达4.5公里的轨道小火车，形成了绿道、河道、火车道三位一体的村域景区游览观光带，这也是目前国内该型小火车落户的第一个村。游客们可以坐上小火车去“兜风”，感受庄园中“庭前桃花一株幽，屋后禾田正待收”的自然风光和田园野趣。伴随着声声汽笛，远近闻名的鲁家小火车渐显村域建设明星效应。2017年10月1日，以“安吉鲁家”为名的鲁家村旅游区正式对外营业。仅2017年，鲁家村的游客接待量达51万人次，实现旅游总收入1250万元，美丽嬗变初见端倪。短短六七年时间，可以说鲁家村通过“六个变”，实现了凤凰涅槃，完成了华丽转身，达成了美丽蝶变。

一是穷村变富村。鲁家村确定了三次产业融合发展的新定位，大力实施“三步走”发展策略。第一步，高标准实施“村庄美化、道路硬化、庭院绿化、村组亮化、水源净化”五化工程，创建美丽乡村精品示范村；第二步，先后建成蔬菜、竹园、野猪、高山牧场等 18 家农场，并以此为基础发展乡村旅游；第三步，村集体入股成立乡土农业发展有限公司，统一经营村庄、经营美丽。鲁家村“1+18”（1 家公司 +18 家农场）的新机制、新模式，彻底打破了以往美丽乡村建设负债经营的局面，村集体经济经常性收入从 2011 年的 1.8 万元增加到 2017 年的 333 万元，村集体资产从不足 30 万元增加至近 1.4 亿元。

二是村民变股民。鲁家村以经营村庄的思路，成立了注册资本 3000 万元的乡土农业发展有限公司。村里将各级财政美丽乡村建设补助资金和有关部门项目投入全部转化为资本，以村集体名义持有乡土公司 49% 股份，并积极吸引实力雄厚的旅游经营公司参与合作。实行“公司 + 村 + 农场”的共建机制，由村里统一向村民流转土地，整理后招引农场入驻，公司投资公共设施，并负责具体运营，农场自主建设。农民的腰包在鲁家模式中迅速鼓起来，村民收入来源除村集体经济分红外，农户土地流转租金每年每户约 8000 元，农场创造的就业岗位每年可为村民带来工资收入 3000 万元，村民房屋租金也水涨船高每年可达 1000 万元。2017 年，村民人均纯收入达到 35615 万元，是全省平均水平的 1.43 倍。

三是村庄变景区。鲁家农场经济模式推进传统农业向现代农业、生态农业、休闲农业演进，突出田野风光塑造、科普教育实践、高端农产品和品牌建设，促进农村一二三产加快融合，形成一个不收门票、全面开放的 4A 级景区。鲁家还率先成立全省首家休闲农业专业合作社，18 家社员农场错落有致地分布在村庄四周，每个农场都是一个景点，形成了互不重复、各有特色的家庭农场集群。村里修建的 10 千米绿道和 4.5 千米村庄铁轨，更是用观光小火车、电瓶车把农场串联起来，形成了一个全域旅游景观。

四是招商变选商。2013 年，鲁家村花了 300 多万元编制高标准、高水准规划，实行“多规合一”，即村庄规划、旅游规划、产业规划、环境提升规划由同一个设计团队统一设计，相互无缝衔接。然后，经过一段时间的招商实践后，鲁家开始寻找联合经营、抱团发展的招商思路。2014 年，灵峰公司与鲁家村合资组建成立安吉乡土农业发展有限公司，前者以 51% 的股份控股，后者以上级部门项目投资和美丽乡村建设补助资金入股。建立了统分结合的双层经营模式，即：由公司负责统一的基础设施配套、运营管理、市场推广，以及统一指导所有农场的产品销售和定价；由农场具体负责的施工建设，包括农产品生产、加工和营销等，“八仙过海、各显神通”。在规划招商新模式和全域化景区平台搭建基础上，鲁家没有组织一次外出招商，却吸引大批投资商纷至沓来，形成了资本聚集的“洼地效应”。目前，鲁家村已经吸引到 20 多亿元的社会资本。

五是布鞋变皮鞋。在农场的带动下，全村实现大众创业，越来越多的农民洗脚上岸，变成老板。18 个家庭农场已完成投资 2.5 亿元，其中 6 家农场为外出务工返乡村民创业。返乡的村民纷纷开起了餐馆，办起了农家乐、民宿，呈现出一片热火朝天的景象。此外，村内项目创造直接就业岗位 300 多个、间接就业岗位 1000 多个，越来越多的村民从传统农民变成了现代职业农民和农业产业工人，实现了全民就业。

六是田园变乐园。鲁家模式让一个农业小村蜕变成一个风景如画的景区村，让乡间田园变成市民休闲和农民生活的乐园。村风民风向善向上、健康和谐，村“两委”威信越来越高、战斗力越来越强，巩固了基层政权。村舞蹈队、篮球队、越剧队相继成立，乡村文化日益繁荣，实现了经济建设和文化建设齐头并进、物质文明和精神文明双丰收。

2017 年，党的十九大报告指出，实施乡村振兴战略，要按照产业兴旺、生态宜居、乡风文明、治理有效、生活富裕的总要求，建立健全城乡融合发展体制机制和政策体系，加快推进农业农村现代化。如今的鲁家村正在以自身的不断实践为中国农村振兴之路提供最前沿的思路和方向。

剖析鲁家村的成功经验，至少可以总结以下几点：

一是坚持规划引领，以规划促进资源整合，从田园迈向花园。农村要发展，必须善于盘活资源，将村里的土地、旧屋、河道、果林、菜园等资源转化为美丽经济。这不是简简单单的照抄照搬城市化的做法，必须坚持规划与运营相结合，精心梳理村庄的资源和文化脉络，打造合理的乡村空间格局、产业格局，形成绿色健康的生产方式和生活方式，促进乡村人与自然的和谐共生，让更多的年轻人回到农村，让更多的城市人向往农村。鲁家村在探索发展的历程中，花了300万元请专业的设计团队对整个村庄进行环境规划、产业规划和旅游规划，其在发展模式上，不是针对传统农村的点状发展、局部发展或者单一优势产业，而是立足全局，建设上整村规划、产业上整村发展，把田园式建设推向更高次的花园式建设。核心是规划三合一，即村庄规划、产业规划、环境提升规划不单独进行而是由广东设计团队统一设计，经相关部门和权威专家反复论证修改，整个规划既具有全局性又有独立性。无论是村庄建设、产业布局还是环境改善，都按照这张蓝图执行到底，通过鲁家村这一个平台建设到底。

二是坚持市场主体，以机制推进共建共享，以模式求取创新。鲁家村坚持走市场化道路，于2015年1月，由股份经济合作社建立了安吉乡土农业发展有限公司，并与实力雄厚的旅游经营公司合作。经过多方谋划，最终定下“公司+村+农场”的发展机制，由村统筹土地资源招引农场入驻，公司投资公共设施负责具体运营，农场自主建设不偏离总规要求。三者在统一规划后由乡土公司统一经营，统一使用“鲁家村”品牌。此外，鲁家村还建立了一套完整的利益分配机制和合作分红机制，村集体、旅游公司、家庭农场主和村民都能从中获得相应的收益，调动了各方的积极性，最终实现了共建共营、共营共享、共享共赢，即“三统三共”模式。如此，既壮大了旅游区整体实力，又实现了资源的有效整合。

三是坚持产业融合，以创意吸引投资创业，用资本带动发展。乡村发展离不开产业的支撑。鲁家村善于抓住政策机遇，率先在全国提出了打造家庭农场聚集区的理念，并在全村范围内建立起了18家差异化的农场，并设计了一条4.5千米的环村观光线，将分散的农场串点成线，成为一体，推动了一二三产融合发展，为当前农村发展提供了一条创新之路。当前农村单靠农业种植难以提高土地附加值，单靠加工生产也难以提高产品附加值，鲁家村通过打造家庭农场，把田园变乐园，村庄变旅游景区，这种产业融合发展模式，大大提高了土地收益，同时也大大增加了生产劳动的乐趣，让加工生产更具体验价值。也正是鲁家村的创新之路，吸引了投资者和创业者的目光，为鲁家村未来发展注入了新的活力。

鲁家村之所以能够成为乡村振兴的全国样本，其模式兼顾了新农村建设、农业产业化和乡村旅游，同时通过各项措施在先天优势不明显的情况下逐渐达到“民富村美”的效果，在全国各乡村都值得学习和推广。但每种模式推广，都有其适应的条件。鲁家村的成功有其特定的条件：

（1）天时。美丽乡村建设奠定了乡村旅游的良好环境。安吉县早在2007年就开始谋划中国美丽乡村建设，就其政策而言，从2008年至今已经整整10年，经过10年的发展，安吉县“美丽乡村”的建设从抓点连线，到最终成片，逐步把安吉所有的乡村都打造成为“村村优美、家家创业、处处和谐、人人幸福”的“中国美丽乡村”。相关政策每年推进，具有很强的连贯性。2013年中央一号文件支持家庭农场发展，近几年来浙江省的“三改一拆”“五水共治”等方针政策也为鲁家村的发展提供了动力。“鲁家模式”的成功之处，很大的原因在于安吉县相关部门的支持，村集体班子利用“美丽乡村”建设的大势把村庄建设、产业发展和环境美化结合在一起。安吉县在美丽乡村建设过程中对整个县区的旅游规划和开发，也为鲁家村开发乡村旅游提供了较为扎实的旅游基础设施配套和充分的游客资源。

（2）地利。优质的自然环境和便利的区位交通优势。鲁家村的村庄自然环境保持较好，无大规模污染源，全村人口密度也不高。从地形上看，鲁家村大部分为低丘缓坡，适合发展现代农业的同时，村庄的地理地貌丰富，拥有“山水林田湖”不同的自然资源，具有较强的景观性和可塑性。当前，在一些人口密集或者工业发达的集中村，由于缺乏天然的自然景观或者人为破坏环境比较严重，难以把乡村旅游和农业产业结合在一起。鲁家村交通条件便利，区域外和区域内都能满足旅游需求。安吉大道高速下口10分钟,306省道穿村而过，距离安吉县城10多分钟，到湖州半个多小时，正在建设中的S03省道将会同306省道接通。为配合乡村旅游发展，村内建设了绿道、小火车道、游客集散中心和大型停车场。

（3）人和。村“两委”班子引领了村庄发展的方向。村“两委”集体领导班子是整个村庄的大脑，带领着村庄发展的方向，有一个强大的大脑是村庄发展的首要条件。2011年村级换届，朱仁斌上任，当时，安吉县187个村的卫生检查中，鲁家村排名倒数第一，全村集体收入仅1.8

万元。村“两委”班子团结一心，一步步从环境整治、建设村委办公楼、规划村庄发展、招商引资，逐步建成了现在的鲁家村。因此村庄发展村领导是关键。这几年来，朱仁斌在村庄规划、经营和招商上创新思路、精心策划。如今，村里还成立乡土职业培训公司，村里的年轻人都陆续返乡创业，这些力量为入驻的企业和创业者提供了有力的保障。

实施乡村振兴战略，必须推动产业振兴、人才振兴、文化振兴、生态振兴、组织振兴的有机统一。鲁家村的成功经验，给当前乡村发展提供了一种有益借鉴。乡村发展的根本在于发挥独特禀赋，培育乡村内生发展动力、活力和韧性。

长兴：蓄电池行业转型升级的“长兴路径”

长兴县地处浙江最北端，是一个传统工业基础比较深厚的县域，主要产业有纺织、蓄电池、耐火、水泥、机械制造等五大行业，这些旧型行业在长兴发展历史上发挥了十分重要的作用。面对传统产业因粗放发展带来的生态破坏、环境污染的严峻形势，长兴开始反思与改革，从原来的“拼命发展”到后来的“不要发展”，再到更好发展，其路径经历了一个正弦式的波形过程。环境整治过程中，从原来百姓的“逼”政府，到政府的“逼”企业与百姓，“逼”出了转型升级，“逼”出了绿水青山。2004 年春节长兴县召开了一次被外界称为“不要发展”的会议，从此启动了“五大专项整治”，开启了经济转型升级的探索历程。转型升级以后，长兴工业经济总量不降反升，县域经济发展驶上了超轨道，被媒体称为“长兴速度”。

长兴县蓄电池产业起步于 20 世纪 70 年代，最初生产矿灯用铅酸蓄电池，进入 21 世纪，伴随着电动助力车产业的兴起而迅速发展壮大。2006 年以前，长兴蓄电池产业走的是粗放发展道路，对生态环境的影响很大，2005 年发生了震惊全省的“天能事件”，还被戴上了全省的“环境保护重点监管区”的帽子。长兴人痛定思痛，壮士断腕，开始了大刀阔斧的转型升级进程。近年来，长兴县始终坚持科学发展的理念，将淘汰落后产能和建设现代化生产基地相结合，坚决整治“低小散”产业，进一步优化产业布局，严格项目准入，加强政策引导，全县域产业得到了健康有序发展。就蓄电池行业来讲，通过提升转型，长兴换来了“中国绿色动力能源中心”“中国产业集群50强”“国家绿色动力能源高新技术产业化基地”等称号，成为浙江省现代产业集群转型升级示范区。长兴县对于蓄电池产业的治理与转型升级主要做法有：

第一，强化组织保障，整体性协调推进。长兴县专门成立了专项整治、产业转型升级、新能源产业园区建设三个领导小组，均由县主要领导任组长。推进专项整治时多次召开县委常委会、县委书记办公会议、县政府常务会议、县四套班子会议进行专题研究部署，先后13次召开全县领导干部大会、专项工作会议。县四套班子主要领导先后6次召集蓄电池企业会议，全县人民与企业主的思想得到高度统一，共同推动。为提升工作效率，长兴还建立了领导干部上门服务制度，县四套班子领导全员参与，每一位县级领导牵头两名部门领导组成专项整治服务小组，联系两家蓄电池企业，开展“一对一”专项服务，协助企业制订整改、关停、转产的具体操作方案，并帮助企业做好职工安置工作等。综合运用经济、行政、法律等手段，建立有效的各部门联动协作机制，确保淘汰整治工作各阶段目标任务的实现。对不按规定按期关停的落后项目，各部门联合采取强制措施，坚决淘汰。

第二，编制出台规划，政策引导转型升级。2006年始长兴县陆续编制出台了《中国绿色动力能源中心实施方案》《长兴县绿色动力能源中心发展战略规划》《关于金融支持铅酸蓄电池企业专项整治扶持政策》及铅酸蓄电池行业专项整治“十六条扶持政策”等6个文件，鼓励企业提升装备水平和实施兼并重组，严格准入条件。并按规划和方案推动绿色动力能源产业发展，取得了十分明显的成效。2009年，县委、县政府进一步梳理新兴能源及蓄电池产业的发展思路和发展目标，出台了《长兴蓄电池及新能源产业集群转型升级示范区实施方案》。这些文件方案的出台，对于提升新能源产业的合理布局起到了积极的作用。针对低小散乱的无序产业布局现状，坚持科学布局，坚持高起点、高质量、高标准地进行产业布局的平台载体建设，确定了郎山工业园和城南工业区两个园区作为蓄电池产业集聚区，坚决禁止在园区外新批新建同类项目。以“关停一批、搬迁入园一批、原地提升一批”的总体思路，对已经投产运营的蓄电池企业进行整治。

第三，实施强势整治，倒逼推动转型升级。2004 年长兴以“壮士断腕”之势开展第一次专项整治。当时在长兴县境内有大大小小蓄电池企业 175 家，由于发展初期基本属于开放式的粗放式发展道路，给该产业戴上了污染的帽子。2005 年 8 月 20 日发生“天能事件”后，长兴县旋即开展了第一次以“关闭一批、规范一批、提升一批”为总体思路的专项整治，整治后企业从 175 家减少到 50 家，所有企业全部配备治污装备，实力强的企业实现清洁型生产，实现了第一次转型升级。2011 年以“凤凰涅槃”之志开展第二次行业整治。面对全国重金属污染防治专项行动，长兴在具体分析了该行业特点和面临问题的基础上，将这次全国性行业整治作为加快长兴县蓄电池产业转型升级一次难得的战略契机，开展了以“关停淘汰一批、搬迁入园一批、原地提升一批”为总体思路的第二次革命性的专项整治，通过兼并重组减少为 16 家，并统一集中到新能源高新园区，做到企业规模化、厂区生态化、工艺自动化、产品多样化、布局园区化，顺利实现了第二次转型升级。通过两次行业整治，龙头骨干企业凭借其资本优势、规模优势、品牌优势，加快发展总部经济并对中小企业实现兼并重组。

第四，升级技术和产业链，创新驱动转型升级。由政府出台政策，让企业成为提升科技创新能力的主体，加大研发及产业化支持力度，并建立起以市场为导向、以企业为主体、产学研用相结合的技术创新体系，并实施蓄电池行业标准化工作。与此同时，进一步延长升级新能源产业链，建立了以超威集团为主体的纯电动汽车产业技术创新体系，超威和天能都被评为国家级技术研发中心，着力突破关键瓶颈技术，助推汽车动力电池的研发与产业化，做强做大特色优势产业。除此之外，还充分发挥“浙江省绿色动力能源集成创新公共服务平台”这一国家级检测中心的作用，使其成为全国蓄电池行业的一个提供技术咨询、参与国家行业标准制定、理论研究及提供检测、企业技术创新的公共服务平台，为本县域内蓄电池企业科技创新提供技术支持与服务。

第五，推动“机器换人”，提高生产效率与安全度。一方面，严格要求装备准入，实施减员增效、减能增效、减污增效、减耗增效，提高劳动生产率、提高工业增加值率的专项技改行动，大力推广智能化的系统控制、自动化的生产制造、无排放绿色循环处理为特征的现代化生产模式，所有入园企业必须淘汰落后的工艺装备，专门制定出台了《新能源高新园区蓄电池企业工艺装备提升指导方案》；另一方面，鼓励企业研发生产装备，面对国内电动车用蓄电池自动化装备几乎空白的现状，县域内企业自主研发了自动化生产线，所有蓄电池企业工艺装备水平（包括卫生设备、环保）基本实现自动化，达到国内领先水平。行业龙头天能集团从国外引进了世界最先进的铅酸蓄电池项目密闭式生产线，规模化生产以后，生产效率提高了 8 倍（全自动生产线只需 5 ～ 7 人，1 万只电池原需工人 65 人左右），大大降低了工人接触铅烟、铅尘的概率，提高了生产工人在线生产时的安全度，而产品质量更为稳定。

第六，实行长效管理，监控监测企业生产行为。一方面，加强对生产企业的在线监控。针对新能源高新园区郎山和城南两大平台，规划设置重金属环境空气自动监测站，对园区内企业污染治理设备运行情况进行全过程监控，动态掌握企业各除尘设备的运行状况，对不正常运行的自动报。另一方面，专门出台了《长兴县铅酸蓄电池行业长效管理办法》，重点做好严格项目准入、提升工艺装备、加强日常监管、落实监督监测、开展年度评估五方面的工作，分别制定了工艺装备、环境保护、职业卫生、安全生产、质量管理等方面的实施细则，定期对全县蓄电池企业进行日常巡查，并进行年度评估，实施奖惩措施，督促企业加快转型升级。

“长兴路径”的启示在于：

其一，理念决定思路，转型升级首先是理念的转型升级。理念决定思路，思路决定行动。有什么样的发展理念就有什么样的发展思路。长兴县在经历 2005 年 8 月 20 日“天能环保事件”以后，在发展县域经济的问题上，决策者转变了自己的理念，在产业治理问题上长兴开始走上了正确的路径。长兴秉承的新理念就是“绿水青山就是金山银山”的“两山”观。决策层认识到，环境优质、生态良好才是长兴保持优质发展、绿色发展、科学发展的基础和条件。实践中，从原来的“为了发展什么都要”，到后来的“如果会破坏环境什么都不要”，再到今天的“好的才要”，就是“长兴理念”的路线图。比如说，长兴县在开展招商引资工作时就严格把握了这一条原则：不好的项目长兴坚决不要。

其二，路径决定成效，只有正确的路径才能达成目标。结合自身县域产业特点，长兴的决策者清醒地认识到，如果任由市场主导实施产业转型升级与产业结构调优是不可能做到的。以政府为主导，以企业为主体，以公众为基础，这就是“长兴路径”。长兴在推进产业转型升级过程中，所采用的手段是强势的，无论是蓄电池行业，还是矿山粉体行业、纺织行业的整治，都呈现了一个共同的特点，那就是政府的强势参与和推进。特别在蓄电池行业和粉体行业整治中，如果没有政府的强势推进与引导，我们可以断言，长兴产业格局的改变与转型升级不会有这么好的成效。重要的是，在整治后，企业与百姓的观念也得到了“整治”，整治倒逼带动了百姓观念的转型升级，从原来的不合作到整治后的积极点赞和配合，说明政府在整个产业治理过程中的角色及作为是正确的。所以，正确的路径决定成效和实效。

其三，科技决定竞争力，创新育新是转型升级的根本。在长兴模式的转型升级过程中，我们看到了“长兴成效”与“长兴速度”，但是回观长兴目前产业现状，产业的结构、特点、层次，客观地说，长兴工业经济的转型升级“升级多于转型”。从理论上看，转型和升级是两个不同的行为词，转型是性质的变化，升级是保持事物性质前提下的提档。长兴县目前战略性产业是新能源、现代纺织和特色机电等，这些重点发展的产业大都就是原来传统产业提升而来的，并没有进行脱胎换骨式的转型换脸。所以，需要理性地评估，转型升级在当下应该坚持什么样的尺度和路径才是最优的？笔者认为，新经济形势下，目前国内各县域经济发展需要确立更高更先进的理念，谁能在新兴产业培育发展上占领先机，谁将在后续发展中占领高地。所以，县域经济发展应该坚持在转型传统产业的同时，更要乐于育新引新，催生现代化的具有高科技含量的新型企业。

长兴水口乡：“景区＋农庄”的全域乡村旅游“升值记”

浙江省长兴县水口乡乡域面积 80 平方千米，总人口 1.8 万人，辖 8

个行政村和 1 个居委会，核心区旅游面积 16.8 平方千米。该乡位于长兴县西北部，属于天目山余脉的尾端，地处苏浙皖交界，位居长江三角洲经济前沿圈，交通发达，与上海、杭州、南京、苏州、无锡、常州、芜湖等大中城市相距均在 200 公里之内，属于两小时交通圈范围，具有天然的交通便利条件。水口三面环山，东临太湖，具有特有的太湖气候，山清水秀，气候温和，生态优美，植被茂密，岗峦叠翠，空气清新，森林覆盖率达 90% 以上。顾渚山有 175 种野生动物，其中 16 种为国家一、二级保护动物，是名副其实的"青山绿水之间，休闲度假胜地"。水口文化底蕴深厚，历来以唐代贡品紫笋茶、金沙泉而闻名，有"茶文化胜地，生态旅游乡"之美誉。

依托优美的自然生态资源、深厚的人文历史底蕴和便捷的交通优势，自 2002 年以来，以"吃农家饭、住农家屋、干农家活、享农家乐"为主要内容的农家休闲体验旅游在水口快速兴起，经过 16 年发展，形成了旅游景区带动的"景区 + 农家乐"乡村旅游模式。目前，全乡已有各类农家乐近 560 家，床位数 27000 余张，餐位数 25000 多个，从业人员 2200 多人。全乡目前有省级农家乐特色示范村 3 个，省级旅游强村 2 个，省级十佳农家乐特色村 1 个，省级农家乐精品培育项目 2 个，省级"五星级"农家乐 5 家，省"四星级"农家乐 5 家，省"三星级"农家乐 47 家。2017 年共接待游客 315 万人次，实现旅游收入 7.9 亿元，景区游客连年爆棚。水口乡先后获得了"全国环境优美乡""中华宝钢环境优秀奖""省级旅游强乡"、省级"最佳宜居示范乡镇""省级文明乡""省级生态示范乡""长三角十佳乡村旅游景区""浙江省老年养生旅游示范基地""长三角十佳乡村旅游目的地"、国内首批全乡域开放国家 4A 级景区、省级乡村旅游产业集聚区等荣誉称号。

一、适应市场需要，政府借势定位推动

水口乡村旅游发源于一个偶然的事情。1999 年，水口乡顾渚村村民张松林邀请了上海退休老军医吴瑞安先生在顾渚村创办了申兴康复疗养院。该疗养院有床位 30 多张，专门接待上海地区中老年群体的康复疗养。该疗养院创办后，上海的中老年游客纷至沓来，已经远远不能满

足游客的接待量。2002 年，顾渚村依托疗养院游客资源发展了 5 户农家乐，并从单纯接待游客住宿发展到融游客吃住于一体的农家乐。水口乡党委政府意识到农家乐的发展前景，在 2001 年确立了“生态保护、经济发展、社会和谐”的水口发展模式，提出了要建设“绿色水口、生态水口、休闲水口”的发展目标，出台鼓励政策，确定专职乡干部负责农家乐引导和管理。

到 2005 年，水口乡农家乐发展到了 34 户。在此基础上成立了水口乡农家乐协会，制定了农家乐接待标准，开始行业监管和规范管理。这期间水口农家乐基本上集中在顾渚村的王塔、龙头自然村。2006 年至 2010 年水口农家乐进入了发展黄金期，2010 年全乡农家乐达 250 余家，接待能力、接待规模、接待档次显著提升。

二、科学编制规划，完善基础设施配套建设

根据土地总体利用规划，结合村庄布局和建设规划、产业发展规划，专门聘请专业团队，突出禅茶文化，按照农家乐产业布局、人口集聚、美丽乡村建设和环境保护等协调发展的要求，对整个景区进行高起点规划。2003 年以来，编制了《顾渚山风景区总体规划》《水口乡生态环境规划》《长兴县水口乡生态集镇建设规划》。特别是 2010 年，聘请四川大学杨振之来也旅游规划咨询公司编制了《长兴县顾渚山茶文化旅游度假区核心区域总体规划》，经过反复论证，确定了“一带四片区”的总体发展格局，把水口乡村旅游度假区打造成集茶、泉、禅、田于一体的生态旅游度假第一目的地。

按照规划，着力推进基础设施配套建设，景区内道路全部进行拓宽、硬化、绿化，建立了商品市场、农贸市场、停车场、旅游咨询中心、游客休闲文化广场等旅游配套设施。2016 年，水口乡以“三改一拆”“四边三化”“五水共治”“景区整治提升”为载体，投入 2 亿多元启动景区核心区块整治提升工程，开展景区三大整治，优化旅游环境。一是农房清理整治。把所有农户原审批档案从档案库调出来，委托测绘单位对每家每户现有建筑面积进行测量，然后与原始审批档案比对，确定每家每户拆除面积，将一户多宅、少批多建、有碍观瞻的各类棚皮

建筑包括道路沿线的围墙全部拆除。二是改造提升农家乐。除水、电、路、气、人、车六方面公共设施配套之外，道路两侧农家乐业主包括农户，由乡政府邀请设计单位按照一户一策的方式，给每家提出一个提升方案，费用由政府承担。三是规范管理农家乐证照。根据农家乐这一特种行业许可证在我国法律上是一个空白点，参照《浙江省民宿管理条例》，按照水口农家乐实际情况，创新标准对农家乐进行合法规范建设。

三、明确管理主体，健全管理机制和管理体系

为了切实加强对农家乐的长效管理，水口乡专门成立了景区综合管理办公室，设立旅游局质量监督站、水口乡旅游服务中心、夹浦派出所驻顾渚警务室、夹浦运管站顾渚临时检查站，主要负责景区范围内的交通、市场、秩序、卫生和农家乐的长效管理，人员由乡干部，核心区顾渚村村干部、农家乐协会的专职理事，交警、运管、派出所、市场监督管理、城管等部门组成，实行集中办公，统一管理。各职能部门根据各自工作职责，专门安排一名工作人员，成立农家乐长效管理工作小组，办公室设在景区管理办公室，定期对农家乐进行集中检查，发现问题，限期整改到位，确保工作成效。对于新办农家乐，做好开办前的指导工作，经相关部门按整治要求验收通过，方可办理相关证照。随着农家乐的快速发展，也逐渐形成了乡、村、农家乐协会三级管理网络体系和“1+3+N”管理体系。

四、推进农家乐组织化建设，加强自治管理

根据乡村旅游发展态势和需求，进一步加强了对农家乐服务组织化体系建设的指导，加强行业自治管理，建立了水口乡农家乐自治协会，及时开展农家乐接待、咨询、投诉处理等工作。专门制定农家乐整治规范标准，要求达到八个统一的标准：价格标准统一、制度上墙统一、厨房间卫生标准统一、污水排放处理统一、储藏间物品摆放统一、主要设施配备统一、新办农家乐标准统一。建设了水口乡农产品市场，形成了全县第一个服务农家乐的规模化土特产销售中心；联合运管部门对农家

乐旅游车队进行了规范管理，成立了具有运营资质的农家乐旅游车队，为上海、杭州、无锡等地游客提供上门接送服务；实行农家乐餐器具和床上用品的集中洗涤服务，使农家乐接待设备清洗走上了正规化道路；引导农家乐经营户为游客购买旅游意外险，保障游客人身安全等，有力地推进了农家乐产业链的优化调整。

随着农家乐产业的发展壮大，农家乐行业协会的监管事项和自治范围也越来越多，行政管理由景区综合管理办公室进行管理，农家乐的日常管理就由农家乐自治协会管理。500 多家农家乐按照 11 个片区，每个片区选出一位农家乐协会理事，由各个片区的理事管理各自片区的农家乐日常事务。目前，乡政府则通过一系列行政手段将原有的能够下放的一些职能全部下放到农家乐自治协会，由协会实行自治管理。水口乡的自治组织发达，自治管理组织众多，除农家乐自治协会外，还建立了老娘舅调解队、“半边天”调解队、指南针服务队、景区平安志愿者守护队、各村信息员网络等。

近 20 年来，长兴水口乡村旅游打造了自己的十大特色，这十大特色是：一是水口是一个全乡域开放式 4A 级景区，这开创了浙江省开放式景区的一个先例；二是水口是一个无景点旅游景区，它先有农家乐后有景点，先有乡村旅游后有景区政府基础设施建设；三是水口是一个综合型旅游景区，水口旅游景区不属于其他那些观光型、体验型、亲子型、采摘型等其中任何一种类型，但它集观光、体验、亲子、采摘等各种旅游形态为一体；四是水口是一个无周末经济的景区，它不存在典型的淡季和旺季；五是水口景区集聚程度之高是全国唯一的，核心景区顾渚村含山地面积仅 16.8 平方公里，960 户农户开设了 480 多家农家乐；六是水口景区的接待模式属全国首创，农家乐经营主集老板、厨师、服务员、驾驶员、导购员于一身，只接待包吃包住的团队游客，散客有钱找不到吃饭的地方；七是水口景区旅游的计价方式也是全国唯一的，实行按人按天计费而非按宾馆标准的按房间计费；八是水口景区既是游客集聚区，又是游客集散地，水口农家乐特别多，非常集中，而水口景区则利用每年 300 多万人次的游客量，向周边景区输送 50 万人次的游客，带动周边旅游发展；九是水口景区的客源具有单一性，水口景区的上海客源占据 65% 左右，江苏苏南地区占据 25% 左右，两个地区占比高达

90%；十是水口是游客的旅游目的地，游客群体以中老年旅居为主，不少上海、南京、无锡的游客把自己的房子出租后长期居住在水口农家乐，很多游客则经常来水口农家乐住上十天半月或大半年不等，好比城里人在乡村找到了另一个家。

德清：“洋式＋中式”

——乡村旅游的金名片

“人有德行，如水至清”，取名于此的德清县，位于长江三角洲杭嘉湖平原西部，交通便捷，区位优越。境内有国家级风景名胜莫干山、江南最大的湿地下渚湖及碧坞龙潭、葛岭仙境、新市古镇等众多旅游资源。尤其是莫干山上保留有 200 余幢别墅，风格各异，无一雷同，堪称“万国建筑博物馆”。

德清乡村旅游起步不算早，但后发势头强劲。自 2007 年第一家“洋家乐”裸心乡诞生以来至今，德清县围绕培育“原生态养生、国际化休闲”的旅游新业态，着力发挥生态优势，深耕国际游客、国内精英团体以及都市白领的客户群，积极打造“裸心”系列高端旅游品牌，加快推进民宿产业持续健康发展，实施乡村旅游“升级版”战略。环莫干山洋家乐乡村旅游区被评为“全国首批乡村旅游创客示范基地”；莫干山洋家乐被评为“国际乡村旅游度假目的地”；德清“洋家乐”正式被评为全国首个服务类的生态原产地保护产品，德清乡村旅游的生态效益得到彰显。回顾德清新世纪之后的乡村旅游发展，从星星之火到一片燎原，“政府作为”至关重要。

一、创新制度，保障乡村旅游健康持续发展

德清从 2005 年开始实施西部山区生态补偿机制，至今累计投入 8000 多万元，用于关闭、搬迁原有工业企业，有效保护了西部环莫干山区域的青山绿水。近年来，德清又结合“五水共治”“三改一拆”“四边三化”“和美家园”建设等工作，生态环境面貌得到了明显改善。

2014 年 1 月，德清出台了《德清县民宿管理办法（试行）》，进一

步规范民宿经营行为，提升管理和服务水平，突破了民宿的消防问题和特种行业许可证问题。同年又发布了全国首部县级乡村民宿地方标准规范《德清县乡村民宿服务质量等级划分与评定》。2015 年 11 月，出台了《关于促进旅游业加快发展的若干意见》，进一步明确发展目标、强化发展举措、加大资金支持，推动全县乡村旅游健康发展。为了方便业主了解在德清开办民宿的报批流程、要求，编写了《德清县民宿创办手册》，做到提早介入，提早引导。按照《德清县民宿管理办法》及《德清县民宿规范提升工作方案》要求，已连续三年持续抓好民宿消防、治安、环保、食品卫生等方面的规范提升工作。目前累计通过县民宿领导小组办公室验收的民宿共 250 家，五证齐全的民宿数量不断增加。开展了诚信公约系列活动，民宿业主诚信意识不断加强。通过及时制定发布政策、标准，不断跟进完善政策标准体系，逐步引导乡村民宿向规范化、品质化发展。此外，德清县还率先成立了全国第一家民宿学校——莫干山民宿学院，为全国各地的民宿业主提供交流和培训。

二、精准定位，聚焦环莫干山集聚区

德清乡村旅游的发展由外籍人士率先破冰，自南非人高天成创办首家“洋家乐”之后，法国、英国、比利时、丹麦、韩国等国投资者纷至沓来。“洋家乐”主要客源为跨国公司高层和都市白领等高端消费者，他们注重旅游过程的新鲜感、体验性和高品质，是高端度假的主要消费人群。针对这一群体，各“洋家乐”突出自身文化特色，提供管家式、一站式的高品质服务，充分挖掘本地自然环境和人文风情优势，全力打造以休闲度假为主的高端旅游品牌，满足消费群体的个性需求，网上好评率达 90% 以上。

为了突出国际化度假的主题，德清县结合莫干山国际休闲旅游度假区总体规划和县旅游总体规划、“十三五”旅游专项规划，推进环莫干山异域风情观光线和莫干山国际休闲旅游度假区建设，将各民宿连接成片，有效提升西部山区旅游环境容量。建设户外运动体验中心、环莫干山自行车绿道等一批具有鲜明特征的旅游配套项目，逐步形成西部慢行系统。推进庾村民国风情街改造、莫干山旅游集散中心建设，不断完善民宿道路指示系统，合理规划设置停车场，提升西部山区交通容量及安全系数，推进旅游便捷化。不断完善西部山区供电、供水、消防、污水管网设施，保障民宿业主、游客及当地居民的用水用电安全，降低生活污水对周边环境的影响。

2017年至今，裸心堡、悠然九希、原界·见山等国内一流的10多家精品项目相继建成营业，既彰显了德清乡村旅游高端度假的主题，又进一步显现了品牌民宿的集聚效应。

三、夯实基础，构建四通八达的乡路交通圈

按照“点上出彩、线上成景、面上美丽”的精神要领，德清县将青山绿水、历史古建、传统工艺和地域风情融入“美丽公路”建设，先后启动了环莫干山异国风情休闲观光线、中东部历史人文观光线、蚕乡古镇休闲观光带和防风湿地休闲观光带等4条休闲观光带的建设。比如，有着“梧桐生态走廊”之称的三莫线，6.5千米的道路两边及隔离带，种植着2000多株、三四米高的挺拔梧桐，与周围的白墙黑瓦、山峦叠翠相称，俨然一幅景区景致。在三莫线改造过程中，德清交通把握修路与造景并举的原则，既种植新树，又着重呵护民国时期的老树，这条德清人引以为傲的最佳骑行线路，也是感受德清人文气质的“历史长廊”。又比如“环莫干山异国风情休闲观光线”，全长23千米，将武康、筏头、莫干山3个乡镇7个村连为一体。如今，这条绿色生态通道上，散布百余家风格迥异的“洋家乐”。借力“美丽公路”，制约乡村旅游的发展瓶颈破解了，绿水青山让百姓富了起来。2015年，德清乡村旅游首次实现绿色GDP超百亿元。

四、全媒体营销，唱响“洋式+中式”乡村度假品牌

好酒也怕巷子深。为了唱响德清“洋式+中式”的乡村度假品牌，在做足细节服务赢得口碑宣传之外，德清发力于全媒体营销。借助国内主流媒体、各类旅游时尚类杂志进行宣传。

近几年，央视一套、二套、国际频道、新闻频道及央视网、浙江卫视、上海外语频道、《人民日报》《新华每日电讯》《光明日报》《浙江日

报》、*ELLE* 时尚杂志等媒体均以客观、积极、正面的态度报道德清乡村旅游，相关媒体报道达百余篇；通过微信、微博 QQ 等视频网站和优酷、携程、爱驾、几何民宿、一条、二更等新媒体为德清乡村旅游进行宣传；挖掘各类民俗、农事活动，开展有影响力的节庆和体验活动，如：配合完成国内首条乡村旅游航线上海—莫干山首飞仪式、铁人三项赛、莫干山徒步越野赛、国内首个闪电试骑会、Discovry 嘉年华等活动。

德清“洋家乐”独特的经营方式，让“无景点”度假旅游成为乡村旅游发展的新趋势。“洋家乐”的发展模式不仅为发展乡村旅游提供了新思路，也契合当下乡村振兴“生态宜居”的新内涵。经过多年的探索创新，逐步摸索出了一条由“农家乐”到“乡村游”到“乡村度假”再到正在形成的“乡村生活”的德清之路。绿水青山不仅点燃了游客心中最美的乡愁，也成为当地百姓保护生态、爱护家园的最大动力，成为脱贫致富、创业增收的“金山银山”。其基本经验可以概括为一句话，基于绿水青山，源于人文情怀，兴于市场青睐，成于政府引导。

定海：发挥海岛优势，推动绿色发展

定海，是中国千岛城市——舟山市的县级区，全区共有 128 个大小岛屿，总面积 1444 平方千米，其中陆地面积 568.8 平方千米，海域面积 875.2 平方千米。

作为浙江舟山群岛新区的桥头堡和核心区、浙江省首批历史文化名城、全国唯一的海岛历史文化名城，近几年来，定海在践行“两山”重要思想的实践中，充分结合海岛特色，注重经济、生态、文化的有机融合，先后获得了“国家卫生城市”“全国双拥模范城”“国家级生态示范区”“省平安区”“省示范文明城区”“省美丽乡村创建先进区”等多项重大荣誉。

一、以发展绿色海洋经济为抓手，打造现代化的海洋产业岛

近年来，定海通过规划布局的优化、产业平台的建立和对乡镇考

核体系的重新定位，解决了以前工业经济“乡乡点头、村村冒烟”的问题，节约了资源，也让各个区域更有力地保护了绿水青山资源，发展更适合自身的产业经济。

早在编制“十二五”规划纲要期间，定海就较好地坚持了“绿水青山就是金山银山”的“生态可持续”发展理念，提出了“南生活、中生态、北生产”的空间发展基本构架和“一核三带”的总体布局，形成了“一园区六基地十岛屿”产业布局，推进全区海洋经济强劲、可持续、平衡发展。

几年里，定海围绕工业经济转型升级，狠抓产业集聚，逐步形成了以浙江定海工业园区为龙头，舟山国际粮油产业园区、舟山国际水产品产业园区、金塘工业产业集聚区等共同发展的四大产业平台，工业向区域集聚的趋势日益明显。

加快推进信息化系统在长宏国际、正和造船、增州造船等船舶企业的应用，提升全区智能化造船水平。鼓励船舶企业使用全数字化信息模型，在同一数据库中实现设计作业，提高船舶产品智能化设计水平。积极推动绿色拆船业，这是循环经济的组成部分，也是保护海洋和江河湖泊水体环境的需要，同时还能获得大量可再利用物资，节省大量矿产资源。随着全球海洋油气勘探开发进程的加快，海工装备的需求不断增长，国家海洋经济产业规划将其列入大力扶持的重点行业。

二、以发展生态文化旅游为抓手，打造独具特色的国际休闲岛

定海以海洋生态资源、历史文化资源为主线，以国际旅游度假区为核心，积极培育新业态和新商业模式，发展生态与文化相融合的现代旅游业，确定了“五区一基地”的旅游发展基本框架，明确重点打造长三角地区重要的海洋旅游服务基地和休闲度假基地。不断提高旅游服务水平，促进产业转型升级，做大做深海岛旅游篇章，真正实现将“绿水青山”的美丽资源转化为“金山银山”的旅游经济。

依托“两美乡村”建设机遇，结合“三年百家农渔家乐”提升工程，全面推进定海生态乡村旅游发展。大力提升东海大峡谷、南洞艺谷

等生态旅游景区品质。加快推进景区三年行动方案，推进民宿项目建设，引进儿童游乐项目、轻餐饮、旅游特色纪念品、文化创意工作室等小微型人气项目，丰富乡村旅游业态。深入挖掘发展乡村文化旅游，通过在东海大峡谷等景区开展“舟山锣鼓”“翁洲走书”“跳蚤舞”“渔民画”等本地传统民间艺术的传承体验展示活动，深化传统文化与乡村生态的有机融合，丰富乡村旅游的文化内涵。在着力推进生态旅游项目开发建设的同时，始终坚持以原生态为本，尽力保持资源的原汁原味。

利用全国唯一海洋历史文化名城资源，依托河姆渡古城文化遗址、鸦片战争遗址等独特海岛历史文化，转历史文化优势为现实旅游优势，不断丰富定海“千年古城”的文化旅游内涵，提升城市文化品位。重点策划打造“定海海上历史文化名城核心街区”项目。

依托“海洋、岛屿、大桥”特色优势，加大招商引资力度和旅游资源综合开发力度，培育高端海洋休闲游。加快推进舟山跨海大桥风景旅游区建设，依托册子岛西堠门大桥、西部海湾、海岙资源，深化大桥观光、海上运动、户外露营、美食体验等运动休闲观光旅游，将定海特有的跨海大桥资源展示出来。

三、以发展美丽海岛乡村为抓手，打造幸福宜居的海上花园城

定海通过农房集聚等手段，使偏远分散的自然村落，通过集中居住的手段改善了基础设施及公共服务。同时以新建社区美丽乡村建设为蓝本，让美好生活的梦想成为现实，力争打造幸福宜居的美丽定海海上花园城。

多年来，定海区突出环境综合防控，着力构建了碧海蓝天的生态环境体系。全区生态环境状况级别为“优”，水、气、声等环境质量指标在全省名列前茅。一方面，通过生态环境污染防治、生态重点工程建设，切实解决了一批突出的环境污染问题，有效遏制生态环境破坏，增强了经济社会可持续发展的资源保障能力和环境支撑力。

由于舟山是海岛城市，以山地丘陵为主，可利用土地资源少，因此定海区编制完成了《定海区村庄及农村住宅建设布点规划》，将全区划

分为城区、乡镇两大区块，其中在城区范围确定住房禁建区、控制区和集聚区等三个住房建设控制区域。

美丽海岛建设的基础与核心还是在乡村社区。近年来，定海区共启动了 45 个美丽海岛社区创建，投入资金近亿元，全面提升了农渔村环境面貌。

景宁：书写绿色发展的民族篇章

1984 年，畲族人口不足两万的景宁，成立了全国唯一的畲族自治县。如何让欠发达的少数民族县共享全省改革发展的成果，一直是浙江干部群众的追求。

2002 年 11 月下旬，到浙江工作才一个多月的时任省委书记、代省长习近平同志就到景宁双后岗等村调研，他强调，在全面建设小康社会的进程中，欠发达地区，尤其是少数民族地区不能留下盲区和死角，贫困乡村一个也不能掉队。

2009 年，资源禀赋为“九山半水半分田”的小县景宁，被习近平同志寄予厚望，向他们提出要“在推动科学发展、促进社会和谐、增进民族团结上走在全国民族自治县前列”。

如今，按照习近平同志指引的方向，景宁通过艰苦奋斗，综合实力在全国 120 个民族自治县中从第 28 位跃至第 9 位。

从“中国畲乡，小县名城”到“和美景宁”，变的是城乡面貌，不变的是绿色发展的方向。而景宁的追求，在这一路上也日益清晰，随着时间的演变，谱写出一曲生动践行“绿水青山就是金山银山”的时代之歌。

一、美丽经济奏鸣曲

在脱贫致富奔小康的路上，景宁不是没有走过弯路。

像一些经济不发达县一样，景宁也曾长期以农业为主产业，全县经济收入主要来自于茶叶、香菇、竹子等农业初级产品，附加值低、回报率小，经济发展缓慢。景宁也引进了一些小企业，但多数是承接外地转移的化工、阀门企业，产值没有增加多少，空气和水倒被污染了。

直到“两山”重要思想问世，转机也随之而来。景宁人认识到，美丽的环境也是生产力。于是，景宁着力抓生态建设，关停拆除涉污企业，加强城乡污水治理，开展镇村环境整治……好山好水终于开始产出好效益，“美丽经济”渐成模样。

“美丽经济”美不美，一看发展方式；二看经济效益。景宁的美，在两者之外还有另一种元素——三产融合。

四季农耕园、榧院农业观光园、深垟美丽菇棚……在景宁，单一的种植经济正向休闲度假、生态农业、观光采摘等农旅结合综合体转变，带动了农业产业升级。以茶叶为例，惠明茶虽闻名遐迩，但价格长年来一直在每斤 800 元上下徘徊。为此，景宁一面通过多年技术攻关，培育推广新品种，提升茶叶品质；同时借力旅游，打响惠明寺佛教旅游和高山生态茶园的品牌，使茶叶价格一路涨到每斤 2000 元，让茶农真正得到了实惠。

旅游的外溢效应同样精彩。在东坑镇桃源村，从温州等地慕名而来的游客，在由天然河道改建的游泳池里尽情畅游嬉戏之后，又信步来到几十米开外的葡萄园体验采摘的乐趣，大人小孩一个个满载而归。

种好梧桐树，引得凤凰来。“十二五”以来，景宁开工建设了 40 多个重点旅游项目和相关旅游配套项目，总投资 50 亿元。旅游产业的兴旺，带动了一大批优质民宿、农家乐的出现，提升了农村的接待能力和服务水平。2017 年，全县旅游接待人数达 920 万人次，同比增长 18%，旅游总收入达 52 亿元。

“未来整个景宁就是一个大景区，我们将以畲族标志地建设为重点，积极推进文旅、农旅、城旅融合，打造中国畲族风情旅游目的地，让更多的外地人慕名而来、留得下来、走了还来！”景宁旅委负责人信心满满。

到目前，景宁的三产结构比例为 14.9 ∶ 29 ∶ 56.1，境内森林覆盖率为 80.85%，空气优良率达 98% 以上，县城空气负氧离子含量平均每立方厘米有 2096 个，空气清新程度常年保持在“非常清新”等级。根据浙江省环境环保科学设计研究院提供的《景宁畲族自治县水环境质量分析报告》，全县水环境质量总体优良，符合Ⅰ—Ⅱ类水标准的水体达 98% 以上。

二、美好生活协奏曲

2005 年 8 月 10 日，习近平同志再次来到景宁山区调研少数民族如何脱贫致富奔小康时强调，欠发达地区要加快发展，必须走科学发展之路。

生活不止工作，还有诗和远方。在家门口看名医、读名校；生活在风景当中，还顺带着把钱挣了，这些曾是景宁人不可想象的美好生活，而今都变成了现实。

东坑镇白鹤村，整洁的街道、漂亮的楼房、随处可见的绿草和鲜花，穿梭在白墙黑瓦间，墙壁上那醒目的“幸福吉祥”等畲族符号，定格了村民当下美好生活的姿态，正如它被赋予的另外一个身份：“爱情小镇”，透出一种甜蜜和温馨。

白鹤村，是景宁美丽乡村建设的一个缩影。到过景宁的人都知道，这里如今是一村一个样、十里不同味。桃源村以世外桃源为主题，种植各色水果和桃花；大张坑村以白茶为产业，以忠勇红寨为主题，种植红梅、白茶；吴山头村以猕猴桃、香榧为产业，以枯木逢春为主题，种植紫藤……

每个村的建筑风格也因地制宜各显特色。这里既有旧村改造的样板，如深垟村。老屋的石头墙、木板门都被特意保留下来，修旧如旧，摇身一变成了一栋栋民宿。农家的院子里、矮墙上，摆放着一盆盆可爱的多肉植物，让古老的石寨融入了现代生活的特质。也有整村下山异地重建的典型，如马坑村，这个因“爱在心田”而闻名的小山村，远看就如一幅水墨山水画——连排的徽派建筑一直蔓延到山脚，潺潺的溪水穿村而过，几十种玫瑰花装点着村庄，让人仿佛置身爱的世界、花的海洋。近年来，随着“快乐邻里”“广场健身”“社区之夜”“百村闹春”等各类民间文化活动兴盛，景宁百姓的业余文化生活可谓是“日日欢歌、周周快乐、月月精彩”。

不用赶往杭州，在家门口就能享受到省级医疗专家的精心诊疗，这是景宁群众的一项“特殊待遇”。作为对民族地区的一项特殊扶持政策，浙大一院常年派 10 多位业务骨干驻点景宁，除了看病，还帮助当地培训了大量医务人员。基层卫生网络进一步健全，即便在偏远的农村，如今也基本实现了 20 分钟健康服务圈，农民就近看病十分便利。

十年树木，百年树人，畲乡要发展，人才更重要。县领导亲自牵头促成杭州学军中学与景宁中学结对，学军中学不但组织优秀教师到景宁授课，还派遣特级教师参与景宁教师的备课，并为其课堂教学“把脉”，学军中学教师的所有教案也都毫无保留地向景宁方面开放。正是在这种全方位的帮扶之下，景宁中学高考成绩实现了历史性突破，本科上线率从 2011 年的 33% 上升到 2017 年的 93.2%。

生活在景宁是幸福的，老百姓收获了满满的获得感。连续 12 年被命名为“平安县”，群众的安全感、对执法满意度在全丽水市最高；抓住“高速高铁”契机，建成云（和）景高速公路，筹建文（成）景高速，全力融入全省“四小时经济圈”。

生活在景宁也是美好的。如今，全县 254 个行政村实现农村生活污水治理全覆盖；近 5 年，少数民族发展专项资金累计投入 9549 万元，全县 46 个民族村全部建有村办公楼。2016 年，城镇居民人均可支配收入 30899 元，农村居民人均可支配收入 14989 元，畲族农民人均收入与全县平均水平的差距缩小至 10% 以内。2017 年，景宁城镇常住居民人均可支配收入同比增长 8.8%；农村常住居民人均可支配收入同比增长 10.1%。全年实现城镇常住居民人均可支配收入 33618 万元，同比增长 8.8%；实现农村常住居民人均可支配收入 16503 万元，同比增长 10.1%。

三、民族和美交响曲

景宁畲族自治县成立 33 年来，“畲汉一家”已成广泛共识。一系列量身定制的民族政策，让畲族群众真正享受到了实惠，并携手与汉族同胞共建幸福和美之路。

在鹤溪街道旱塔村，一座占地 225 亩、总投资 6.6 亿元的“千年山哈宫”正在加紧建设。机器轰鸣声中，沿山而上，山哈广场、朝圣天梯、凤凰雕塑……一栋栋充满畲族风情的建筑将陆续建成，讲述这个古老民族的传奇故事。

起源于广东凤凰山的畲族人，对凤凰有着难解的痴迷。对民族文化的传承与弘扬，是畲族群众内心最强烈的渴求。景宁把畲族文化作为县域发展新动力，确定了打造“全国畲族文化总部”的战略目标，下大力气保护、发掘和弘扬畲族传统文化。一批优秀的民族文化项目形成品牌，已拥有国家级非遗 3 项、省级非遗 21 项，畲族歌舞、服饰、语言、习俗等民族传统文化得到了传承和发展，《畲山风》《畲娘》等自创的畲族歌舞剧目在全国屡获大奖。

民族的内在是文化。每年的农历三月初三，是畲族的传统节庆日。近年来，景宁以“中国畲乡三月三”为核心，整合畲族民俗文化节庆活动项目，打造“一乡一品”“一月一节”的“群星伴月”节庆文化体系，形成了浓郁的畲族文化氛围，成为景宁的特色旅游项目，每年都吸引来大量游客，还获得全国“最具特色民族节庆”称号。景宁还推出中国好畲“娘”、中国好畲“艺”、畲家“十大碗”等系列活动，着力推动民族文化转化为旅游商品。

文化的浸润，也激发了畲族群众的创新力。畲族彩带与畲族歌舞巧妙结合，激活了传统手工艺制作；展现畲族迁徙历史的大型畲族风情舞蹈诗《千年山哈》与现代表演相结合，诞生了全国唯一的畲族题材旅游精品剧《印象山哈》，推出不到 3 年就演出 230 多场；“畲艺班”的开设，每年培养输出 50 多名畲族传统文化人才，令民族文化后继有人……在政府的悉心培育下，畲族银饰、彩带、医药、演艺等传统特色文化产业也加快发展，文化经济效应逐渐显现。

浓郁的畲族文化、团结的畲汉一家、全方位的政策帮扶，民族团结之花在这里盛开。

2014 年，景宁出台了民族工作“新十条”，一系列政策“精准发力”。其中，景宁首创政府贴息、银行贷款、保险担保的“政银保”金融扶贫模式，在帮助低收入农户增收方面成效显著。据统计，至 2017 年末，景宁“政银保”金融扶贫项目已覆盖全县 16362 户（共 47740 人）低收入农户，累计发放扶贫贴息贷款 9565 笔，累放金额达 4.76 亿元，惠及农村绝对贫困人口 2245 户，有效缓解了低收入农户贷款难问题。

和显于外，由内而生。大家庭，一家亲，这正是景宁畲汉民族团结的真实写照，也是畲汉和谐的“金钥匙”。鹤溪河上“七子廊桥”游人如织，畲乡绿道上的奔跑仍在继续，畲语畲歌在口口相传……生活每天都在翻开新的一页，忠勇淳朴的景宁人正朝着“三个走在前列”的目标奋力奔跑，奏响“和美景宁”乐章中最动听的和音。

开化：守护生态屏障，打造“国家公园”

衢州开化县，位于浙江省西部边境，浙江、安徽、江西三省七县交界处。浙江人的母亲河钱塘江的源头——钱江源，就位于开化县境内。这里是全国9个生态良好地区之一，被国家环保部确定为“华东地区重要的生态屏障”，“国家级生态乡镇”全覆盖。“开化——化不开的水墨眷恋”“开化——地球上最美的一片绿叶”是各级领导专家对开化的赞许。

一、绘制生态布局蓝图

开化将生态优势转化为经济优势，是从2014年争取到国家公园试点开始的。国家公园是荣誉，也意味着更高标准、更严要求。争取国家荣誉，很多地方都在努力、都很看重，但是，获得荣誉之后，躺在光环下睡觉的，并不鲜见。开化县的成功，在于不只看重国家荣誉的光环，更看重与之匹配的思路创新和体制机制建设。生态环境保护，不局限于植树造林、关停厂房、监测数据等，而是破旧拓新、转型升级、自我加压、强化考核。在光环之下，行改革之举，落荣誉之实，真正把握光环的内涵，才能将光环效应发挥到极致。

开化自古崇尚绿色与生态，民间素有“杀猪敬鱼”等传统，老百姓制定村规民约，自发保护好山水林田河。20年前，开化唯一的优势就是森林资源，经济发展靠的是“吃木头，吐污水”“靠山吃山”的做法。1997年，开化提出建设国家生态示范区的目标；2000年，正是很多地方热火朝天搞工业的时候，开化县提出建立五大经济体系，在全国率先确立并实施生态立县发展战略，当时，700多家企业关停，税收大幅减少；2009年，确立“产业高新、小县大城、生态发展”战略；近10年来，开化为了青山绿水否决了200多个项目，将几十亿元的投资拒之门外。

开化的自然生态保住了，但和省内东部县相比，经济差距也在拉大。有村民埋怨山水风景不实用，有的企业不愿意转型升级。的确，守着“绿水青山”过穷日子，也不行。

为此，开化县“欲破山门，先开脑门”，以生态立县倒逼产业转型，关停砖窑、工矿、造纸、化工等污染企业，虽然主动放慢了经济发展速度，经历了短暂的阵痛期，但为新时期“转型跨越、绿色崛起”赢得了先机、打下了基础、积蓄了力量。

2013年开化县以“两山”重要思想为指引，秉承“生态立县”发展战略，围绕生态保护、建设和发展，全县人民上下同心，抢抓生态文明建设的时代机遇，探索出了一条可传承、可复制的生态文明建设道路——率先提出了建设国家公园的战略蓝图，这意味着，作为浙江欠发达县的开化，要以更高的要求来保护更大范围的自然生态环境完整。可是，经济怎么发展？开化的思路是，深刻领会国家公园的精神特质，以较小面积的利用，换取更大面积的保护。

多规合一，是开化县在争取到国家公园试点之后展开的一项破局性工作。《开化县发展总体规划》精简了60%专项规划，将县域划分为“生态保护区、生态农林区、产城集聚区”三大区域，用不到10%的县域，集聚20万人口和90%的经济总量，用超过90%的县域保护生态环境。

生态考核奖惩机制与生态补偿机制也随之跟进。2014年，浙江省出台有关政策，加大财政扶持，探索生态环境财政奖惩制度，支持开化县开展重点生态功能区示范区建设试点。将污染物排放总量、出境水水质、森林质量与财政奖惩进行挂钩，开化主动接受了正向激励与反向倒扣的双重约束。对于开化县的出境水水质，省财政按照Ⅰ类、Ⅱ类占比，每年每个百分点分别给予补助120万元、60万元；按Ⅳ类、Ⅴ类、劣Ⅴ类占比，分别倒扣20万元、60万元、120万元。

同时，开化按照5A级景区标准，同步推进深化造景成景、培育美丽乡村等工作。通过2年的实践，开化县被列为浙江省唯一一个国家公园体制试点区域。

山水资源逐渐变为山水银行。群众从怀疑埋怨到认可支持，开化的国家公园建设成效显著。溯源里秧田、横中枫情谷、观鱼淇源头，处处是景，处处可游。一村一品，编织乡村休闲旅游全域网，开化实现了从“景点旅游”到“全域旅游”的变化。截至2017年，全县共有中高端民宿30余家，民宿和农家乐床位突破1万张。游客人数从2013年的450多万人次增至2016年的848万人次。开化龙顶茶、根雕工艺品、清水鱼等特色旅游商品备受青睐，相关产业壮大，旅游收入年均50多亿元。

2017年，开化县农村常住居民人均可支配收入5191元，增长9.6%，增幅位居全市第二，城乡收入差距进一步缩小。

二、“加减乘除”法盘活生态资源

从开化的区域实际看，独特的生态资源优势和落后的经济发展水平是开化的基本状况。开化县践行“两山”重要思想，走绿色发展之路，建设国家公园，就是要充分利用有利条件、克服不利因素，探索经济发展与人文环境、生态环境相协调的富民强县路径。

绿色生态产业富民强县——“做加法”。实现“绿水青山就是金山银山”关键在产业，关键是把生态资源和产业发展相结合。2005—2012年，开化县深入实施“生态立县，特色兴县”战略，将旅游业作为推动“产业高新”的有效抓手和生态文明建设的有效载体，着力调整绿色产业结构，发展特色农业、特色工业和特色旅游服务业，产业结构由“二三一”调整为“三二一”。

淘汰落后产业阵痛调整——“做减法”。绿水青山不保，金山银山何来？为了保护好这片绿水青山，“十一五”以来，开化县按照国家、省的部署，积极开展淘汰落后产能工作，对一大批“高污染、高能耗、高排放”企业实行了“关、停、并、转、破、调”，累计关闭污染企业210家，直接经济损失达18.4亿元，每年减少利税3.67亿元。

四种精神引领人文提升——“做乘法”。“绿水青山就是金山银山”蕴含着深刻哲理，对精神文明同样有指导意义。一方面，开化县以“四种精神”引领和推动“三改一拆”“五水共治”“美丽乡村”“国家公园锦绣行动”等重点工作，解决了一大批制约旧城改造和新区开发的征迁遗留问题。另一方面，开化县以国家园林城市、国家卫生县城、国家文明县城等“六城联创”为载体，每月15日定为全民清洁日。倡导“绿色出行，低碳生活”理念，每月设立两个“无车日”，在城区管制区域内选择步行、自行车、公交车等绿色方式出行。生态红利催生了生态自觉，素质提升产生了“叠加效应”，文明新风成为新常态。

严把项目引进关催生蝶变——“做除法”。开化县积极探索，借势借力，努力走好生态经济化、经济生态化的发展新路，拉高产业准入红线，制定产业发展负面清单，对“高耗能、高耗材、高污染、高排放”的工业企业和项目实行一票否决。

三、打造并唱响生态文化品牌

一个品牌唯有其“特殊性”，才越有魅力和竞争力。长期以来，开化“养在深闺人未识”，其优美的生态环境并不为人所知。究其原因，主要与开化城市品牌塑造统一性不强、宣传营销持续性不够、文化内涵传承性不足有很大关系。为此，开化人民紧贴“生态文明”，在筑品牌、强宣传、重人文等三方面塑造区域城市形象。

2013 年，开化县开始了一场重塑自身形象的求索之旅，提出了“开化国家公园”的形象品牌，赋予了“自然美、生态美、人文美”等内涵。“开化国家公园”源于自然，更在人文。在推进生态文明建设中，开化注重挖掘传统生态文化，赋予龙顶茶文化讲究绿色环保、源头文化讲求生态担当、根雕文化追求道法自然的生态伦理，培育生态道德观，融入社会主义核心价值观，引导社会公众在价值取向、生产方式和消费模式上进行绿色转型，使保护生态环境、建设生态文明成为全民意识。同时，开化县设立了“5・5”生态日、全民清洁日、绿色出行日，以一系列文化节庆、赛事活动和文艺作品为载体，全民知行合一践行“两山”重要思想，追梦国家公园。

同时，开化“练内功”“借外力”，先后成功举办了 2014 年世界女子地掷球锦标赛、2015 年全国男子举重锦标赛等重大体育赛事活动以及“绿色中国行”走进国家公园、万人畅游钱江源、钱江源油菜花节等特色主题宣传活动，获得了“全国魅力新农村十佳县市”“绿色中国”特别贡献奖、首届“浙江最具魅力新水乡”等系列荣誉。

如今，“开化国家公园”品牌已在长三角区域叫响，旅游业也迅速崛起，成为开化实现绿色崛起的有力支撑。

开化下淤村：山里农家，做起了城里人生意

下淤村，位于开化县的音坑乡，离开化县城并不远，沿着 G205 国

道，往北不到3千米，再开15分钟便到，离高速出口也就8千米，从地理位置上来说还算便利。

作为钱塘江源头的马金溪，在开化弯曲绵延百余千米，自然也流经这里，下淤村的村辖范围大约2千米。虽然范围不是很大，如今这里已经变成一个城里人假期过来休闲玩乐的水上乐园。

在二三十米宽的河面上，不少人在享受着夏日独有的清凉消暑方式：有的自己撑起一叶竹筏，有的坐在仿古木船上看风景，小朋友们整个人钻进塑料球在水面上尽情翻滚，还有的人选择骑着水上自行车越行越远……

曾经是个留守村

下淤村全村的地域面积约2100亩，其中山林面积就有1400多亩。早在10年前，在很多村民观念中，“靠山吃山、靠水吃水”就是砍伐山林、采挖泥沙，于是那时候的马金溪，挖沙船的马达声隆隆作响、运送竹木的车子来来往往，一副经济发展不错的样子。

但是，山体滑坡次数越来越多、河道变得坑坑洼洼、村后的山头变成了“瘌痢头”……更关键的是，村民们开始发现：自己并没有越来越富，而是越来越穷了。曾经，村里集体经济一度为负数。为了生计，村民们只能背井离乡出去打工。当时下淤村村民的主要经济来源80%属于务工经济，村里55岁以下的离开开化县去打工、55岁以上的到开化县里打工，剩下留在村里的几乎都是老人和小孩。离开父母孩子在外打工辛苦，但由于文化程度普遍不是很高，收入也并不理想，大多数人家的日子都过得紧巴巴的。

转变发展方式　找到致富路

穷则思变。从开化县确立了“生态立县”的方针后，下淤村的村民们也终于发现原本村里山清水秀的生态环境是个大“宝藏”，村里决定重拳治理生态环境污染：对于盗挖河沙、乱砍滥伐山林的行为一律给予重罚；对村庄环境的整治也加大了力度，尤其是河道的清理与净化。一些村民最初还改不了往家门口的溪水里面乱倒生活垃圾的习惯，但是经过村里一次次地普及教育和挨家挨户地宣传，“垃圾不落地、垃圾不入河”的村规已经深入人心。

在这两年全力推进“五水共治”专项整治工作中，村里投资了300

多万元进行河道景观改造和村庄绿化彩化工程；投资200多万元开展农村生活污水治理工程建设；同时，还请浙江大学设计院编制了新农村建设规划，确立了以农家乐休闲旅游为引擎的3A景区发展目标；利用江滨水岸进行治水造景工程建设，使原本荒芜的滩涂，变成了乡村旅游胜地。

在所有人的共同努力下，下淤村在2014年申报3A景区，同年就申请成功了。

岸边垂柳青青、水面波光粼粼，抬头是蓝天白云，小径两旁种着月季和石榴，篱笆内外挂着长长的丝瓜和硕大的南瓜……一派怡然自得的田园风景，让很久没有到下淤村的人，不禁感叹变化之快。

“有麝自然香”的农家乐

外在的环境整治好了，发展就变得快速：农家乐、野外烧烤、亲水项目……光2014年，就接待旅游人次10余万，直接拉动旅游消费500多万元。目前村里有21家民宿共200多个床位、8家农家乐、2家水岸烧烤和30多家各项亲水项目。

在那么多的农家乐和民宿中，有一家的生意可以用“火爆”来形容，不要说周末的晚上了，就是平时的日子也基本都是客满状态。刚开始的时候，家里只有6张桌子，客人一多，经常要借一下隔壁的场地，但还是要翻台。村里50%从事农家乐和亲水经济的承包户都是青壮年，这家也不例外。男主人以前是做自来水安装的，女主人以前是在食堂帮厨的，做的菜味道不错，村里很多人都尝过她的手艺，于是当村里大力发展农家乐的时候，大家都鼓励他们家尝试一下，这一试才发现原来农家土菜的口味这么受欢迎。短短半年时间，就发展了一大批回头客，光当年“五一”假期，餐饮收入就过万元，估计全年收入超过五六十万元。

看着这家的生意实在火爆，经常由于场地太小而让客人等待时间太长，村里也帮忙想起了办法：村委会后面的空房子，经过整改后变成“民宿+农家乐”，整体出租给他们，楼上住人、楼下吃饭，场地也变大了。经过一个月的试营业，吃、住的整体收入预计近10万元。

这般风景如画的地方，自然可以“入画”。靠着这青山绿水，下淤村还建起了一个爱情主题公园和百亩向日葵创意园，每当节假日或者天气好的周末，爱情公园里到处都是一对对正在拍摄婚纱照的幸福新人们。花儿们在阳光下盛放，映衬到新人脸上的笑容更美。

除了江滨水岸的亲水经济和普通农家乐，下淤村还引进了汉唐香府文化休闲基地等走高端精品路线的“农家乐”，以满足不同游客的需求。

桐庐：从美丽乡村到美丽经济

桐庐位于浙江西北部，地处钱塘江中游，是呈“八山半水分半田”的地貌山区小县。历史上，桐庐曾是浙西经济中心，然而在近现代工业化为主的县域经济发展中，桐庐发展的优势、空间并不突出。但是，随着杭千高速等一批重大基础设施的建成，桐庐进入杭州“一小时半交通圈、旅游圈、经济圈”，逐渐成为杭州都市圈的一部分。立足都市经济圈发展视角，从“两山”重要思想的角度来看，桐庐最大的优势是生态。因此，保护好生态资源是桐庐实现新发展的基本要求，在生态得到有效保护的前提下，实现绿色可持续发展道路，最终让民众在环境保护与经济发展中得到切实的获得感、幸福感。这既是桐庐发展的重要任务，也为桐庐发展指明了方向。

在传统发展思路中，生态环境遭受破坏带来的后果往往由农村承担。“两山”重要思想是一条绿色发展之路，也是一条城乡统筹协调发展之路。可以说，没有城乡统筹协调发展，没有乡村的振兴，绿水青山的维持与保护就难以真正实现，生态资源造就金山银山更难以落地。桐庐充分发挥自身生态禀赋与都市圈有利区位优势，把建设美丽乡村作为实践“两山”重要思想的重要途径。2003 年，桐庐正式启动生态县创建，尤其是深入践行“两山”重要思想，桐庐重新发现自身优势，立足自身的生态禀赋、人文积淀和产业基础，以“生态美、城乡美、产业美、人文美、生活美”为内涵，做足“美丽”大文章，逐步探索出一条“既要金山银山，又要绿水青山”的可持续发展之路，实现了从美丽乡村向美丽经济的华美转身，为绿色发展、美丽经济打开了城乡协调发展的广阔空间。

一、回归"绿水青山"，坚持生态立县

在工业化起步阶段，以自然资源和生态环境为代价换取经济发展是一种常态。县域经济从农村工业化起步，其高速发展一部分也是以自然资源和生态环境为代价换取的。传统产业不实现转型升级，不进行生态化改造，绿水青山难以维存，"绿水青山就是金山银山"的目标更难以实现。

进入21世纪以来，桐庐产业结构的变迁在某种程度上反映了桐庐在践行"两山"重要思想的不同阶段中向"绿水青山"的回归。在2000年左右，桐庐第二产业实现快速增长，甚至超过60%，沿袭了工业强县的发展道路。那时，桐庐保持较高的工业化水平，其认识还停留在宁要"金山银山"的阶段，因而会不惜牺牲生态环境，把眼光聚焦在"绿水青山"中不可再生的资源上，发展一些以矿石为原材料的水泥、石灰、石材加工和污染严重的电镀等产业。民众也习惯了此种为了"金山银山"而不要"绿水青山"的发展路子。在2002—2005年，二、三产业出现波动，传统粗放型产业增长模式加剧了生态与发展的矛盾，桐庐陷入了"金山银山"与"绿水青山"的痛苦抉择之中。经过新发展思想与旧发展习惯的交锋，桐庐毅然选择了"绿水青山"。[①]

在践行"两山"重要思想的实践中，桐庐不断强化如下发展理念：桐庐最大的优势是生态，宁可速度慢一点，也要保护好山水。桐庐坚持生态立县、产业强县首位战略不动摇，扎实推进生态文明创建工程，努力打造美丽桐庐。第一，着力改善生态环境。积极推进三江两岸景观保护与建设，坚持以整治带保护、带建设、带开发、带旅游、带宜居的方针，开展以保护生态环境、开发人文旅游、完善基础设施、实施生态修复、建设美丽乡村等为主要内容的五大领域建设工程。深入实施碧水工程，加大富春江、分水江等水系河道的建设与保护，全面实施水环境综合治理。深化清洁桐庐行动，建立健全"户集—村收—镇中转—县处理"的城乡环卫一体化模式，建立村级保洁队伍，实施城乡垃圾处置一体化。以桐庐大地无裸土为目标，做好大地的绿化、复绿等工作，切实

① "绿水青山就是金山银山"重要思想在浙江的实践研究课题组:《"两山"重要思想在浙江的实践研究》，浙江人民出版社2017年版，第215页。

加强土地、水、景观石、砂石等自然资源保护，扎实推进森林绿色行动。第二，积极推进节能减排。严格执行生态环境功能区规划和环评审批制度，坚决否决高污染项目，严格项目准入。制定实施落后产能淘汰行动计划，积极淘汰落后产能。积极引导企业引进使用绿色制造技术，大力培育生态产业，发展循环经济。第三，大力弘扬生态文化。倡导天人合一，树立“尊重自然、顺应自然、保护自然”的意识理念，培育民间环保志愿者，广泛开展生态文明宣传教育，深化生态村、绿色家庭、绿色社区、绿色学校等创建，以创建活动开展促进生态水平提升。

二、围绕“全域景区”，推进城乡统筹一体化建设

农村是生态资源的富集地，同时也是生态资源最脆弱、最易遭受破坏性开发的区域。城乡发展不协调，是乡村振兴发展的一大难题，是“绿水青山”转变为“金山银山”的主要障碍。近年来，桐庐积极贯彻城乡区域统筹发展战略，在城乡统筹一体化建设中着力建设美丽乡村，深化美丽乡村建设内涵，以中心城市建设带动乡村建设、以现代产业发展支撑乡村建设、以生态文明提升乡村社会文明，以全域旅游景区为要求，建设美丽桐庐。2011 年，桐庐全面实施“5525”工程，即打造 5 条秀美乡村风情带，开展 5 大乡村节庆活动，培育 25 个风情特色村，着力打造生态环境优美、基础设施配套、文化传承深厚、产业特色鲜明、乡村旅游活跃、农民增收致富的“潇洒桐庐 秀美乡村”。2012 年，桐庐被列为杭州市城乡统筹示范试验区。

第一，桐庐围绕“最美县城、魅力城镇、美丽乡村”，实施风景桐庐建设。坚持以景区理念规划全县，以景点的要求打造镇村，先后获得中国最美县、浙江首个美丽县城、浙江首批美丽乡村示范县等荣誉。风景桐庐规划体系覆盖城乡，美丽乡村基本实现全覆盖。村落景区、民宿经济发展壮大，中国休闲乡村旅游、华夏中医药养生旅游节等节庆品牌逐步打响，提前实现“千万游客、百亿收入”目标，县域全域旅游成为范本。

第二，坚持普惠共享，着力建设美丽乡村。推进特色村与风情带建设：桐庐重点打造诗话山水带、古风民俗带、产业风情带、运动休

闲带、生态养生带等5条风情带和50个杭州美丽乡村精品村，有序推进32个中心村和风情小镇建设；结合“四化三边”、连片整治工作，重点实施风景庭院、风景园区、风景工厂等细胞工程。加快农村环境连片整治：结合全域旅游、清洁桐庐、四化三边行动，推进农村环境整治工程，打造沿线绝美田园风光带。着力优化农村公共服务设施：对照城乡差异，进一步推进基本服务向农村的延伸，不断满足基层群众公共服务需求。

三、实施全域旅游，跨入美丽经济

桐庐较早确立全域旅游发展理念。2013年，桐庐获批浙江省首个全域旅游专项改革试点县。桐庐紧扣“风景桐庐、全域旅游”主线，精准谋划，创新发展，全方位保障，着力从景点旅游迈向全域旅游，从美丽乡村迈向美丽经济，将发展全域旅游作为生态优势转化为发展优势的最佳途径、践行“两山”重要思想的最佳载体。在坚持全景打造、全地域覆盖、全资源整合、全领域互动、全社会参与的方针中探索全域旅游发展之路。全景打造：依托桐庐优越的生态禀赋，以景区理念规划整个桐庐，以景点要求建设每个镇村，全力打造“山水如画、人间仙境”的县域大景区。全地域覆盖：重点深化旅游产业目标、战略及规模体系在全域空间上的落实，合理统筹规划布局，完善城乡建设基础，实现县域旅游产业全覆盖。全资源整合：立足现实，有机整合山、水、林、城、镇、村以及历史、文化、风情等县域资源，提升其旅游特性和旅游功能，释放和放大旅游效应。全领域互动：充分利用三大产业优势，积极延伸旅游产业链，丰满吃、住、行、游、购、娱等旅游六要素，打造城乡互动、旅游业相关产业融合的能满足不同旅游群体需求的旅游产品，形成高附加值和溢出效应的泛旅游产业结构。全社会参与：依托良好的旅游业发展基础和全社会发展旅游的共识，全面推进城乡一体化。

第一，创新旅游业态，做好“江”“村”“慢”“养”“城”五大方面的文章。所谓“江”，即依托钱塘江—富春江—新安江国家级风景名胜区资源和富春山居图实景地的品牌效应，结合“三江两岸”整治工程，把县域内旅游资源串联整合形成开放式的5A级富春江大景区。所谓“村”，即提升发展乡村旅游，着重结合沿江产业规划，推进实施“5525”秀美乡村精品工程，推出美丽乡村游精品路线，着力把精品特色村培育成旅游产品。所谓“慢”，即依托富春江镇芦茨村得天独厚的自然禀赋、丰富的文化底蕴，融入国外成熟的“慢城”创建理念，精心设计体验项目，打造乡村慢生活体验区。所谓“养”，即在项目推进中，注重与桐庐的桐君文化、中医药文化相结合，利用和发挥桐庐中医药文化与健康养生资源优势，营造健康、养生文化氛围，形成全域中医药健康养生旅游体系。所谓“城”，即加快建设高端酒店和休闲娱乐设施，充分利用中国最美县城、全国文明城市、中国最美乡村等金名片，深入开发新旅游产品，培育发展城市旅游产业。

第二，打造产城人文深度融合产业平台，推动生态产业融合创新发展。一方面，桐庐坚持创新驱动力、大企业大项目引领力、生态倒逼力“三力”并举，在空间布局、产业发展、重大项目和用地保障上统筹谋划，努力打造主导产业鲜明、集聚度高、产城人文深度融合的产业平台。如，建设迎春商务区、富春江科技城、经济开发区、富春江乡村慢生活体验区，以及分水旅游度假区、深澳古村落风景区、城镇工业集聚区、现代农业园区“4+4”产业发展平台，为实现经济发展和生态建设同步推进提供重要支撑。富春江科技城、富春山健康城、深澳古村落风景区等平台效应逐渐明显。另一方面，桐庐积极做深做透“生态 +”文章，努力打造沿岸产业带、交通带、景观带、生态带和文化带，进一步把生态优势转化为经济优势、发展优势、竞争优势。如，结合本地实际，重点培育旅游度假、养生保健、文化创意、电子商务等新兴产业，尤其是依托特色产业农业和林业等资源优势，促进旅游业与相关产业融合发展，拓展旅游产业链。桐庐大力发展生态旅游、生态精品农业、高端民宿等新型业态，推动生态产业融合创新发展，努力实现生态效益、经济效益、富民效益的最大化。美丽乡村成为村民创收致富的新源泉。

第三，扩大宣传效应。加大旅游宣传力度，重视品牌营销宣传，积极借用新媒介新方式开展宣传；创新市场营销模式，深化《富春山居图》实景地，主推最美县城游、最秀乡村游、生态养生游、乡村慢生活游等特色旅游线路，开发深度旅游市场；打造品牌节庆活动，如精心打造中国休闲乡村旅游季品牌，培育一批主题内涵多元、节庆举办常态、产业延伸互动的旅游节庆活动。

桐庐在践行“两山”重要思想中探索的美丽乡村建设成效显著。桐庐在全省第一个实现农村生活污水处理设施行政村全覆盖，在全省第一个荣获“中国最美县城”和“中国美丽乡村”双称号，在全省第一个开展农村垃圾分类收集推广工作，在全省第一个实现县域内地表水出境断面水质优于入境断面水质。桐庐获得了“国家生态县”“国家卫生城市”“中国全面小康十大示范县”“国际休闲乡村示范区”“中国最美县城”“中国美丽乡村”等诸多金名片。

桐庐从美丽乡村到美丽经济的发展实践，是一个有诸多可供借鉴的重要案例。仁者见仁，相信每位读者都会从中获得一些启示。对此，笔者不想过多具体陈列“一己之言”，仅仅从发展理念角度尝试指出桐庐实践的几个特点：第一，牢固树立错位发展理念。桐庐结合本地特色和优势，积极打响生态品牌，做深做透做好“美丽”文章，不求大而求精，不求快而求优，不求全而求美，努力走出具有自身特色的县域绿色发展之路。第二，牢固树立创新驱动理念。要破解“两山”难题，打通和拓宽“两山”通道，就更加需要思路创新、举措创新、机制创新、全域创新，形成全社会创新的风尚。第三，牢固树立美丽经济理念。充分挖掘美丽城乡、山水资源、荣誉品牌等方面的优势，努力把生态优势转化为产业优势，环境优势转化为发展优势。第四，牢固树立生态文明理念。顺应工业文明向生态文明演进的潮流，决不以影响环境为代价发展经济，大力发展无烟产业，坚决淘汰落后产能，限制高能耗、高污染项目上马，促进生产发展、生活富裕和生态良好的统一。

仙居：县域绿色发展的仙居实践

仙居地处浙江东南、台州西部，有“八山一水一分田”之说，曾是一个不起眼的经济欠发达的山区小县。仙居是历史文化悠久、人杰地灵的千年古城；是旅游资源丰富、景色秀丽的人间仙境。近年来，仙居顺应绿色化新潮流，切实发挥独特的生态优势，积极探索“绿水青山”转变成“金山银山”的有效途径，初步走出了一条符合仙居实际的绿色发展新路。尤其是中央在加快推进生态文明建设的意见中首次提出“绿色化”后，仙居迅速抢抓机遇，第一时间申报浙江省绿色化发展改革试点。2015年，仙居获批浙江省首个绿色化发展改革试点。仙居用绿色化的理念引领规划、统领经济社会发展，坚持“生产循环化、生活低碳化、全域生态化、治理现代化”的要求，建成绿色经济发展示范区、绿色生活方式践行区、生态文明建设先行区、绿色化发展体制机制创新区，走出了一条在绿水青山中推进绿色发展、科学跨越的新路。

近年来，仙居在“两山”重要思想的引领下，以绿色发展为引领，以科学跨越为主题，充分发挥生态优势，不断打响生态品牌，积极构建以旅游休闲为“超支点”，生态农业、生态工业、生态服务业融合发展的绿色产业体系，建立区域协作机制，大力推进“五水共治”“三改一拆”“四边三化”“交通治堵”“黄皮屋”整治、农村环境综合整治、“多城同创”等工作，统筹城乡一体发展，城乡环境得到明显改善。仙居成功创建国际级生态县，列入全国首批国家公园试点，获得全国休闲农业与乡村旅游示范县等荣誉，经济发展步入了快车道，主要经济指标增幅位居台州市前列，绿色化发展的基础进一步夯实。[①]

一、坚持绿色发展主色调

生态是仙居立县之本，更是仙居的优势和品牌。仙居在发展实践的探索中，认识到守护好绿水青山最终才能得到金山银山。欠发达的山区县市最大的优势是生态环境资源，但同时，这些资源和优势又是极为脆弱的。绿水青山变成金山银山，先污染后治理的传统工业化不是唯一的出路，相反，其甚至会把生态优势截长为短。为此，仙居立足生态优势，坚持改革与治理双管齐下，积极找准城市特色，探索一条绿色化发展、科学跨越的新路子。

第一，仙居积极发展绿色农业。早在21世纪之初，仙居就提出农产品绿色化、有机标准化目标。2009年，成立以打造中国最高端农业示范基地为目标的仙居台创园，从种子培育、肥料生产、种植、养殖、加

---

① 《坚定不移照着“两山”的路子走下去　打造“两美”浙江示范区　县域绿色化发展改革的仙居模式——专访仙居县委书记单坚》,《党政视野》2015年第12期。

工，直至终端销售，产业链的每一个步骤都符合绿色有机标准。2012年，随着“生态立县”发展战略的深入实施，仙居坚持以绿色、高端、文化、创意、有机的现代农业发展新理念，发展高端绿色农业。G20峰会期间，向“国际宴会”餐桌输送了有机蔬菜，打响了仙居绿色农产品的品牌。

第二，促产业转型，淘汰落后产能。医药产业是仙居的重要产业，为经济发展做出了贡献，但也曾一度给生态环境带来负面影响。近年来，仙居按照“明确导向，控制数量；研究政策，整合提升；扶优扶强，做大规模；注重环保，规范发展”的总体思路，进一步优化医药产业结构，淘汰落后产能，禁止发展高能耗、高污染、高排放项目，加快转型升级。主要工作举措有三个方面。其一，明确发展导向。仙居以“做大、做强、做精医药产业，全面提升仙居医药产业核心竞争力”为指导思想，严格项目入园标准，着重扶持行业龙头企业，加快具有自主知识产权的新药开发速度，使产品通过科技创新提档升级，引导企业发展从原料药、中间体向制剂、成品药转变，打造绿色药谷。其二，突出扶优扶强。仙居重点抓质的提升，鼓励企业实施联合重组，采用先进的生产工艺和技术装备，提升企业综合竞争力。积极鼓励扶持企业上市，到多层次资本市场融资，以扩大规模、规范管理。其三，抓好帮扶服务。仙居大力推进城区医药企业搬迁，为企业转型升级提供良机。成立县医药行业协会，建立和完善行业规则，为企业提供优质服务平台。依托现有产业基础和优势，围绕食、医、养、健四大系统，推动医药制造、医疗器械、中药和有机蔬菜种植、健康食品、养生养老、健康休闲保健等产业发展壮大。①

第三，生产生活注入绿色理念，并释放出绿色生态“福利”。2016年，仙居县提出以创建首批国家全域旅游示范区为载体，实施“全域谋篇、全业融合、全程服务、全民参与”的全域旅游发展模式。仙居绿道连接起散落在沿线的山水田园、滩林溪流、古村古镇，打造“全域景区化、景区一体化”主轴线。近年来，大力建设高端民宿村，发展独特的“杨梅经济”“农事节庆经济”，催生出一批大健康、大文化新业态，驶入

---

① 《坚定不移照着“两山”的路子走下去　打造“两美”浙江示范区　县域绿色化发展改革的仙居模式——专访仙居县委书记单坚》，《党政视野》2015年第12期。

全民绿色致富的快车道。

通过深化绿色化发展改革，仙居在全国率先发布以追求绿色 GDP 为核心的县域绿色化发展指标和评价体系，全面激活绿色发展后劲；在全国率先实现城乡空气质量监测系统全覆盖，荣获“全国百佳深呼吸小城”称号；在全国率先实施“河长制”，2015 年、2016 年连续两年荣获“大禹鼎”；率先推行全域人畜分离，有效改变农村沿袭千年的生产生活陋习；率先建设全域绿道网，把全域 20 个乡镇（街道）通过绿道慢行系统网罗在一块，实施全域景区化。围绕县域绿色化发展改革试点，仙居积极探索打造美丽中国县域样板。[①]

二、把改善民生作为绿色发展的出发点和落脚点

围绕“让仙居更宜居、更宜业、更宜游，让生活更舒适、更满意、更幸福”的目标，仙居努力探索生态优势转化为发展优势的路径，实现生态优势转化为民生实惠，最终实现绿色发展战略与改善民生战略的有机融合。

第一，坚持绿色惠民。按照“绿色化”发展理念，把仙居的青山绿水呵护好，把仙居的生态环境保护好，让群众能呼吸清新的空气，能看得见蓝天白云，下得了溪水；围绕建设生态文明先行区的目标，坚持源头严防、过程严管、后果严惩，加强生态环境的保护、治理和监管，全面加强生态文明建设。

第二，坚持绿色富民。按照生态经济化、经济生态化的要求，把绿色产业发展好，把绿色资源转变为绿色资本、绿色效益，实现产业富民、产业强县；打好生态牌，充分依托现有产业优势和基础条件，用“生态 +”“旅游 +”“互联网 +”“文化 +”等思维促进产业融合发展，重点发展绿色、生态、精品、观光休闲农业，大力发展节庆旅游、乡村旅游、休闲旅游，形成农家乐、民宿经济、文化体验等多种业态，最终实现群众的致富增收。以仙居杨梅为例，目前全县投产有 11 万亩，近年来，成功创建中国驰名商标，通过绿色食品认证、原产地保护认证、地

---

① 《仙居：开创高质量绿色发展新时代》,《台州日报》2018 年 1 月 8 日。

理标志认证，并且已在美、法等10余个国家成功注册，产品打入国际市场，年销产值达5亿元以上，仅此一项就为全县农民人均增收超千元。仙居还通过举办杨梅节等形式，带动旅游发展，使之成为名副其实的绿色产业和富民产业，成为仙居的一张闪亮名片。

第三，坚持绿色安民。按照“共建共享”的要求，大力建设绿色城乡，打造宜居宜业宜游的中国山水画城市，实现全民共享绿色福利；紧紧围绕群众关心的突出问题，大力推进城乡环境综合整治，构建绿色交通体系，建设智慧城市，持续增加绿色公共产品供给，全面推进政府管理体制和区域协调机制改革，实现资源要素优化配置，创新社会治理模式，让群众生活得舒心、便捷、自在，努力实现生态优良、生产发展、生活富裕、生命阳光。①

三、在县域发展中推动绿色革命

绿色发展是发展观上的一场深刻革命。坚持“两山”重要思想为指引，是实现“金色”价值与“绿色”颜值有机融通的内在要求。以绿色发展引领社会发展，必然要求在生产方式、生活方式上进行一场深刻的绿色革命。

就生产方式而言，其实质上指向了资源与市场的“对接点”——资本。当代社会经济发展与生态环境的严重冲突是一个突出的全球化、时代性问题，但是决不能像西方生态主义那样简单地把问题归结于资本本性并仅仅对其进行批判了之。这种批判对问题的真正解决往往缺乏建设性意见。马克思主义已经指出，资本是历史的产物，它在带着“肮脏本质”来到这个世界的同时也具有伟大的“革命性作用”和“文明的一面”②。如何真正驾驭好资本，发挥好其文明性的一面，恰恰是解决谜题的关键性力量。客观地看，资本基于逐利本性也会在一定程度上催生和运用着生态逻辑，这一点已被现代化进程中西方一定程度上的生态行为（尽管这些行为可能多处于被动）所证明。资本与生态文明建设的关系

---

① 《坚定不移照着“两山”的路子走下去　打造“两美”浙江示范区　县域绿色化发展改革的仙居模式——专访仙居县委书记单坚》，《党政视野》2015年第12期。

② 《马克思恩格斯文集》第7卷，人民出版社2009年版，第927页。

就好比是“切线”与“圆”的关系；这种关系是脆弱的，需要维护好一定的“度”，一旦过度，就从根本上偏离了生态文明的轨道。[①] 因此，缺乏资本要素的加入，生态资源向经济效益的转化就缺乏现实的动力；驾驭不好资本的推动力量，资本就会过“度”进而脱离生态文明建设的正常轨道。如何探索构建一整套适应新时代绿色发展的支撑保障体系，以机制引导和驾驭资本，赋予资本更多的社会主义元素、生态元素使其变为“自觉的资本”，是实现绿色发展的关键着力点。

践行“两山”重要思想不仅要在生产层面发力，预防经济效益对生态环境的征伐，更要注意在生活方式上的“绿色化”。人在生活方式上的行为及其对生态环境的影响日益由潜在变为显性，由“无所谓”变得“有所谓”。生活方式已经成为深刻影响生态文明建设的重要因素之一。就生活方式而言，其实质指向的是生活方式与消费方式关系的“颠倒”：不是消费方式去言说生活方式，而是生活方式被迫去言说消费方式；不是生活方式引领消费方式，而是消费方式颠倒为某种决定力量。但是，所进行的“绿色革命”并不是要用生活方式去简单地否定消费方式，而是要明晰和重塑生活方式与消费方式的界限。如果进一步追问的话，问题的实质会在市场逻辑与资本逻辑关系层面获得更为深刻的展开。倘若认为资本逻辑支配一切，市场逻辑必然湮没于“资本的普照光”之中；倘若认为资本逻辑与市场逻辑没有实质区别，其本质也是用资本逻辑吞没市场逻辑。以资本逻辑眼光看待世界，生活方式与消费方式关系的颠倒只不过是服从于资本本性的必然结果。资本以生产要素形式而存在，市场是资源配置的手段，而且在资源配置中起决定性作用；资本逻辑并不宰制市场逻辑，相反，资本要素力量的释放是在市场的配置中实现的。资本和市场被清晰地区分开来，资本不是发展目的，市场也不是发展目的，它们都服从于中国特色社会主义的理论与实践逻辑，服从于现实的人民性。以仙居为例的中国绿色发展之路恰恰表征着后者。

在这场绿色革命的言说中，生态与资本、生活与消费、资本与市场

---

① 任平:《生态的资本逻辑与资本的生态逻辑》,《马克思主义与现实》2015年第5期。

的关系被逻辑地呈现出来。理论的言说既是对现实问题的加工与剖析，也蕴含着解决现实问题的方法论意义。实现生态经济化，实现生活方式对消费方式的引领，是对绿色发展中诸多现实问题的真实把握，因而为绿色发展的实现路径指明了科学的方向。

丽水：丽水山耕
——打造区域公用品牌

丽水位于浙江省西南部，辖 9 个县（市、区），是全省面积最大的地级市。丽水历史悠久，文化底蕴深厚，生态优越，风光秀美，自然资源丰富。近年来，丽水始终遵循习近平总书记“绿水青山就是金山银山，对丽水来说尤为如此”的重要嘱托，把践行“两山”重要思想作为第一担当，奋力打开“两山”通道，积极探索生态保护、绿色发展、全域统筹新路子，加快推进“绿色发展、科学赶超、生态惠民”，把“生态更美、产业更优、机制更活、百姓更富、社会文明程度更高”作为奋斗目标，初步走出了一条绿色生态发展之路。丽水被列入首批国家生态文明先行示范区、首批国家级生态保护与建设示范区、首批国家全域旅游示范区、全省唯一的践行总书记治水理念先行示范区、首批国家级扶贫改革试验区。

丽水地处山区，境内崇山峻岭，素有“中国生态第一市”“浙江绿谷”“华东氧吧”等美誉。丽水最可宝贵的是“生态”，最具竞争优势的也是“生态”。绿水青山如何转换成金山银山？丽水如何将生态优势转换成商品优势？发展现代生态精品农业是丽水践行“绿水青山就是金山银山”的重要举措。丽水农业有茶叶、食用菌、笋竹等主导产业，品类虽然丰富，但总体规模都不大；下辖区县虽有自己的优势主导产业，形成单一产业区域公用品牌，并且在浙江有一定名气，如遂昌菊米、松阳茶叶、庆元香菇等，但在全国层面则竞争力相对有限。打造一个全域化、全品类、全产业链的公用品牌——“丽水山耕”，成为丽水践行“绿水青山就是金山银山”的重要载体。

一、打造“丽水山耕”区域公用品牌

“丽水山耕”是指在丽水全域范围内生产的，包括农、林、牧、渔等相关农业产业的，覆盖全区域、全品类、全产业链的农产品区域公用品牌。以生态精品农产品为基础、以科研合作为支撑、以信息技术为手段、以线下物流为保障，推进农业、科技、金融、文化、旅游、互联网的跨界融合。[①]“丽水山耕”是全国首个覆盖全区域、全品类、全产业的地级市农业区域公用品牌，其商标已正式被国家商标总局批准。“丽水山耕”以“法自然、享纯真”为品牌主题。“好山好水好空气”是丽水的最大特征，在这样的环境下以传统生态生产方式“耕作”而出的农产品是消费者所想要的绿色精品。但是，丽水农产品也存在“低小散优”的特点，要实现绿色产品的经济效益需要一个品牌来引领和统筹。“丽水山耕”区域公用品牌因此应运而生。2013 年 10 月，丽水市政府委托第三方编制生态精品品牌战略规划，从丽水山区资源、农耕文化、产业基础和农业规划等方面策划和打造丽水公用品牌。2014 年 9 月，“丽水山耕”正式发布。

在专业的品牌规划基础上，丽水成立全市生态农业协会，由协会注册“丽水山耕”集体商标，委托国资公司丽水市农业投资发展有限公司运营，发挥企业与协会双重作用，搭建政府与市场完美结合的品牌公共运营平台。在品牌运营中，严守“绿色、安全、健康”的品牌生命线。一方面，采取“高标准 + 严认证”的主要方法，以宣传培训加速提升农业主体的标准意识，以第三方认证方式严格品牌的准入条件，以品牌背书的方式向消费者传递信任。另一方面，采用“检测准入 + 全程追溯”的方式编织产品安全监管网络，以“飞行检查 + 监督抽检”严控“品牌准入”，以产品追溯、监管追责理念建立追溯平台与全程追溯监管体系，严防“品牌风险”，以“物联网 + 大数据”的方式，确保农产品“从田间到餐桌”全过程的质量安全。目前，在全国百强农业区域公用品牌排行榜中，“丽水山耕”排名第 64 位，品牌价值超 26 亿元。品牌销售额累计近 70 亿元，平均溢价超 30%。

---

① 白丽媛:《培育一批高端农产品认证品牌》,《浙江日报》2017 年 3 月 14 日。

二、以“浙江制造”理念打造“丽水山耕”区域品牌升级版

区域品牌建设最大的敌人是假冒伪劣泛滥成灾，其核心是产品质量的监控和把握。为了解决这一难题，丽水严格“授权使用”环节，进行一系列创新探索。尤其是2017年，丽水引入“浙江制造”理念，推动“丽水山耕”品牌发展。“浙江制造”的核心是标准，没有标准就谈不上产品的质量与安全，而这正好切中“丽水山耕”发展的需要。为让消费者买得放心、吃得放心，丽水引入了全球统一标识系统对接丽水农产品质量安全追溯系统，并组建认证联盟开展第三方品牌认证。丽水自行研发追溯系统，不仅能够做到“产品溯源”，而且可做到“监管追责”，从生产主体到乡镇街道再到县级政府，每一层级的责任清晰明了。丽水还建立“质量追溯辅导员制度”，帮助企业进行平台操作，确保录入信息的正确性和完整性。

为更好适应游客需求，在严守标准与质量的同时，“丽水山耕”也积极研发和设计时尚大方、富有特色的产品包装。在包装的材质上，就地取材（如竹材），植入文化元素；在产品设计上，研发小包装、纪念品装、礼品装等满足各类消费需求的包装。此外，为更好彰显区域特色，表现产品人性化需求，丽水深入挖掘当地长寿面、生日面、爱情主题面、轩辕养生面等故事。目前在丽水，文创化包装的农产品已经琳琅满目，深受消费者喜爱。

此外，丽水积极整合资源，搭建立体化营销体系，进行城内城外、展示展销和线上线下3种渠道的融合。其一，丽水选择景区景点、民宿农家乐、休闲农业观光区点、高铁站、汽车站、高速服务区等人流量集中的地方，通过资金补助和引导，设立风格统一、标识统一的农产品旅游地商品购物点，并且改造和新建集体验、销售于一体的大型购物点。其二，打造展会平台，实现展示与展销的融合。丽水除在杭州举办生态精品农博会外，还积极在浙江农博会、中国国际旅游地商品博览会、旅游交易会等“老牌”展会展示“丽水山耕”产品。其三，打造体验基地，把传统工场变成时尚乐园，在实地体验品鉴后，通过线上下单为游客提供更为便利的购物体验。在铺开线下渠道来弥补线上流量和体验感

不足的弊端的同时，丽水专门组建公司来负责生鲜农产品电商供应链管理，解决品控、包装、物流、仓储等一系列问题，以优质营销服务优化游客消费体验。

概言之，区域公共品牌可以节约消费者的信息搜寻成本，提高农产品生产经营者的利润空间，也有助于降低政府管制成本。经过品牌价值链的提炼挖掘，经过会展传播、体验传播，尤其是与电商合作，进行网络营销之后，“丽水山耕”品牌效应得到了极大释放。通过品牌背书和强化宣传，不仅为消费者提供了信心，而且迅速让产品实现了溢价。如缙云麻鸭，原价 60 元左右一只，通过“山耕”品牌效应，价格实现溢价 50%。

“丽水山耕”的作用，不仅在于帮助企业开拓市场、实现溢价，更重要的是通过市场化手段来倒逼标准化，引领农产品质量与安全。加盟“山耕”的品牌，必须全程记录生产信息，销售之前必须通过检测。如有一例检测不合格，就将取消品牌授权。这扭转了就标准化抓标准化的被动局面，让质量安全通过品牌得以确保。

可以说，区域公用品牌的建设是当今农业发展的热点与难点，是对区域特色产业与区域品牌有机融合路径的探索；其思维方式是用差异化的品牌思维、市场思维指导生产，以迈入质量提升的新阶段。丽水山耕的案例表明，打造区域公用品牌我们至少需要在以下方面用力：聚焦区域优质资源来打造区域地标品牌，严格实施管理标准，提升品牌文化价值，不断深化品牌建设内涵，完善品牌营销体系，加强技术转化与创新等。

嘉善：打造“平原生态”特色的嘉善样板

嘉善县建于明朝宣德五年（1430 年）。境内一马平川，属典型的江南水乡。历史上因“民风淳朴、地嘉人善”而得名。全县区域面积 506 平方千米，辖 6 个镇 3 个街道，104 个行政村、47 个社区，户籍人口 38 万，外来人口约 35 万。

一、嘉善县的基本情况

嘉善是全国第一个也是目前唯一一个国家命名的县域科学发展示范点。2013 年 2 月 28 日，《浙江嘉善县域科学发展示范点建设方案》经国务院同意、由国家发改委正式批复实施。这是浙江省获得四大国家战略后的又一个经国务院同意、国家发改委批复的重大战略。2016 年 2 月，中国行政体制改革研究会牵头组织国家行政学院、国务院研究室、中国国际经济交流中心等单位的专家，到嘉善开展了全面深入的调研，对《示范点建设方案》的实施进展和成效进行了评估。专家们一致认为，总的来看，嘉善县贯彻落实习近平同志的重要指示是认真的、得力的，科学发展的实践取得了显著进展和成效，积累了不少宝贵经验，是在一县范围内对“五大新发展理念”的率先探索实践。2017 年 2 月 9 日，国家发改委印发了《浙江嘉善县域科学发展示范点发展改革方案》的通知，为继续将嘉善示范点发展改革工作进一步推向深入，充分发挥嘉善在县域践行“五位一体”总体布局和“四个全面”战略布局、贯彻落实新发展理念上的示范引领作用，指明了新的方向和行动方案。

嘉善的基本特点可用三句话来概括：

（1）良好的区位优势。嘉善是浙江省接轨上海的第一站。嘉善是浙江省唯一同时接壤上海和江苏的县。县城距上海、杭州、宁波、苏州四大城市都在 100 千米之内。境内有沪杭、申嘉湖、苏通等 3 条高速公路和沪杭铁路、320 国道，随着沪杭高速铁路的建成通车，目前从嘉善县坐高铁到上海只需 20 分钟左右，同城效应非常明显。

（2）良好的经济基础。嘉善县的经济发展处于全省中上游，早在 2002 年就被确定为浙江省首批 17 个经济扩权县之一，2009 年又被评为第三届“长三角最具投资价值县市”。2010 年，作为“县域科学发展示范点”被国家列入《长江三角洲地区区域规划》，是长三角地区唯一被纳入区域发展规划的县（市）。2014 年，全县人均 GDP 突破 10 万元，社会发展水平增幅列嘉兴市第 1 位，获评首届浙江全面小康十大示范县。2017 年实现地区生产总值 521 亿元，增长 8.6%，增幅列全市第一；合同利用外资 8.5 亿美元，实际利用外资 4.9 亿美元，总量均列全省第八，连续 16 年跻身全省利用外资十强县；外贸进出口总额 268.1 亿元，增长

15%，其中出口204.3亿元，增长13.4%；全社会消费品零售总额203.9亿元，增长10.5%；城乡居民人均可支配收入分别达到54138元、31976元，分别增长8.2%、8.3%。[①]

（3）良好的文化底蕴。嘉善历史悠久，有5000多年的"大往圩"史前文化遗址，是马家浜文化的发祥地之一；古镇西塘被誉为江南六大水乡古镇之首，被联合国教科文组织列入世界文化遗产预备清单，是全国首批十个历史文化名镇之一。民间文化丰富，"嘉善田歌"被入选第二批全国"非遗"名录，传统纽扣制作技艺、京砖烧制技艺分别入选省"非遗"名录和十大新发现，嘉善县同时也被文化部命名为民间文化艺术之乡。历代人才辈出，元代有四大画家之一的吴镇，近代有著名电影艺术家孙道临、剧作家顾锡东，两院院士沈国舫、程裕淇、沈天慧等。

二、嘉善打造"平原生态"的主要做法与成效

嘉善把生态环境保护当作人民美好生活的重要部分。为人民谋幸福，就要从小事、从实事做起。他们通过"五水共治""三改一拆""四边三化"以及大气污染防治等工作的快速推进，全面推进生态文明建设，先后被命名为"国家生态文明建设示范区""国家级生态示范区""省级生态县""全国小型农田水利重点县建设先进县"，成为全省首个实现国家级生态镇全覆盖的县（市）和杭嘉湖平原地区首个通过国家生态县考核验收的县（市），列入全省十个践行"绿水青山就是金山银山"样本。

（一）从治水治气治土开始，开展"三五共治"

水、气和土等直接与人民的生活相关，虽然琐碎，但却直接关系到人民对生活的需求、认可和满意度。

（1）积极推进"五水共治"。嘉善县率先建立"河长制""湖长制"，开展"清三河"，推进畜禽养殖全拆除、工业污水全入网、生活污水全治理、黑臭河道全清理等行动。2014年，嘉善就作为嘉兴市唯一一个省"五水共治"先进县被授予"大禹鼎"。全县交接断面水质考核一直保持优秀，V类、劣V类常规水质监测断面全部消灭，太浦河取水口持续

① 数据来源于《2018年嘉善政府工作报告》。

保持Ⅲ类水质。从 2012 年到 2017 年，全县地表Ⅲ类水占比由 0 提高到 71.4%，水源地水质达标率由 18% 提高到 100%，城镇人均公园绿地面积由 13.47 平方米提高到 16.38 平方米。2014 年以来，空气优良率保持在 80% 左右，PM2.5 均值下降 22%，重污染天数 2017 年减少到仅 1 天。

（2）大力推进“五气共治”。嘉善为了净化空气，相继淘汰整治 1200 多台小锅炉，实现县内 10 蒸吨以下高污染燃料锅炉“全清零”。台升、TATA、梦天木门等一批重点家具企业，相继开展 VOC_S 治理和粉尘综合利用，逐步推广使用环保水性漆，有效防治空气污染。

（3）有效推进“五废共治”，清废净土，全县共建成危险废物经营单位 4 家、污泥处置项目 1 个、垃圾焚烧场和应急填埋场各 1 个，垃圾（固废）和危险废物处置基本满足县域“自产自消”，城镇生活垃圾无害化处理率 100%。浙江省首家危险废物执证经营单位（浙危废经第 01 号）——嘉兴市德达资源循环利用有限公司落户嘉善西塘。

（二）以“美丽嘉善”建设推动“四美联动”

嘉善把“美丽县城”“美丽城镇”“美丽乡村”和“美丽通道”作为“四美”一体化整体建设同时推动。

（1）实施小城镇环境的综合整治三年行动。嘉善共完成投资 16.6 亿元，实施项目达 235 个，完成线路上改下 105 千米，以往存在的“道乱占”“车乱停”等现象得到明显减少或消失，姚庄镇、西塘镇、干窑镇、洪溪集镇等也相继通过省里的考核验收，其中，姚庄镇荣获首批省考核验收第二名，干窑镇直接被列为省级样板镇。

（2）进行城乡生活垃圾分类。嘉善启动建设大件生活垃圾处理中心，改建完成再生资源回收分拣中心共 9 个。深化城乡环境“四位一体”保洁机制，整治房前屋后乱堆放等问题 2.9 万个。随着人居环境的不断改善，公众对生态环境质量的满意度逐年提高。根据最新国调队统计数据显示，全县公众对生态文明知识的认知度达到 85.65%，对生态文明建设的满意度提高到 84.63%。

（三）由“散乱污”治理着手创建清洁嘉善

嘉善从违章建筑的清理、“散乱污”治理等源头着手，高质量创建省“无违建县”，同时落实耕地保护、地力补贴等与违法用地管控相挂钩制度。

嘉善近年来不断加大“三改一拆”工作的财政投入。5年来，嘉善先后投入20.2亿元，最终完成了3000万平方米“三改一拆”的任务，不少地方的街景乡貌焕然一新。如原来以违建林立而著称的金家堰现今已成了绿意盎然的小公园；以前以墨汁河而闻名的干窑镇新泾港，在一场“百日攻坚”的战斗中成功演绎了一出“变形记”，现已成为远近闻名的AAA级景区；湘家浜，浙江卫视《今日聚焦》栏目曾经因其“黑臭脏”曝光过，后经投入资金5300余万元进行整治，现已蜕变为“中央公园”；高铁南站的周边区块也在环境整治中成功转型，成为展示嘉善的一道风景。

2012年起，嘉善县先后开展铅酸蓄电池、电镀、印染、造纸、化工等重污染高耗能行业整治，按照“关停淘汰一批、整治提升一批、搬迁入园一批”的原则进行专项整治，累计关停淘汰33家、原地提升整治77家、搬迁入园项目3个。同时对嘉善区域特色的传统产业小纽扣、小木业、小铸造、喷水织机等开展整治提升。5年来，全县围绕转型升级倒逼腾退各类“低小散”企业3954家，其中1347家喷水织机企业经整治淘汰率高达69%，2018年全县喷水织机全淘汰工作又在如火如荼开展中。

三、嘉善打造“平原生态”的基本经验

嘉善运用底线思维，深入践行“两山”重要思想，从生态文明顶层设计上进行系统谋划和有效控制，不断推进生态文明体制机制改革创新，夯实生态文化底蕴，全县形成了保护青山绿水的一张“生态安全网”。

（一）把践行“两山”重要思想作为“四区一园”建设的重要内容，提高站位

嘉善是全国唯一的县域科学发展示范点，这既是嘉善的最大特点，又是嘉善的中心任务，生态文明建设本身就是科学发展的重要部分，在县域科学发展示范点建设中，打造生态文明样板区成为建设产业转型升级区、城乡统筹先行区、生态文明样板区、开发合作先导区、民生幸福新家园“四区一园”中的重要“一区”，这说明生态文明建设对于嘉

善来说，不仅是社会发展的重要一环，更承担着在县域范围内践行“两山”重要思想的示范和样板责任。因此，它既要概括总结践行“两山”重要思想的县域共性难题，又要不断实施先行先试的创新任务，为全国的县域提供示范意义。

（二）把优化生态空间作为生态文明建设的基础

嘉善实行全域规划、“多规合一”，总体形成南农业、中城镇、北生态的空间格局。不但科学划定“三区三线”，建立城镇开发边界、生态保护红线和永久基本农田红线，而且有机协调城镇空间、生态空间和农业空间。2017 年，嘉善将太浦河长白荡饮用水源保护区及其毗连区、重要湿地外汾湖纳入生态保护红线，比原自然生态保护红线面积增加 3.22 平方千米，进行严格保护管理。

（三）把健全生态制度作为创新体制机制的路径

嘉善主动贯彻落实绿色发展理念，大力实施生态文明体制机制改革。

（1）完善组织机构。建立县委、县政府美丽嘉善建设领导小组及其办公室，为生态文明建设提供组织保障。

（2）全方位实施改革。在全县范围内率先开展排污权有偿使用和交易、环境资源总量控制、生态环境状况报告、全域生态补偿、环境污染第三方治理、“最多跑一次”等改革，努力释放改革红利，为发展添动力。

（3）重视区域环评的全覆盖。嘉善“区域环评 + 环境标准”改革实施后，全县环评审批项目减少 80%，项目申报材料减少 60%，审批时效提速 50%。大力推进生态环保“四个平台”建设，2017 年新增批复 4 个基层环保所、8 个环保参公人员编制，机构人员到位后可实现镇（街道）基层环保所的全覆盖。2017 年全县共完成淘汰落后产能企业 248 家，完成淘汰落后设备 3720 台，实现节能效果约 25656 吨标煤，节水 229696 吨；实施减排项目 16 个，可削减 802.3 吨 COD、212.6 吨 NH_3-N、352.3 吨 SO_2、183.6 吨 NOx。

（4）落实生态文明建设责任体系。嘉善已连续多年将生态文明建设列入县委、县政府表彰，考核实行物质奖励。同时严格生态环境损害责任追究，因“五水共治”不力等原因严肃问责领导干部 3 名。

（四）把打造生态文化作为生态文明的持久推动力

近年来，嘉善以“善文化”建设为抓手，开设“善政学堂”“绿色讲堂”，组建环保讲师团，强化干部生态文明意识，做到党政领导干部参加生态文明培训全覆盖。

（1）建成一批新的图书馆、博物馆、书画院，并已顺利使用，努力给全县人民提供更多更好的精神食粮。

（2）创新推出“善美文明家庭”“优美庭院”等评选活动，打造生态文化城镇和美丽乡村。

（3）率先在全省县（市、区）中实现国家级生态镇全覆盖，成功创建省级生态文明教育基地3个。至目前，全县创建省级绿色饭店6家、绿色企业8家、绿色医院3家、绿色家庭39户。2017年，政府绿色采购率达到98.16%，城镇新建绿色建筑比例达到100%，公众绿色出行率55%，节能、节水器具普及率98.5%。如今，倡导绿色生活方式，崇尚生态文明的社会风尚在嘉善蔚然成风。创新推出排污权亩均动态绩效考核，开展“亩均论英雄”差别化管理。积极推广节能环保技术的运用，在全县重大基础设施建设及重点项目逐步推动太阳能、地热等新能源以及新材料的使用。大力推广绿色低碳出行，发展公共交通，推广环保节能车辆，优化城市公共自行车系统。

（五）把构建“三大体系”作为推动生态经济发展的方向

嘉善合理布局产业结构，努力创造生态农业、生态工业、生态服务业的经济优势。

一是构建生态农业体系。全县生猪养殖实现“退养清零”，生猪存栏数从2014年初的37万头到2016年6月实现“清零”。到2017年，畜禽养殖场粪便综合利用率达99%，秸秆综合利用率也达到95.25%，无论是农村生活污水治理，还是生态环境，都得到了极大的改善。集中式生态模块和纳管式农村生活污水全部实现第三方专业化运维，并成功创建国家农产品质量安全县、浙江省生态循环农业示范县、浙江省整建制建设现代生态循环农业示范县。

二是构建生态工业体系。从2013年到2017年的5年间，全县累计实际利用外资23.2亿美元，引进投资规模50亿以上的项目6个、世界500强企业7家，连年位列浙江省利用外资“十强县”。嘉善国家经济技术开发区已申报创建国家生态工业示范园区。2017年同2012年相比，全县地区生产总值从346亿元增加到521亿元，年均增长8.5%，财政收入从 52 亿元增加到 88.4 亿元，年均增长 11.2%，三次产业比例从 6.8：58.0：35.2 调整到 4.2：55.6：40.2，高新技术产业增加值占工业增加值比重从 25% 提高到 42%。先后建立上海自贸区嘉善项目协作区、中德生态产业园、中荷产业园。

三是构建生态服务业体系。嘉善以“休憩嘉善”建设为目标，以创建 5A 级景区的西塘古镇、省级旅游度假区的大云镇为重点，大力发展生态旅游业。目前，全县拥有国家 5A 级景区 1 个、4A 级景区 3 个、省 A 级景区村庄 15 个。作为嘉善产业新城的核心魅力项目——新西塘越里，整体布局以苏式古典园林为版制，汇聚了精品民宿、特色餐饮、文创体验等品牌商户，打造针对长三角中高端人群的微度假旅行目的地。新西塘越里一期于 2017 年“十一”国庆试营业以来，吸引了超百万人次的游客前来游玩，已逐渐成为产业新城的新地标。形成了“生活着的千年古镇”和“月色新西塘”南北交相辉映的生态旅游格局。

总之，嘉善县生态文明建设和国家生态文明示范县创建工作取得明显成效，积累了丰富的经验，站在新时代的起点上，作为全国唯一一个县域科学发展示范点，以习近平生态文明思想为指引，未来将不忘初心再出发，积极打造新时代升级版生态文明样板区！

象山：创建“海洋生态”的象山经验

浙江省宁波市象山县是一个半岛县，地形特征以丘陵为主，素有“七山一水二分田”之称，一直以优美的生态环境著称，良好的生态环境既是象山发展的基础，又是重要的资源依托。自 2003 年全县提出创建生态县目标开始，直至 2016 年正式被授予国家级生态县。多年来，象山县始终以“海洋·生态·文化”为发展目标和价值取向，现已逐步实现了“海韵美丽半岛、幸福生态象山”的美好蓝图，生态环境指数持续稳定在 85 分以上，直至 2017 年，37 项创建考核的指标完成情况良好。

一、象山的基本情况

象山县于公元 706 年立县，历史悠久，因县城西北有山形似伏象，因此称为象山。陆域面积1382平方千米，象山县辖10镇5乡3街道，总人口有55万人。

（一）丰富的海洋资源

浙江宁波市象山县的地理特征主要围绕海洋而展开。象山居长三角地区南缘，位于象山港与三门湾之间，三面环海，两港相拥。它是宁波市所辖范围内最南的一个县，位于宁波和温州两个开放城市之间，在长江三角洲经济区外沿。象山是一个典型的半岛县，是全省乃至全国少有的兼具山海港滩涂岛资源的地区。海域面积6618平方千米，海岸线925千米，分别占宁波市的67.8%和59.2%，拥有大小岛屿共656个，占宁波市的80%以上，占浙江省的21.4%，拥有著名深水良港——象山港与国家中心渔港——石浦港两大港，拥有36个金色沙滩，长达13.2千米，具有丰富的海洋资源，为发展相关产业提供了良好的基础和优越条件。

（二）鲜明的海洋产业特色

象山的经济大多以与海洋相关的产业为主。工业经济以临港装备为龙头，现已形成时尚针织、汽配模具、海洋生物、新能源、新材料等方面的产业集群，尤以建筑业著称，是省首批建筑强县，建筑业年总产值达1272亿元，占宁波市27.6%，居浙江省第5位。继原有的良好基础之上，现又不断增加了新的平台开发，步伐不断加快，如宁波航天智慧科技城国家级云制造示范基地已签约落户，经济开发区也在产城融合方面不断加快步伐，其他如象山影视城、松兰山——大目湾新城、象保合作区等一批重大平台也逐渐发挥作用，星光影视小镇为浙江省特色小镇，以影视旅游产业为主导，将成为生产、生活、生态相融合的中国知名星光影视旅游小镇。象山的农业总产值也居全省领先地位，水产品年总产量居全国前五强，象山海鲜之美誉享遍长三角。2017年，象山实现地区生产总值498.9亿元，财政总收入67.2亿元，城镇居民人均可支配收入50677元，农（渔）民人均可支配收入28385元。①

（三）优美的生态环境

象山被称为“东方不老岛、海山仙子国”，拥有韭山列岛国家级海洋生态自然保护区和渔山列岛国家级海洋生态特别保护区，获评首批

---

①《2018年象山县政府工作报告》，载于象山县人民政府官网2018年2月12日，http: //www.xiangshan.gov.cn/art/2018/2/12/art_114626_6870161.html.

国家级海洋生态文明建设示范区。象山的自然环境优美，森林覆盖率达55.8%，全年空气质量的优良率达94%，数字显示，每立方厘米大气负氧离子含量达1.47万个，被称为“天然氧吧”。优美的自然环境使得象山的旅游资源极其丰富，是省首批旅游强县，现已拥有4A级景区4个，滨海旅游年接待游客2200万人次，旅游经济综合收入240亿元，现已成功入选国家全域旅游示范区首批创建名单，被评为中国最美休闲度假旅游名县。象山曾先后荣获首批国家生态文明建设示范县、国家卫生县城、全国文明城市提名城市、全国双拥模范县“五连冠”和省首批美丽乡村示范县、省首批“无违建县”、省“大禹鼎”、省示范文明县城、省园林城市、省森林城市、省“平安银鼎”等荣誉称号。

（四）深厚的文化底蕴

象山拥有1300余年的立县史，长久的海洋文明孕育了渔文化、象（吉祥）文化、丹（不老）文化、塔山文化、海防文化、海商文化、革命传统文化和地方民俗文化等八大海洋特色，都是因海而育，因海而成，因海而富。目前，它拥有国家级非物质文化遗产6项、省级15项，被列为国家级海洋渔文化生态保护实验区、省级非遗保护综合试点县，象山现已经连续举办二十届的中国开渔节，现此节日已被列为全国十大民俗节庆，其主办召开的中国海洋论坛、徐福文化象山研讨会的影响力也在不断提升。象山现已成为中国著名的渔文化之乡，石浦镇被列为首批全国历史文化名镇。2010年6月，文化部正式批准在象山县设立国家级海洋渔文化生态保护实验区，是全国第7个国家级文化生态保护实验区。

以上可以看出，象山是一个典型的海岛县城，其生态建设与发展也是围绕着海洋的特色而向外辐射展开，充分利用海洋生态的基础与优势，提出生态立县、旅游富民和和谐惠民等目标，积极打造浙江省海洋经济示范区、长三角金色港湾休闲区和国家海洋文化与生态保护区，逐步把象山建设成为一座现代化滨海休闲城市。

二、象山创建“海洋生态”的主要做法与成效

象山县创建“海洋生态”坚持以人民为中心，着力解决群众反映强

烈的热点难点问题，把治标与治本有机结合起来，不断促进生态文明建设与经济社会发展和谐统一。

（一）建立与完善生态文明机制

象山按照政府主导、各方联动、群众参与的思路，不断完善生态文明建设体制机制，形成合力共建共享的良好工作格局。

首先，创建了组织机构机制。成立了由县委书记任组长、县长任常务副组长的创建工作领导小组，对生态创建工作进行统筹协调和指导监督。下边各镇乡（街道）、各部门也建立相应的领导体系和工作机构，构建横向到边、纵向到底的组织网络。研究制定加快建设生态文明建设行动纲要，细化分解目标任务，定期开展督查考核，确保工作部署落地见效，为工作的顺利展开提供了组织保障。

其次，完善了公众参与机制。生态文明涉及每一个人，又是长期持续的工作，必须全民参与、大众协同。因此，象山采取县人大、县政协现场视察、建议提案、专项督查等形式，积极参与创建工作；还积极全方位发动群众，每年召开环保新闻发布会，向全县通报生态环保、执法监督、环境监测等情况，切实保障群众的知情权、参与权、监督权；积极且充分利用社会团体、新闻媒体和中国（象山）开渔节、中国海洋论坛等阵地及活动平台，开展多层次、立体式的宣传教育，形成全社会积极参与国家生态文明建设示范县创建的浓厚氛围。

最后，完善了生态文明和环境保护制度。健全生态科学决策机制，加大专家咨询和公众评议力度，确保生态文明建设重大决策形成广泛的社会共识；健全生态建设考核机制，把生态文明建设纳入各地、各部门年度目标管理考核，年初下达任务、年中督查进展、年底考评定级，以任务书形式推动生态文明建设责任落实；健全环境信息公开制度，推行大气和水环境信息公开、排污单位环境信息公开，实施建设项目环境影响评价信息公开；建立环境保护网络举报平台，落实举报、听证、舆论监督等制度。建立用能权、用水权、排污权初始分配制度，推进刷卡排污和排污权交易市场对接工作，促进排污权指标拍卖、租赁等市场化运作。

（二）推动产业生态化与生态产业化的统一

象山一直坚持以绿色发展为先导，不断推动产业生态化和生态产业化的统一。

（1）坚持“工业立县”，提高发展质量。象山始终突出工业的首要地位，把产业的中高端作为自己的发展方向，不断提出新的目标，全力壮大工业经济实力；不断提高高新技术产业和战略性新兴产业的产业增加值的增速，近两年已超过 15%；对新兴产业积极扶持，如新材料、新装备、海洋生物等，积极主动对接宁波“中国制造 2025”试点示范城市建设，不断深入实施创新驱动五大行动计划。

（2）改造传统产业，推广清洁生产。全面开展重点行业整治，坚决淘汰落后产能，据统计，近两年已关闭企业 155 家、整治排污企业 193 家，淘汰高污染燃料锅炉 55 台、中频炉 29 台，并积极推广清洁生产，实施重点节能项目 150 余个，目前全县 63 家企业通过清洁生产审核。

（3）优化产业布局，促进转型升级。在发展生态循环农业方面，推广“种养结合”等模式，年种养殖面积超过 8 万亩，被评为省生态农业循环示范县；在渔业方面，突出“绿色、生态、安全、高效”，现已形成了梭子蟹、大黄鱼、柑橘等特色优势产业，种养殖面积达 35.6 万亩，其中渔业位列全国渔业五强县；强化农业品牌建设，实施农产品“放心工程”，现已确立了“象山柑橘”和“象山梭子蟹”两大区域公用品牌，获评国家地理标志农产品和地理标志证明商标 8 个，被评为省农产品质量安全放心县。

（4）发展全域旅游，打造旅游升级。紧紧依托“海洋、生态、文化”优势，实施“四全四特”工程，目前已建成国家AAAA级景区 4 家，2017 年全年接待游客 1962 万人次、旅游综合收入 186.8 亿元，现正在积极创建国家全域旅游示范区。围绕美丽建设形成的美丽环境，积极发展乡村旅游等美丽经济，现已建成省市级以上休闲基地 19 个、省市级以上农家乐特色村 20 个，农家客栈床位已突破 1 万张，象山被评为全国休闲农业与乡村旅游示范县。

（三）坚持综合治理，不断提升生态优势

象山县始终坚持综合治理不放松，狠抓生态建设薄弱环节。

（1）加强生态规划，严控入口关。生态规划是生态文明建设的源头和基础，把好第一关，对于整个建设都至关重要。象山县委、县政府非常重视生态规划，特意委托省环境保护科学设计研究院来编制生态文明建设规划，并以此为基础，制定了生态环境功能区、农村环境保护等系列规划，形成了完整的规划体系。以规划为引领，加强环保日常执法监管，严格执行环保首决制，近两年累计否决 100 多个不符合环保要求的项目，严守生态红线。

（2）开展专项整治，严把处理关。在“五水共治”活动中，普遍落实“河长制”，共治理黑臭河 38 条，建成集中式污水处理厂 7 座、农村生活污水处理设施共 430 个，并成功成为省“清三河”达标县，夺得 2016 年省“大禹鼎”。在全县人民共同的努力下，攻坚剿劣，劣Ⅴ类小微水体整治率达 90%，并扎实启动 5 个“污水零直排区”创建活动；在“三改一拆”活动中，共拆除违法建筑 647.1 万平方米，完成“三改”730.8 万平方米，成功创建省首批“无违建县”；在强化大气环境综合整治活动中，全面实施机动车排气污染防治，共建成 3 座大气环境自动监测站和机动车尾气检测站，淘汰“黄标车”达 4341 辆；在推进中心城区烟尘、噪音治理活动中，烟尘控制区覆盖率达 100%，交通干线噪声现已达到环境功能区要求。

（3）实施生态修复，严求成效关。一些农村，年老农民依然固守土葬的传统思想，农村的坟墓乱建现象依然存在，不但占用耕地，而且容易引发火患，象山县以“四边三化”行动为抓手，加强了坟墓整治和废弃矿山复绿等活动，近两年中，共迁移坟墓 1.4 万座、治理废弃矿山达 37 座，成功修复了部分耕地；同时，还加强了海洋环境修复和保护，创新建立“滩长制”，积极推进石浦港和松兰山等海岸带修复，建设“海洋牧场”和海洋碳汇实验区，现已先后建成渔山列岛、韭山列岛国家级自然保护区，成为首批国家级海洋生态文明建设示范区；在修复渔场过程中，不断完善各项制度，严格执行休渔期、禁渔区等制度，在开展“一打三整治”活动中，持续推进东海渔场修复，全国整治“绝户网”和涉渔“三无”船舶现场会也在象山召开。

（四）全面优化城乡人居环境

象山县紧紧围绕创建目标，联动开展美丽建设、“四城”创建等活动，全面提升生态文明建设水平。

1. 以美丽象山为目标

人民的生态环境是人民美好生活的重要组成部分。因此，象山县把全力建设美丽县城作为经济社会发展的主要目标：在建设美丽县城方面，实施中心城区改造提升六大行动，增大投入，据统计，近两年共投入资金近40亿元，市政各种设施得到不断改善，城市品位也在不断提升；在建设美丽集镇方面，着重从狠抓基础设施、集镇景观建设和环境卫生、“线乱拉”等6个专项整治入手，先行在6个试点乡镇完成建设项目30个，计划明年全部完成其余10个乡镇整治任务；在建设美丽乡村方面，推进“四村一线”创建，现已建成市级全面小康村、中心村、特色村、提升村189个，市级精品线4条，市级以上历史文化名镇名村9个，被评为省首批美丽乡村示范县。

2. 以城镇绿化为路径

城镇的绿化建设不仅直接关系到人民大众的生活，也关系着城镇的文明程度。象山县在推进全国文明城市、省文明县、省园林城市、省森林城市创建活动中，以城镇的绿化为有效路径，进一步改善生态环境。逐步扩大绿化面积，提出创建园林城市的目标，并在全县实施城市增绿工程，打造园林绿化精品，目前城市绿化覆盖率已达到35.8%、人均公园绿地面积达到14.6平方米，并于2017年5月通过了省考核组初验。努力争创森林城市，积极推进城乡绿化、山体森林优化改造，建成省市级森林城镇10个、省市级森林村庄171个，森林覆盖率达到55.8%，2016年已被评为省级森林城市，目前正积极争创国家级森林城市。

3. 实施“生态细胞”创建工程

注重细节，不放过城镇的任何一个角落。象山在“生态细胞”建设过程中，也做得全面而细致。改造城市的棚户区，全面启动中心城区17区块44.4万平方米改造，完成征收改造12个区块29.6万平方米，有效地推动了城市的有机更新；整治城乡环境卫生，不断强化市容市貌管理，开展各种系列不文明行为治理，并于2014年获批省示范文明县城，目前正在全力争取获得全国文明城市提名资格；注重县、镇、村三级同创，广泛开展各类基层创建活动，现已累计建成国家级生态乡镇17个、省市级绿色单位54家、市生态文明基地1个。

三、象山创建“海洋生态”的基本经验

象山积极践行“两山”重要思想，突出自己的海洋生态特色，紧紧围绕海洋资源与海洋文化，重视海洋的科学开发利用，从海洋的开发

规划，到海洋的管理机制，再到海洋的执法监管，现已形成较为完善的“海洋生态”开发保护模式。走出了一条经济与环境相协调、人与自然相和谐的发展之路。

（一）注重科学规划和海洋的有序开发

保护与开发，似乎一直以来是一个矛盾，如何解决保护与开发之间的平衡与适度，在很多地方，都是一个难题。象山在解决这一矛盾时，突出强调了科学的规划与定位，不盲目，不急躁，先确定“在保护中开发，在开发中保护”思路，再投入建设，走出了自己的一条可持续发展之路。在此思路的指导下，象山县陆续制定完善了《象山县海洋产业发展总体规划》《象山县海洋功能区划》《象山县海洋环境建设保护规划》《象山县港口开发利用规划》《象山县海洋旅游发展规划》等规划，为海洋资源的有序开发提供了科学依据，确保保护性开发的真正实现。

（二）极大限度地把特色优势转化为发展优势

象山县无论从地形特征上，还是从工业特色和文化传统上，都紧紧地围绕着海洋生态的特色，这是象山县的特色优势，但是并不是相应地也会成为发展的优势。怎样最大限度地把特色优势转化为发展优势，这也是县域发展的共同难题和重点。象山的经验：一是制度先行，全面落实海洋功能区划、海域使用权属和有偿使用 3 项海域管理等基本制度。早在 2011 年年底，确权用海项目就达 251 宗，确权用海面积 6491 公顷，累计征收海域使用金共 2.2 亿元（包括国家、省、市审批项目），征收率全面达到 100%；二是突出重点，象山县把海洋的开发利用作为工作的重心，不断加大投入资金达 20 余亿元，使 180 多个岛礁得到有效保护及利用，其中涉及海洋保护类就达 130 个、海洋旅游类共 8 个和工业开发达 3 个；三是抓住机遇，2011 年浙江海洋经济发展上升为国家战略，这对象山海洋的开发是一个重大机遇。象山县适时地确定了打造浙江海洋综合开发与保护试验区、建设海洋经济强县的战略目标，并于 2011 年 9 月成功获批成为全省首个海洋综合开发与保护试验区，把着力构建“一核两港三区多岛”的空间总体布局作为主要的工作任务，不但明确了发展的重点与方向，而且确保了海洋经济快速、健康和可持续发展。

（三）不断提升海洋产业的转型与创新

良好的海洋资源基础，也需要通过推进科技创新，进行升级和转型，才能不断壮大，并持久地发挥其创造力和巨大作用。近年来，象山县在促进海洋经济增长方式由粗放经营向集约经营转变方面进行了各种努力：一是推进海洋渔业转型。不断优化渔业产业结构，并扩大水产养殖规模，水产养殖面积达 20.3 万亩、产量达 13.1 万吨、产值共 16.1 亿元，共建成 4 个农业部水产健康养殖示范区和 3 个宁波市农业标准化示范区。二是确立自己的品牌和形象。目前，象山县获得国家有机产品认证 3 个、绿色食品称号 7 个，认证无公害水产品 53 个、认定无公害基地 61 个。三是积极引导渔民转产转业。逐步从第一产业向第二、三次产业转移，早在 2011 年就受理渔船报废申请 78 艘，转产渔民 150 人，同时增加休闲旅游渔船，现已有 6 艘，海钓船 70 艘，年接待游客 6 万人次，直接经营收入现已超过 500 万元。四是深化远洋渔业的发展，投产远洋渔船达到 12 艘，产量 1.5 万吨，洋地运销船 96 艘，形成“捕、运、加”为一体的运作模式。五是提升水产品加工业走向精深化。涌现了一批市场竞争力较强的水产品精深加工企业，突出打响了“象山海鲜”品牌，现已荣获“中国梭子蟹之乡”“中国海鲜之都”等称号。六是大力发展休闲滨海旅游业。象山县联动开发“一港三岛”，旅游发展逐步由滨海时代走向海洋时代，现已有松兰山度假区等 AAAA 级景区 4 家，逐步进入“中国最佳休闲旅游县”行列。

（四）及时明确未来发展的思路和方向

目前，象山县在现有的良好基础上，又提出了更高的要求，未来的发展主要围绕“四区”展开，一是要着力打造绿色海洋经济发展的先行区，在扶植发展与海洋生态相适应的“海洋 +”新兴产业，重点推进新装备、新材料、新能源，海洋生物（生命健康），大力发展全域化生态旅游，打造成为长三角滨海休闲度假胜地，大力发展绿色高效生态农渔业等方面做出示范；二是要着力打造生态环境保护的模范区，继续加强生态保护，深化“五水共治”，推进近岸海域防治，构建蓝色海湾和开展生态修复等，不断提升滨海与海岛生态系统功能；三是要着力打造海陆生态空间保护的示范区，在推进海洋生态的基础上，不断推进陆海统筹发展，加强生态环境功能区划、海洋功能区划、城市建设等“多规融合”，在建设美丽象山的基础上，展现山海风貌、田园风光和半岛风情；四是要着力打造生态文明制度的试验区。严格遵守环境质量责任红线，加强资源环境红线实时监管，并不断努力构建多元治理体系，积极引入社会力量投入环境污染治理，在此基础上，不断强化生态文明建设考核，最终形成自觉保护环境的良好社会风尚。

新昌：突出“山区生态”的新昌模式

历时十多年，新昌实现了从全省次贫县到全国百强县的跨越。其中，“山区生态”的文明模式是其主要驱动力。

一、新昌的基本情况

新昌面积1213平方千米，人口44万，下辖16个乡镇（街道），415个行政村。

（一）山区的地貌特征

新昌的地貌特征是“八山半水分半田”，是一个典型的山区县城。近年来在加快推进发展方式转变，突出“山区生态”方面走出了一条具有自身特色发展之路。2017年全县预计实现地区生产总值增长7.5%；财政总收入60.36亿元，其中一般公共预算收入36.36亿元，同口径分别增长15.6%和17.1%；固定资产投资196.07亿元，增长17.6%；社会消费品零售总额173亿元，增长10.5%；出口总值127.5亿元，增长10%；城镇常住居民人均可支配收入51232元，农村常住居民人均可支配收入25722元，分别增长8.9%和9.2%；金融机构存款余额571.78亿元，贷款余额406.7亿元，分别增长22.4%和18.8%，不良贷款率0.59%，保持全市最低。①

（二）特色的工业基础

新昌的工业具有良好的基础，产业层次也相对较高，主要以先进装备制造、生物医药等战略性产业和生态工业为主，占比达80%以上；科技创新能力也较强，研发经费占GDP比重达3.28%；企业实力相对比较

① 数据来源于《2018年新昌政府工作报告》，2018年1月17日新昌县第十六届人民代表大会第二次会议。

雄厚，目前有上市公司 7 家。农业发展具有鲜明的区域特色：以生态农业发展为主，现已成为中国名茶之乡、全国十大重点产茶县，大佛龙井现已连续多届蝉联浙江十大名茶，并荣膺中国驰名商标，建有一批绿色无公害农产品基地。

（三）优良的生态环境

新昌具有良好的旅游资源。全县环境山清水秀，空气优良，是省级文明县城、园林城市和生态县，人居环境优越，拥有天姥山国家级风景区、大佛寺和达利丝绸园两个 AAAA 级景区，是唐诗之路、佛教之旅、茶道之源的精华所在，是省旅游经济强县，在一定程度上实现了经济与生态环境协调发展。2017 年，新昌县投入 8 亿元在新农村建设方面，其中专门扶持乡村旅游发展的就达 1.5 亿元。2017 年新昌乡村旅游迎客达 394 万人次。目前，新昌 46 个旅游特色村已成功创建成省 A 级景区村，2018 年提出再争创 50 个。

（四）深厚的历史底蕴

新昌历史底蕴深厚，近年来文化教育事业发展速度不断加大，目前是全省县级公立医院综合改革和基层医疗卫生制度改革试点县，高考上重点线率多年居全市前列，新昌中学多次获得北大、清华实名推荐资格，“学在新昌”现已成为品牌，逐步打响。

二、新昌突出“山区生态”的主要做法与成效

新昌历届县委、县政府都非常重视生态文明建设，早在 2004 年就确立了“生态立县”战略，从那时起，就把生态文明建设作为经济社会发展的重要内容和价值取向。六年后，2010 年 4 月新昌被正式命名为省级生态县，2011 年新昌适时地又提出了创建国家级生态县的目标，于 2013 年顺利通过了国家环保部技术评估，现又正式获膺第一批“国家生态文明建设示范县”。十多年来，新昌以国家级生态县创建为抓手，不断强化“绿水青山就是金山银山”理念，打响了生态建设攻坚战，并以此为龙头，全力以赴推进各项创建工作。

（一）对“山区生态”建设进行组织保障的全覆盖

近年来，新昌的主要工作围绕国家级生态县的创建而展开，在这个

过程中，县委、县政府不断落实责任，明确任务，凝聚全县合力。

（1）成立完善的组织机构。新昌成立了由县委书记、县长任组长的领导小组，建立环保、公安联动执法机制，定期召开专题会议，听取创建工作进展情况汇报，并就涉及重大项目推进、创建经费等事项进行专题研究；各乡镇（街道）和部门也成立了相应的组织机构，形成了一级抓一级、一级对一级负责、齐心协力抓创建的工作格局。

（2）夯实多方的工作责任。县委、县政府每年召开国家级生态县创建工作推进会，对全年创建目标任务、重点举措进行明确，并把工作任务分解落实到各乡镇（街道）和部门。同时加强政策扶持，不断强化创建保障，县财政每年都优先安排生态建设资金，并动员社会、企业加大对环保的投入力度，近四年来全县已累计投入生态环保资金 47.14 亿元。

（3）严格生态的成效考核。新昌把生态县创建工作纳入领导干部“积分制”绩效考核，并把生态的成效考核全覆盖到全年生态建设的工作过程中，真正做到年初明确下达任务，年中进行生态督查，年终进行生态考核，并把考核结果和干部使用、评优评先等挂钩，表扬和奖励成效明显的单位和个人；对于那些措施不实、工作不力的单位和个人加以处罚和严肃处理。近年来已对多人进行了责任追究，对数名干部进行了调整，提高了全县民众的积极性。

（二）对“山区生态”建设进行提升产业的全覆盖

新昌紧紧围绕经济和生态的结合点，大力实施“产业高端化”战略，深入推进生态产业发展，致力打造现代产业之城。

1. 发展生态工业，严格产业准入

工业是龙头，但如果不加以规划和引导的话，就有可能成为生态环境的最大破坏力量。因此，新昌在一些工业发展之初时，就进行主体功能区的规划，并详细制定完善产业准入退出政策和发展目录，近年来共否决不符合环保要求的项目一百多个；对于已经发展起来的工业，则加以分类，区别对待：对战略性新兴产业进行重点扶持发展，围绕“2+X”体系，在政策上、要素上等都尽可能提供各方面保障，每年安排 1.5 亿元专项资金，进行发展先进装备、生物医药两大战略支撑产业；对新兴产业如节能环保、电子信息等进行着力培育、强势推进，医药化工比重从 2005 年的 60% 下降到 10 年后的 20%，并以高端制剂、医疗器械等为主，装备制造业比重从 30% 上升到 65%，到 2015 年战略性新兴产业产值占比超过 40%，现已晋级成为国家新型工业化产业示范基地，在省工业强县综合考评中位于前列，同类第一名。

2. 发展生态农业，做强优势产业

农业也要适时地转变传统的粗加工形式，大力发展绿色农业和效益农业，以“农业增效”为主要目标，启动“亩产万元”行动计划，做大做强茶叶优势产业；对于 6 大特色块状产业如干果、高山蔬菜、优质水果、中药材、花卉苗木、特种养殖等进行产业提升，目前，全县已建有名茶、高山蔬菜、中药材等 10 多个“万亩级”特色农产品基地，拥有 20 多万亩绿色基地，连续多年获得“全国十大重点产茶县”称号；对于农村的环境卫生也加大处理整治力度，如农村农业面源、畜禽粪便等，同时加快规模化养殖场、散养密集区固体废物和污水处理设施建设。现已累计建成规模化畜禽养殖场排泄物综合利用工程近百处，总池容 1 万多立方米，年处理畜禽粪便两万多吨，利用沼肥灌施农作物面积近千亩。

3. 发展生态旅游，突出休闲品牌

新昌原本就具有良好的生态旅游基础和条件，在此基础上，又提出打造长三角知名生态休闲旅游目的地目标：把原有的旅游项目进行升级，推动实施旅游业二次创业，落实三年行动计划，如大佛寺景区 5A 级创建、十里潜溪省级度假区创建等一批重大旅游业项目加快实施，2015 年就已顺利通过省旅游经济强县复核；同时依托新昌良好生态环境，加快乡村生态旅游发展，着力打造鲜果采摘游、茶乡体验游和森林休闲游等生态旅游品牌，现已累计建成游步道 150 千米，长达 45 千米的四季鲜果休闲观光带已初具雏形，使得新昌人民日益增加宜居的幸福感。

（三）对“山区生态”建设进行优化环境的全覆盖

“两山”重要思想充分阐述了经济发展和环境保护的辩证关系，新昌在“两山”重要思想的指导下，结合自身的区域特色，提出既要“金山银山”，更要“绿水青山”。

1. 全面提升城乡面貌

城乡面貌是直接关系到民众幸福感的主要载体，因此，新昌把全面提升城乡面貌作为重点和亮点进行打造，他们深入实施"西建、中优、东延、北控"四大城市推进计划，强化拉伸城市框架，主要打造"一江一山一景"的新昌特色，努力提升新昌江两岸的风景建设和整治，同时启动建设鼓山公园，原有的大佛寺风景区综合提升工程也加快实施。在这一系列的推进过程中，主要以市容秩序、环境卫生、交通治堵、市场经营、控违拆违五大整治行动为抓手，同时也在不断加强城区裸露地的绿化硬化，共拆除违章建筑109万平方米，现全县公共绿地面积达300多公顷，城市公园绿地200多公顷，并成功创建省级森林城市、省级文明县城，城市品质全面提升；乡村环境也在不断得到改善，提出了建设省美丽乡村先进县建设的目标，深化"清洁家园"行动，通过媒体曝光、督查考核、激励奖励等多种形式进行监督和考核，全面推行生活垃圾"户集、村收、镇运、县处理"模式，加大垃圾处理、污水治理、卫生改厕等工作力度。早在2013年，全县生活垃圾无害化处置率就已达到97%，同时深入开展"四边三化"和"双清"行动，扎实推进土地整理、水保工程等项目，加大废弃矿山、退化土地的综合整治，全县自然环境进一步好转。

2. 加大"五水共治"力度

在全省实施五水共治的号召下，新昌对"五水共治"提出更高的要求，希望借此行动，全面打造诗画新昌，提前完成省定目标任务，真正实现"水清、岸绿、村美、居安、业强"诗画新昌，把治水当成契机，进而全面提高生态质量。五年计划"五水共治"工程投资超70亿元，通过工业污水纳管提标、城乡生活污水处理、畜禽养殖治理等六大工程全面推进。目前，新昌的水环境整治成效明显，"三河"整治初战告捷，基本消灭了垃圾河、黑臭河。2015年中央电视台《新闻联播》对新昌县治水工作进行了专题报道。

3. 整治突出的生态问题

在大气污染治理方面，一批省市重点污染治理项目相继建成，工业固体废物处置利用率达到100%，实现危险废物零排放；在工业污染治理方面，开展印染、化工行业整治，多家化工企业和印染企业已通过整治预验收；在交通污染治理方面，全县的加油站和多辆油罐车的油气整治全面通过验收；在电镀行业污染整治方面，按照整治计划，进行全面治理，目前新昌电镀行业污染整治已通过区域验收。

三、新昌实现“山区生态”的基本经验

国家级生态县创建是一项系统工程，更是一项长期任务。借着这样的契机，既是对新昌“山区生态”建设工作成效的一次全面检验，更是对新昌县生态文明再上新台阶的一个有力鞭策。近年来，新昌不断加大创建力度，加强环境保护，持续有效地推进生态创建，形成了自己特有的基本经验，让生态文明成为新昌最鲜明的标志和最响亮的品牌。

（一）重视宣传教育和氛围的营造

生态文明建设关系到每一个人的生活，也涉及每一个人的言行，因此，必须让全县每一个人知晓和参与，如果民众不理解、不认同，即使规划再得力、创建再用力、领导再鼓励，也不能取得较好的效果。因此，新昌在创建之初时，就非常重视宣传教育的重要性。利用报纸、广播电视和网络，多层次、多形式进行全方位、全领域的宣传教育，县级新闻媒体更是每周开设一期专版宣传，同时积极开展生态建设进社区、进校园、进机关、进农村、进企业等活动，提高干部群众的生态环保意识，同时开展形式多样的生态环保主题活动，鼓励群众参与到生态环保实践中来，近年来共10余万人次参加了各类环保活动，提高了全社会参与创建工作的自觉性、主动性。县委、县政府还多次组织开展了“畅游新昌江，亲近母亲河”环保杯游泳比赛和冬泳比赛，群众对环境满意度不断提升。

（二）培育生态文化和文明的生活方式

生态文明建设不仅是“五位一体”中的重要内容，同时也是经济、政治、文化和社会建设的有力保障，如果没有一个良好的生态环境作为基础，没有文明的生活方式作为前提，那么“两山”重要思想只能停留在理论层面上，理论本身既不能深入民心，也不能真正贯彻落实到实践领域。新昌县委、县政府充分认识到了生态文明建设的重要性和迫切性，把其当作一种生态文化，通过各种宣传教育深入民心，并努力在全

县形成保护生态、美化环境的文明新风尚。把绿色渗透到社会生活的各个领域。如举办各种深化绿色学校、绿色社区、绿色医院、绿色饭店、绿色家庭等系列创建活动，倡导绿色、环保、健康的生活方式和节约消费、绿色消费、文明消费的环境友好型消费方式，切实把生态文明理念渗透到生产、生活各个领域。目前全县累计建成市级生态村近 300 个，省级绿色企业多家、绿色学校近 20 所、绿色社区近 10 个、绿色饭店多家，省级森林公园 3 个。

（三）开展创建与整改并举活动

有奖就有惩，才能真正地把生态环境的评估工作落到实处。有时，生态整改所能带来的推动力，会超越直接推动的力量。新昌一直把生态整改作为工作重点，进而提升设施保障力。首先，非常重视环保部等部门对生态环境所作的技术评估，多次专门召开会议进行分析和部署，进而明确责任单位和时间要求，全力以赴抓整改。其次，注重从基础设施建设抓起。如新生态化城市垃圾处理终端设施、垃圾填埋场的监管和运行维护、垃圾渗滤液处理设施的建设、污水处理等，很多时候容易被忽视，但在新昌都是工作之重。再次，实时监控项目建设。新昌县环境监控中心，对占全县工业污染负荷 80% 以上的重点工业污染源实行 24 小时实时监控，同时相继建设空气质量自动监测站、饮用水源地水质自动监测站和机动车排气检测中心。新和成工业园区污水处理站已于 2013 年 11 月投入试运行，废水处理量约 1200 吨 / 天，新工艺运行稳定，出水稳定达标排放。最后，企业监管长久持续。生态建设是一个长久的过程，如果只图短时效益，就会事半功倍，因此，新昌视其为长期任务，利用“双达标”的创建工作，制订创建计划，认真落实，早在 2013 年就完成新昌制药厂等 11 家危险废物产生单位的“双达标”创建工作，通过这样的活动，其他企业也会相应地完善危险废物储存场所条件，规范了危险废物管理台账；同时，政府也持续不断地督促指导各企业修订完善突发环境事件应急预案体系，开展环境应急预案的评估、演练工作。目前新昌生态环境已形成了自己的特色，公众生态满意度名列绍兴市第一。

龙游：以全域旅游践行“两山”思想

一、基本情况

龙游县隶属于浙江省衢州市，位于浙江省西部，金衢盆地中部。龙游历史悠久，文化底蕴深厚，春秋时期建有姑蔑古国，与浙江大地和古越国齐名，素有“万年文明，千年石窟，百年商帮”的美誉。如今，龙游是衢州市接轨杭州都市圈的桥头堡，矗立于“活力新衢州，美丽大花园”建设的新风口。龙游以“大花园”建设为统领，构筑“美丽县城 + 美丽乡村 + 美丽田园 + 美丽绿廊”的全域旅游空间形态，努力实现“大花园 + 大平台”“目的地 + 集散地”的发展定位，为践行“两山”思想、壮大绿色花园式产业而不断奋斗。

2017 年，龙游围绕“运动休闲、历史文化、古镇古村、乡村旅游、医疗康复、养老养生”六大旅游板块，扎实推进龙游旅游大开发，持续统筹抓实抓好国家级全域旅游示范区创建工作，助力区域明珠型城市建设。全年接待旅游总人数达 1477.61 万人次，同比增长 21.02%；实现旅游总收入 92.94 亿元，同比增长 22.13%；乡村休闲旅游接待游客数 470.7 万人，同比增长 25.4%，直接营业收入 35303 万元，同比增长 65.4%；完成旅游固定资产投资 21.01 亿元，同比增长 17.89%。“全球免费游衢州”活动，石窟民居苑两景区月免费开放日共吸引游客 40.33 万人次，单日最高流量超过 2 万人。

二、基本做法

龙游县是美丽浙江建设的重要生态屏障，习近平总书记在浙江省工作期间先后多次到龙游考察调研、指导工作，每次都要强调生态建设，并做了“要努力把生态优势转化为特色产业优势，依靠‘绿水青山’求得‘金山银山’”等一系列重要指示。这些年来，龙游深入践行“两山”重要思想，一手抓生态保护，一手抓转型升级，着力打造“浙江大花园、衢州精品园”的核心景区，生态建设和环境保护工作取得了明显的成效，以“全域旅游”推动绿色发展的践行模式初见成效。

1. 着力推进全域旅游

龙游县建立“1+3”全域旅游综合执法机制，设立旅游巡回法庭、旅游警察、旅游市场监管分局，完成旅游大数据中心建设，成立全域旅游示范区创建办公室，省全域旅游大数据建设现场会在龙游召开。编制《龙游县全域旅游发展总体规划》，召开创建全域旅游示范区推进大会，实施旅游开发十大专项行动，出台《创建国家全域旅游示范区实施方案》《龙游县全域旅游专项资金管理办法》，印发《龙游县创建全域旅游示范区工作责任分解表》《龙游县全域旅游工作考核办法》，形成“全域旅游全县抓”良好局面。推动A级景区创建，龙天红木小镇创成国家4A级旅游景区，三门源民俗文化小镇创成国家3A级旅游景区开园迎客，龙游花海景区、后田铺景区完成3A级旅游景区景观质量评估准备工作，启动万村景区化创建工作，三门源村、社里村、浦山村、后田铺村、石角村、贺田村、天池村等7村完成3A级景区村创建，共创成48个A级及以上景区村。此外，龙游还积极培育旅游风情小镇，横山镇入选浙江省首批115个省级旅游风情小镇培育名单。

2. 着力推进项目建设

龙游坚持“抓项目就是抓发展”的理念，按照“谋划项目抓招商，招商项目抓落地，落地项目抓推进”思路，全力抓好旅游项目建设。一是积极谋划项目，精心策划“夜游龙游”项目，谋划龙湖湾、旅游码头、温泉度假中心、蜡烛台精品民宿、石窟沙洲运动休闲岛、黄泥房部落等一批旅游项目，为龙游旅游储备后劲。二是强力招引项目，成功设立龙游旅游产业基金，引进新能源汽车分时租赁系统、大街神农谷中草药田园综合体、凤栖龙游精品民宿、芷萝堂·臻品民宿等一批旅游类重点项目，总投资20亿元以上。其中龙游旅游产业基金等6个项目已通过决策；雷迪森五星级酒店选址城东，目前正深化对接中。三是扎实推进项目，按照项目建设时间节点，稳步推进年年红文化园一期、龙和乡村旅游度假区、龙游花海、中茵园林、姑蔑城生态园等续建类项目。四是做好核心景区提升，推进龙游石窟提升工程、民居苑拓展景观工程、三门源古村等项目建设。完成张家埠江心洲收回，为江心洲湿地公园建设打好基础。

3. 着力加强品牌培育

一方面，龙游对旅游宣传力度不断加大，结合营销节点时段有针对性地选择线上线下媒体投放旅游整体形象宣传广告。开展“龙游旅游LOGO线上征集”活动，借助新浪、腾讯、新华网、杭州电视台、温州电视台、杭州索游杂志、衢州广电等主流媒体平台持续释放信息，发出龙游旅游好声音；在杭州、上海、台州、温州等主要客源地加油站、高铁站、高速等人流密集处投放旅游整体形象宣传广告80余个，全面打造旅游目的地城市形象。另一方面，龙游旅游活动的密度不断加大，内外互动策划各类旅游“大事件”。举办“全国百家旅行社走进龙游”系列活动、“新华网思客智库走进龙游”活动，吸引来自全国12省35市200余家旅行社、10余个旅游界大咖和70多家新闻媒体参加。紧抓节点时序，举办“龙游石窟岩石音乐节”“情满小镇・月圆龙天”国庆中秋文化节、龙和国际垂钓中心钓鱼精英赛、“七夕寻爱之旅”“喜上莓梢”龙游县首届蓝莓采摘节等系列节庆活动30余场。此外，龙游对于旅游资源的开发强度不断加大，先后组织参加第九届中国国际旅游商品博览会、龙游县名厨协会宁波分会暨龙游旅游推广会、2017年浙江省旅游局赴广东、贵州旅游促销、2017年宁波国际旅游展、2017年“衢州有礼”旅游（江苏）推介会、上海大世界走进龙游暨龙游乡村旅游推介会等活动10余场。鼓励本地旅游企业参加“浙江符号”“衢州有礼”旅游商品评选活动，其中龙游吴老子家庭农场的生态竹酒荣获2017年浙江省优秀旅游商品奖、浙江善蒸坊食品有限公司的龙游发糕荣获2017年“衢州有礼”旅游商品旅游休闲类一等奖。

4. 着力推进综合配套

首先，龙游率先提出深化厕所革命，推进景区（点）、景区村等重点旅游节点厕所新建改扩建工作，提升旅游厕所建设质量。2017年44个旅游厕所通过A级认定，其中3A级厕所4个。其次，龙游大力推进深化最后一公里，加快溪毛线、沿江通景公路建设，打通连接景区公路和旅游环线断头路，形成网状交通格局，溪毛线一期14千米已基本完成建设。开通红木小镇、石窟等主要景区旅游专线，在重点旅游村落和景区增设新能源汽车分时租赁点，大幅提高景区通达性。再次，龙游不断深化接待功能，提升旅游接待能力，推进清水湾酒店、新国际饭店、民辉・玺园酒店等酒店创建和招商工作，其中清水湾酒店完成创建绿色饭店验收，新国际饭店开业迎客。最后，龙游进一步深化智慧旅游，建设集视频监控、客源分心、指挥调度、呼叫服务、安全预警、应急救援等功能于一体的智慧旅游数据中心；完成旅游基础设施名录库建设，龙游石窟、民居苑等重要景区实现智能导览，电子讲解。

5. 着力壮大绿色工业

龙游以“全域旅游”为抓手，一方面坚持打造“浙江大花园、衢州精品园”的核心景区，另一方面始终坚持把发展绿色工业作为强县之策。一是盘活存量促转型，在对存量企业投入、产出、能耗、用工和排污等情况进行全面调查基础上，确立高端装备、高档家具、特种纸、绿色食品饮料和新能源新材料等五大绿色产业培育方向。二是挑商选资引强援，围绕五大绿色产业，严把项目入口关，实行“全天候待命 + 全产业链招商 + 全程式代办”，大力开展精准招商。三是推进“店小二”式服务，在全市率先完成“最多跑一次”事项两批次 1680 项清单公布，确保企业办事不出园。

三、经验启示

近年来，龙游深入践行“两山”重要思想，统筹发展绿色产业，聚焦城市、聚焦两江，通过沿江岸线串联形成“红木小镇—石窟—江心洲—旅游集散中心—民居苑—大南门”的核心景区，打造龙游旅游的引爆点和带动点，最终成为“一江清水送杭城、一艘游轮到衢州”的第一站点、钱塘江全流域生态经济带的重要节点，以“全域旅游”为抓手积极推动“绿水青山”与“富民强县”的共赢之路日渐通畅。

（1）发展美丽经济。把文旅融合发展作为“两山”转化的战略举措是龙游的成功经验。龙游在规划理念上注重文旅融合，高起点规划“历史文化、医疗康复、运动休闲、养老养生、乡村旅游、古镇古村”六大板块，将分散的资源串点成线、连线成片。在项目设计上突出文旅融合，把大南门历史文化街区保护开发与国家 4A 级景区建设相结合，延续古城文脉；高质量建设 4 条全域旅游精品线。在品牌打造上彰显文旅融合，加快文化旅游龙头项目，投资 80 多亿元建设红木小镇等知名旅游品牌。

（2）壮大乡村旅游。龙游聚焦民宿培育、行业监管、素质提升等工作，持续推进乡村旅游提质上档。一是精品民宿有突破，突破精品民宿打造瓶颈，温玉堂农庄、竹溪谷、姑蔑城生态园民宿区、官潭公社对外运营；炭山桃花谷、龙和乡村旅游综合体、中茵天鹅湖山庄加快建设中；芷萝堂·臻品民宿、太末溪源民宿、凤栖龙游精品民宿动工建设；大街神农谷中草药田园综合体投资公司已经注册完毕，中草药开始种植。二是日常监管有特色，落实专业安委会职责，成立龙游县旅游委员会乡村休闲旅游安全生产工作领导小组。强化安全意识，开展安全生产系列活动，巩固行业整治成果，全年累计开展各类安全检查 50 余场。截至目前龙游县正常营业的农家乐（民宿）特种行业许可证和卫生许可证办证率达 90%，其余 10% 正在整改中。三是业务培训有实效，组织参加省市培训 6 期，举办旅游产业专题研讨班、乡村休闲旅游产业发展专题研讨班、农家乐休闲旅游业安全生产培训班 3 期，培训对象覆盖部门、村镇干部及农家乐（民宿）业主、乡村休闲旅游企业主等，共计 300 余人。通过素质提升，2017 年新增三星级农家乐 21 家、市级农家乐特色点 2 个、市级农家乐集聚村 2 个、新增农家乐（民宿）床位 2993 张。

（3）做强特色农业。龙游深入推进农业供给侧结构性改革，致力于变低端为高效，关停环保不达标的 1.3 万户生猪养殖户，安排专项补助资金引导退养户转产转业，发展中草药、茶叶、大棚果蔬种植等效益农业。创新生猪养殖生态循环的“开启”模式和病死猪无害化处理的“集美”模式，成为国家级畜牧业绿色发展示范县。通过深化“三位一体”改革，健全农业社会化服务体系，先后培育了 2500 余家专业合作社和家庭农场。变田园为公园。注重田园与山水、种养与观光相结合，打造田园综合体。

平阳：将产业转型作为绿色发展的依托

平阳县地处浙江省东南沿海，东濒东海，南临苍南，西靠文泰，北接瑞安，是温州南翼区域经济中心、温州大都市区南部副中心。平阳是千年古县，距今已有 1700 多年历史；是文化名县，有《富春山居图》

作者黄公望、数学泰斗苏步青、“百岁棋王”谢侠逊等杰出代表，“木偶戏之乡”“全国象棋之乡”“全国武术之乡”“百工之乡”享誉全国；是革命老区，中共浙江省委的发源地，“省一大”在这里召开；是旅游大县，境内有中国十大最美海岛之一的南麂列岛、国家AAAA级风景名胜区南雁荡山等一批特色景区；是沿海开放县，属于浙江省及温州市对台“三通”最便捷口岸之一；是经济强县，是全国最具投资潜力中小城市百强县和最具发展潜力中小城市百强县。2017年，全县实现地区生产总值410.5亿元，增长9.2%。

一、基本情况

鳌江是浙江八大水系之一，流经水头、萧江、鳌江等几大重镇，影响着平阳世世代代居民的生活环境。曾几何时，因为粗犷的生产方式，上万吨的制革污水直排鳌江，致使它成为八大水系中污染最为严重的一条，水质一度下降到劣五类。2001年，平阳县水头镇获得了“中国皮都”的金名片，全世界6条皮带就有1条出自平阳水头，使得平阳皮业之发达举世闻名。但却也因此戴上国家级环境污染的“黑帽”。2003年是平阳制革行业最辉煌的时候，仅水头一镇就有1269家制革企业，拥有转鼓3308个，一年可加工猪皮革1亿多张，年总产值近40亿元。而在这辉煌的背后，每天都有7万多吨的制革生产废水直接排放到江水中，导致鳌江水质基本丧失水体功能，成为了浙江八大水系中污染最为严重的一条，水头镇制革基地也在2003年被列入全国十大环境违法典型案件和省九大环境违法案件之一。彼时，以低小散制革业为代表的污染行业，在富裕百姓的同时，也将鳌江的自然生态推向了绝境。“要了这张皮就会疼肚皮，没了这张皮就会饿肚皮”，曾是平阳制革行业乃至整个平阳社会发展的真实写照。

此后，痛定思痛的平阳人便开始了三轮制革行业整治之路。从最开始的以保障生产力为主配套建设污水厂，到以鳌江可容纳总量设定排污量削减企业1230家，再到痛下决心将制革业污染中最严重的第一道工序完全退出平阳。此间，水头镇的制革企业从鼎盛时期的1269家缩减至现在的8家，拥有转鼓数量由最初的3308个削减至223个，共拆除企业225家，厂房面积403亩，建筑面积22.57万平方米，财政收入削减数亿元。GDP的牺牲，换来的是水头制革基地摘掉了省级环境重点监管区帽子。制革行业的整治成为了平阳提高发展质量、找寻绿色动能的缩影，平阳以“三改一拆”推进产业转型升级，以“五水共治”为突破口坚持“水岸同治”，经过三轮制革行业整治、七大治水机制、企业多次转型升级以及平阳人十几年坚持不懈的努力，鳌江流域江口渡断面水质终于在2017年首次由劣五类提升至三类，平阳的发展模式也因产业转型而改写。

二、基本做法

在破除生态保护与经济发展失衡的瓶颈，既要“绿水青山”也要“金山银山”的路上，平阳人以壮士断腕之势整治工业污染，关停取缔94家废水直排江河企业；实施“五水共治”，完成整治53条垃圾河和41条黑臭河；推进“三改一拆”，拆除违章建筑850多万平方米；坚持水岸同治，创建“无违建河道”708条……在一轮又一轮的环境改造热潮以后，过去的绿水青山慢慢回到了平阳百姓的身边，从水中到岸上，从乡村到城镇，从城镇到市区，一幅“绿水逶迤去，青山相向开”般的浙南水乡的画卷正向世人徐徐展开。从以牺牲环境为代价发展经济，到自发、自觉以更高的标准保护绿水青山，再到通过环境的改善享受“生态红利”，平阳探索出了一条具有自己特色的绿色发展之路。

1. 文化创新：树立行业标杆，创建特色小镇

鳌江的水质就像一面镜子，折射出平阳制革行业的变迁，也诠释了保障“绿水青山”兼得“金山银山”的发展之路。成立于1991年的温州奋起皮业有限公司，现在年总产值达到5个亿，有60%的商品远销国外，已经是平阳制革行业中的标杆企业。然而早年间，奋起也只是一家制作皮革的小作坊。“一开始是政策逼着企业转型，后来企业为了打造品牌，自己也会主动转型。”温州奋起皮业有限公司董事长黄兆进表示，如果没有治水的倒逼，企业的发展也不会像现在这么快。

而与奋起一同顺势而上的还有宠物食品行业。目前，已经拆除完毕的水头制革老基地的近百亩废墟上，树立着一块“南雁宠物时尚小镇”概念规划图，计划在未来5年的时间里打造成集宠物用品产业和宠物休

闲旅游业为一体的特色小镇。平阳虽然早就依托制革行业中的牛皮等原材料涉足于宠物食品行业，但是存在企业规模相对较小、品牌影响力弱和产业链不健全等问题。现在浙江省大力推进特色小镇建设，加上这里地处鳌江中上游，附近便是南雁荡山景区，拥有丰富的自然景观，是个打造生态休闲旅游的好地方。该项目规划总投资 100 亿元，占地总面积 1491.9 亩，目前已完成申报工作。根据规划，项目建成后每年可带来 1.8 亿元左右的旅游收入。

2. 资源守护：确保生态优势，做好绿色文章

顺溪是鳌江的发源地，溯源而上就来到了顺溪镇。走进顺溪，便会被曲折宁静的街巷、潺潺不绝的水系、沿溪而筑的古屋所吸引。作为打造“美丽乡村”的升级重点村，平阳计划三年投入 2180 万元进行修缮与维护。目前，已陆续完成部分古屋的修缮、老街古道恢复项目、村内游步道、村办公楼改造等工程，并启动了溪流整治项目等环境提升新项目。为了做好水源地的保护，实现一席清水送下游的承诺，顺溪镇分别开展了畜禽养殖整治、溪滩整治以及污水治理等工作，主要是从污染的源头入手，保护好生态资源。该镇在建成区污水治理方面共投资 800 多万元，将建成区所有农房纳入污水管网，禁止污水直排溪中，同时该工程采用太阳能微动力处理污水，提升了出水标准，更好地保护了溪水水质。此外，除了良好的生态环境，拥有深厚的文化底蕴也是顺溪镇最大的优势。顺溪镇现已成功签约朗月投资有限公司，通过历史文化保护重点村建造仿古商行等项目，带动经济发展，为当地百姓增加了收入。

无独有偶，东塘河的治理也让鳌江镇厚垟村的村民享受到了绿水青山带来的生态红利。东塘河是鳌江的主要支流之一，而这条河原来却是村民口中的“黑臭河”，河水质差的原因是当时鳌江自身的水域环境受到了很严重的工业污染，再加上河道两岸到处堆放着垃圾和畜禽养殖所带来的影响，致使东塘河戴上了“黑臭河”的帽子。随后，鳌江镇政府和厚垟村分别启动了东塘河的治理和厚垟村的环境整治提升工作，先后进行了清除两岸的垃圾、设立生态浮岛、改造房屋外立面、实施农村生活污水截污纳管、建立滨水公园等多项工作。环境改造好以后，受益最大的便是村民了，现在经常可以看到成群结队的村民来公园散步闲聊、锻炼身体。在此基础上，厚垟村还结合生态底蕴，融合现代元素，引入

了“创意文化 + 创意农业 + 互联网”的梦想小村，村民从“旁观者”变身为“参与者”，既享受了“生态福利”，又带来了经济效益。

3. 产业转型：发挥生态优势，打造特色产业

堂基位于平阳县南雁镇的最西端，前依顺溪秀水，背靠连绵青山，现在已是浙南著名的婚纱摄影服务基地。然而在 2004 年以前，堂基却是一个典型的贫困村，提到堂基村人们的反应大都是“空壳村”和“脏乱差”，村容村貌建设也相对滞后。在 2004 年，该村开始了农村环境整治，在整体设计时抓住并突出了村庄的自然资源和风景特色，发挥不同地段的不同特点和风貌就地取材，设计建造了同村公路和木质结构的瀑布栈道，因此吸引了多家婚纱摄影机构前来拍摄。据统计，目前堂基村一年可吸引七八千对新人前来拍照，日接待最多一天达 150 余对，仅婚纱摄影就为村集体增收 5 万多元。堂基村在婚纱摄影基地的基础上还发展了农家乐，现在已成为了一个小有名气的生态旅游村，年接待游客可达 3 万人次。堂基这个曾经贫困、落后的山区小镇，如今正书写着绿色崛起的传奇，这里的村民经常发出感叹：天还是这片天，山还是那座山，但是这山水却切实带来了美好生活。

三、经验启示

平阳着力于推动经济结构转型升级，着力优化经济发展软环境，以生态治理倒逼转型升级，全面完成重污染行业重组整合，将重污染行业整治提升、淘汰落后产能与“腾笼换鸟”有机结合，促进产业结构优化升级、产业集聚集群和经济转型发展。可以说，平阳的“五水共治”“四边三化”组合拳，探索出了践行“两山”重要思想、实现绿色赶超的平阳模式。

一是打好转型升级“组合拳”，坚定不移走转型发展之路。平阳以“四换三名”“三转一市”、平商回归为抓手，大力发展高效现代产业，着重提升机械机电、塑编包装、皮革皮件等传统产业的文化附加值，培育时尚产业、文化创意产业等若干个新兴产业，增强了平阳特色产业竞争力，实现了向省级“工业强县”的进一步靠拢。

二是打好环境治理“组合拳”，坚定不移走绿色发展之路。平阳实

施鳌江流域水环境综合治理三年行动计划，开展"水岸同治"重点片区整治，完成水头腾蛟制革基地改造提升，连年争创省级生态县、"清三河"达标县、"无违建县"，初步打造了美丽的浙南水乡。

三是打好富民增收"组合拳"，坚定不移走和谐发展之路。平阳坚持百姓增收底线，大力发展红色旅游、蓝色旅游、绿色旅游、古色旅游，规划建设南雁时尚小镇，加快培育乡村民宿等新业态，把平阳丰富的旅游资源切实转变为百姓增收"钱袋子"；大力发展高效现代农业、农村电子商务等，加快革命老区群众脱贫致富，确保了全县消除家庭人均年收入4600元以下的贫困现象。

浦江：以"五水共治"引领县域生态文明建设

浦江县隶属浙江省金华市，位于浙江中部，金华市北部。浦江历史悠久，东汉兴平二年（195年）建县，唐天宝十三年（754年）置浦阳县，五代吴越天宝三年（910年）改浦阳为浦江，已有1800多年历史。浦江县内公路四通八达，浙赣铁路、杭金公路、蒋义线和沪昆高速公路过境，义乌民航机场设在浦义交界处，具有发展经济的广阔前景。浦江县历代名人辈出，素有"文化之邦""书画之乡""水晶之都""挂锁基地"和"中国绗缝家纺名城"之称。

一、基本情况

浙江有句民谣形容几个具有代表性的地方产业："永康一只炉，义乌一只鼓，东阳一把刀，浦江一串珠"。"一串珠"指的就是浦江的水晶，20世纪80年代后期，水晶加工作为一项富民产业引入浦江，发展最繁荣时共有2万多家水晶加工户，国内80%以上的水晶产品出自浦江。但是，当璀璨的水晶装点了外面的世界，浦江的山水却因长年累月的水晶作业而蒙尘纳垢。那时，浦江每天有1.3万吨水晶废水、600吨水晶废渣未经有效处理而直排，导致固废遍地、污水横流。数据显示，治水前浦江共有462条牛奶河、577条垃圾河和25条黑臭河，全县85%以上水体受污染，而浦江人的"母亲河"——浦阳江更是成为钱塘江流域污染最严重的支流，出境断面水质连续8年为劣V类。

高峰时，浦江县内各类水晶企业多达22000多家、从业人员超过20万，大量外来务工人员集聚，而浦江的常住人口也不过44万。2006年和2011年，浦江曾两度启动水晶污染整治，但均以失败告终，治污行动发起后，水晶加工户将政府大楼包围了三天三夜，出于社会稳定考虑，政府最终选择妥协让步。至此，水晶污染愈发猖獗。全县409个村全部都有水晶污染，30年的水晶固废没有出处，全部都倒在江河、池塘里，整个浦江成为一个大的垃圾场。时任浦江县委书记的施振强说：“水晶是浦江的第一富民产业，它遍布千家万户，浦江人和水晶有密不可分的关系。浦江的2.2万家水晶企业，散遍浦江的江河大地、田头地角，无疑它给浦江人带来了经济的繁荣。但是浦江的水晶发展到今天，它不仅给浦江带来了财富，也已经给浦江的生态环境造成了严重的破坏……浦江人已经退无可退了，浦江人已经到了走投无路的边缘，可以讲两年前的浦江垃圾遍地，浦江人民生活在垃圾遍地污水横流的环境当中，几乎山河破碎……浦江人就生存在这样一种环境当中，苦不堪言，要求整治水晶，整治环境，恢复生态，修复生态，已经成为老百姓这么多年来的一种深深的呐喊！”

2013年4月，时任浙江省委书记夏宝龙明确要求，浦江治水要为浙江全省治水撕开一个缺口，树立一个样板，由此在浦江打响了浙江“五水共治”的第一枪。2013年，事情有了转机。时任浙江省委书记夏宝龙赴浦江，亲自督办浦阳江水环境综合整治工作。有了省委、省政府的支持，浦江整治水晶产业的底气足了，施振强说：“如果以损害绿水青山为代价，这样换来的金山银山我们不要也罢！”此后，浦江以“一锤一锤钉钉子”的做法铁腕治水，在此后两年累计拆除水晶污染违建加工场所105万多平方米，关停水晶加工户19547家，依法查破水污染案件280起，行政拘留303人，刑事拘留60人，转移流动人口近10万人。浦江的“五水共治”不仅是保护生态环境的需要，也是浦江水晶产业转型升级发展的需要。2015年，浦江把整治后的2000多家水晶企业，搬到四个大型的水晶产业集聚园区，所有水晶加工企业在集聚园区实行统一污水处理，使得整个浦江县的发展迎来一个新的转型方向和历史性的机遇。水晶的整治，不仅换回了绿水青山，也换回了社会环境的风清气正，不仅以治水倒逼传统产业的转型升级，而且正在迎来一些新兴生态型产业。电子商务异军突起，网上交易额突破100亿元，居全省第四位；乡村旅游快速发展，农家乐民宿经济以284%的速度高速增长；最大限度地改善了浦江人民的人居环境，城乡面貌焕然一新。浦江治水成功捧回了浙江省“五水共治”先进县的“大禹鼎”，成为全省首批“清三河”达标县，浦阳江水质达到了Ⅲ类水，壶源江清澈见底，水质为稳定的Ⅱ类水。截至2017年，浦江全县实现生产总值（GDP）214.85亿元，按可比价计算，比上年增长6.1%。其中，第一产业增加值10.52亿元，增长3.2%；第二产业增加值110.88亿元，增长3.3%；第三产业增加值93.45亿元，增长10.5%。

二、基本做法

浦江县坚持以人民为中心的发展理念，直面整治带来的阵痛、代价、损失，以重整山河的决心和毅力、壮士断腕的豪情和斗志去打好攻坚战，以“五水共治”为契机打出了治污水、搭平台、促转型、聚人心的一系列绿色发展组合拳。

1. 五水共治奔小康

2013年初，浙江省委、省政府以“重整山河”的雄心和“壮士断腕”的决心打响铁腕治水攻坚战，要求各地以治水倒逼转型发展，其中水环境污染最严重、矛盾最突出的浦江被列为全省重点。省委书记夏宝龙亲自督战浦阳江，要求在浦阳江水环境综合治理上“撕开口子、杀出血路”，推进全省河道清理和清洁农村行动，“以治水为突破口推进转型升级”。几年来，浦江借势发力，以治水拆违为载体，共关停水晶加工户19518家，拆除违法建筑572万平方米；关停印染、造纸、化工等污染企业300多家，关停率达55%；关停低小散畜禽养殖场671家，规模养殖场实现畜禽排泄物100%零排放和100%全利用。决心之大、力度之强，前所未有。岸上污染源被切断，生活污水截污纳管，水质改善立竿见影。到2017年，浦江县22条劣Ⅴ类支流全部被消灭，全县51条支流中优于Ⅲ类水质的达到42条，曾经沦为黑臭河的浦阳江水色逐渐清澈起来。每个浦江人都理解了一种绿色的发展方式：伸开我们的五指，其中“治污水”是大拇指，以治污水这个大拇指，带动防洪水、排涝水、保供水、抓节水四指，攥起来就形成了一个拳头。面向“十三五”，浦江县明确提出要紧紧围绕绿色发展理念，将“五水共治”“三改一拆”进行到底，决不把脏乱差、污泥浊水、违章建筑带入全面小康。浦阳江之变始于治水，当水色变清时，浦江的发展思路也变得格外清晰。

2. 经济转型谋发展

浦江因水而名，因水而生，因水而兴，因水而美。污染在河里，根源在岸上。在浦江这样的水乡，治水是转型升级最直接的一个标志，只有把治水作为转型升级最关键的突破口，才能真正走出一条“绿水青山就是金山银山”的发展新路。浦江是“中国水晶之都”，水晶年产值达 60 亿元，如此铁腕整治就不怕地方经济跌入低谷吗？就不怕砸了老百姓的饭碗吗？统计数据显示：2015 年，浦江水晶行业实现工业总产值 71.45 亿元，同比增长 8%。168 幢现代化厂房全面建成，四个水晶集聚园区顺利投用，浦江水晶产业真正走向“零排放”，大量低小散、重污染、难监管的小作坊，在治水中被关停整顿。经济新常态下，水晶产业反而以治水去产能促转型，找到了跑道，看到了希望。

以治水倒逼经济转型升级是浦江“五水共治”最为核心的目标，从治水开始，全县的经济结构不断得到调整和优化。全县人民都逐渐认识到，破坏环境求发展是一条不归路，保护环境促发展才是一条康庄路。“五水共治”成效有目共睹，它与企业发展是同向而行、共生共赢的，倒逼和引领企业转型升级。2014 年 7 月，浦阳江同乐段翠湖成为全县首个天然游泳场，此后只要到夏天，浦江人最喜欢去的地方就是曾经避之不及的母亲河。2014 年底，马岭脚村成功引进杭州外婆家餐饮集团，对古村进行整体开发，关掉水晶加工点办民宿搞旅游，既保护环境，村民收入也有了增长。对浦江旅游业的这种变化，浦江县旅游局局长金见映用“井喷”二字来形容，2015 年一年全县的旅游人数和收入就同比增长了 181.7% 和 300.4%，浦江还成功创建省旅游发展十佳县。“五水共治”在浦江的成功实践，让它成为推动经济转型升级组合拳里的一个重要“外形拳”。面向“十三五”，浦江要继续打好经济转型升级组合拳，围绕去产能、去库存、去杠杆、降成本、补短板，加快推动供给侧改革，不断优化经济结构。浦阳江之变强在转型，当脏乱差、低小散、重污染不见时，浦江的转型路径也变得格外清晰起来。

3. 凝聚人心续新篇

2016 年 2 月 29 日，浙江省“五水共治”工作总结表彰大会召开，因为过去一年卓越的治水表现，浦江再次捧回一座“大禹鼎”奖杯。在不少浦江人看来，沉甸甸的“大禹鼎”背后，是“五水共治”后凝聚在当地的正气和人心。据了解，浦江首轮治水攻坚战中，全县 13860 名公务人员，有 1.1 万多人参与其中，参与率达 80%。一大批能征善战的优秀干部脱颖而出，一批敢于负责、敢抓敢管、自身过硬的村民被纳入村级干部队伍，这支充满激情和战斗力的干部队伍，为浦江经济社会发展提供了重要的人力和智力支持。正如全国人大代表傅企平所评价“五水共治”给浦江带来的变化：一是水上之变，水更清，景更美了；二是岸上之变，生态定位更明确，发展更有前景了；三是心上之变，人民齐心协力，社会建设更有保障了。浦阳江之变根在人心，当水之灵魂复活时，浦江人的内心也紧紧凝聚在了“五水共治”带来的绿色发展前景里。

三、经验启示

近三年，浦江以壮士断腕、重整河山的魄力，打好“五水共治”攻坚战，不仅成为全省首批“清三河”达标县，而且让水晶产业发展实现质的飞跃，打了一场环境再造与产业转型升级互促共进的翻身战。

1. 决心大——“无论多么惨烈，这一仗必须完胜”

水晶产业在浦江已有 30 多年发展历史，此前的浦江水晶产业由于无序发展、技术层次低等原因，产业总体处于“低、小、散”状态，不仅社会贡献率低，环境污染严重，而且近 90% 的村庄滋生了违法建筑。环境急剧恶化，让浦江社会矛盾不断激化，也成了全省乃至全国有名的“信访大县”。群众的疾苦和期盼，拷问着为政者的责任担当：浦江该何去何从？浦江以“五水共治”为契机，打响了水晶产业整治攻坚战，迈上绿色发展的道路。浦江县委召开千人水晶整治动员大会、开展“水晶这么透亮，为何你的心这么灰暗”思想大讨论，从思想上解决为什么整治、为什么这个时候整治、整治任务是什么等系列关键问题，号召全县干部“不能等待，不能退缩，更不可临阵脱逃”，“为保卫家园而战、为浦江未来而战”，“无论多么惨烈，这一仗必须完胜”！

2. 出招狠——“哪条法规硬就用哪条法规套，哪个部门处理快就叫哪个部门来，哪支队伍强就叫哪支队伍上”

要整治30年逐渐积累的痼疾并不是一件易事，利益调整的阻力、基层执法的阻力，都可能是工作推进中的藩篱。2006年和2011年，浦江也曾两度启动水晶污染整治但都以失败告终。而在这新一轮大整治中，他们铁定“不破楼兰终不还”的信念，以治水为突破口，全方位、立体式倒逼产业转型升级。在调查摸底的基础上，全县列出45个重点村，相关乡镇（街道）、执法部门“一村一村清门户”“一锤一锤钉钉子”，综合实施了水岸同治、“三改一拆”、产业平台建设等攻坚工作，让水晶产业来一场“置之死地而后生”的大涅槃。县环境局总工黄旻介绍，浦江县推进水晶产业整治的最直接有效的做法可以概括成三句话：“哪条法规硬就用哪条法规套，哪个部门处理快就叫哪个部门来，哪支队伍强就叫哪支队伍上。”

3. 转型快——“从集聚向集群转变，从制造向创造转变，从数量向质量转变，从跟跑向领跑转变”

浦江水晶产业整治没有“把孩子和洗澡水一起倒掉”，在整顿“低小散”加工点的同时，政府主动作为、加大投入，为产业提升发展打造了坚实的平台，以尽快的速度实现转型升级。县委、县政府投资19.3亿元，分别在县域东部、南部、西部、中部规划4个水晶产业园区，共建设了168幢现代化标准厂房，统一供电、供水、供气和集中处理污水、固废，为产业健康发展打造广阔的产业平台。入园的企业大多经过整合提升，产品开发和市场竞争力得到了大幅加强，“低小散”企业被淘汰之后，剩余的优质企业获得了更广阔的市场空间。产业园区只是浦江水晶产业跨越发展的发力点之一，他们还酝酿了更大的动作，金华市政府与世界500强企业中国华信能源有限公司签订战略框架协议，华信公司将设立百亿元的专项产业基金，帮助浦江引进国际知名水晶（珠宝）企业及相关工艺和人才、筹建水晶产业研究院、谋划定期举办浦江中东欧水晶博览会，助推浦江打造水晶时尚小镇、中捷水晶产业合作园等项目，力图在产业基础、龙头企业培育、人才引进、品牌建设等多方面获得更大的突破。

后　记

浙江是习近平新时代中国特色社会主义思想的重要萌发地。“两山”重要思想在浙江大地亦有先行探索的实践积累和经验启示。本简明教程的撰写，意在对“两山”重要思想，给予相对完整的理论层面的阐述和实践层面的梳理。

教程文稿的撰写，得到了中共浙江省委党校（浙江行政学院），以及浙江生态文明干部学院、中共湖州市委党校等单位的大力支持和具体指导。

写作任务的具体分工情况如下：第一、二、三、四、五、七、八章的撰写者分别为中共浙江省委党校（浙江行政学院）的刘晓璐、何建华、严国红、董根洪、李一、陈海红、王希坤、李岚，第六章由浙江生态文明干部学院、中共湖州市委党校的舒川根撰写；案例材料的撰写者分别为中共浙江省委党校（浙江行政学院）的董金华（定海、景宁、开化及开化下淤村案例）、亢安毅（嘉善、新昌、象山案例）、郝继松（桐庐、仙居、丽水案例）、赵峰（龙游、平阳、浦江案例），浙江生态文明干部学院、中共湖州市委党校的费丽芳（长兴水口乡案例）、刘艳云（安吉余村、安吉鲁家村案例）、张璇孟（德清案例），中共长兴县委党校的殷荣林（长兴案例）。

书稿统稿、文本编校等工作，由李一、陈海红、李岚完成。

编　者

2018 年 10 月